易医解奇梦

——透过梦境看健康

杨 峰 编著

中国中医药出版社
·北京·

图书在版编目（CIP）数据

易医解奇梦：透过梦境看健康 / 杨峰编著 .—北京：中国中医药出版社，2018.6

ISBN 978–7–5132–4915–7

Ⅰ.①易… Ⅱ.①杨… Ⅲ.①梦—精神分析 Ⅳ.①B845.1

中国版本图书馆 CIP 数据核字（2018）第 073847 号

中国中医药出版社出版

北京市朝阳区北三环东路 28 号易亨大厦 16 层

邮政编码 100013

传真 010-64405750

山东百润本色印刷有限公司印刷

各地新华书店经销

开本 787×1092 1/16 印张 20.75 彩插 0.25 字数 343 千字

2018 年 6 月第 1 版 2018 年 6 月第 1 次印刷

书号 ISBN 978–7–5132–4915–7

定价 68.00 元

网址 www.cptcm.com

社长热线 010–64405720

购书热线 010–89535836

维权打假 010–64405753

微信服务号 zgzyycbs

微商城网址 https://kdt.im/LIdUGr

官方微博 http://e.weibo.com/cptcm

天猫旗舰店网址 https://zgzyycbs.tmall.com

如有印装质量问题请与本社出版部联系（010-64405510）

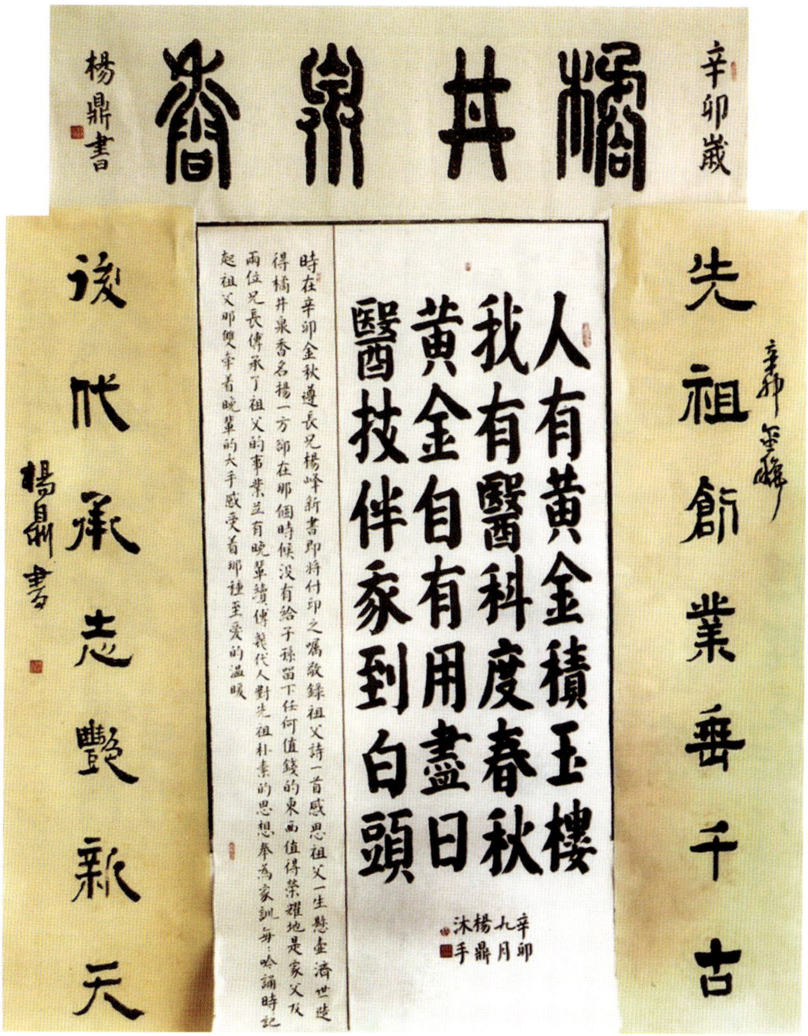

杨氏堂祖训

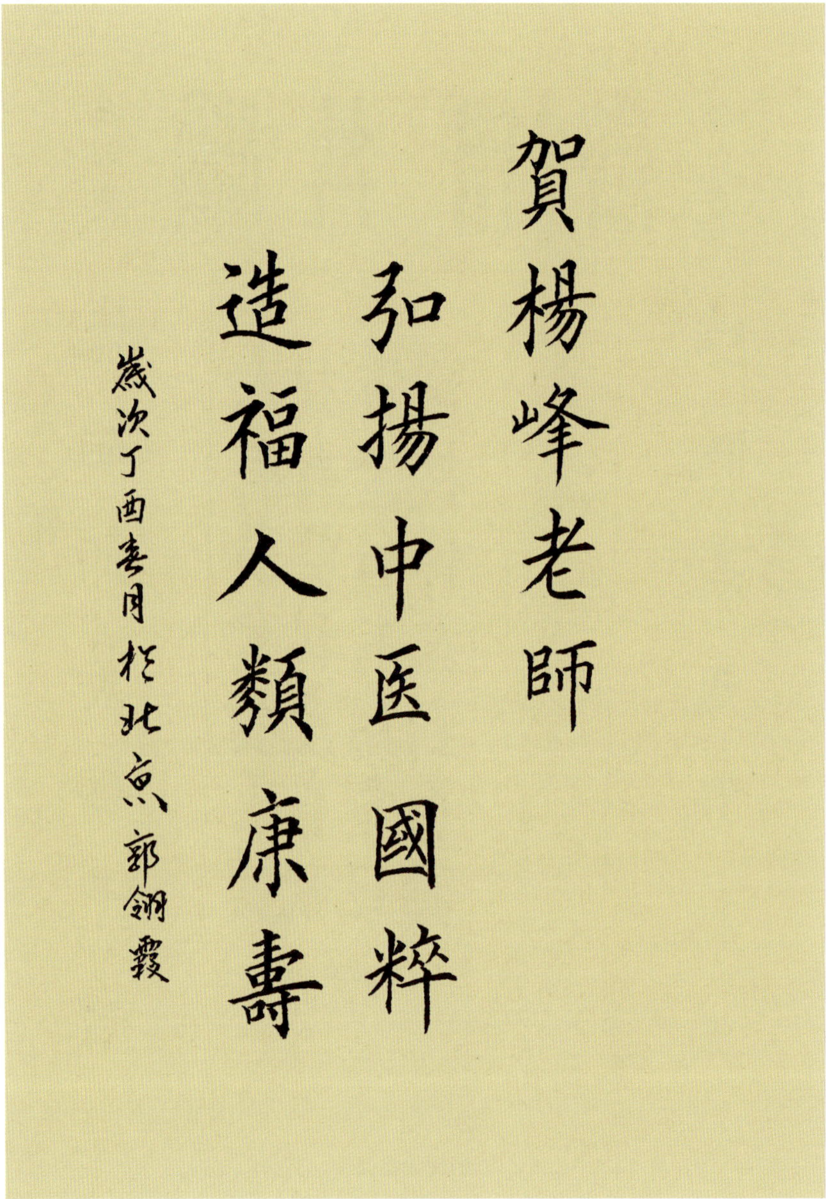

郭翎霞贺词

序言

福祸吉凶梦先兆，夜梦纷纭预梦病

梦，这个既美好又缥缈的生理现象，古往今来，曾经给予人们多少欢乐和希望。但是，它又带给人们多少迷惘和惆怅。它像天边那片缓缓飘动着的白云，给人们的生活抹上了瑰丽的色彩。然而，一瞬间，白云就变成了一个阴影，蒙住了人们的眼睛，给人们带来不安和忧愁。它扑朔迷离，神奇莫测，令人难以琢磨，不可触摸。

《易医解奇梦》以古今中医基础理论为主导，以古今人体解剖知识为指导，与新医学的微医学、环境医学、宇宙医学及自然科学交叉渗透，是一部诊治无名罕见病（未病）与有名病（末病）的论著。此书内容丰富，诊治未病与末病颇具特色。无论是对医者、病者或未病者，还是对追求健美和长寿者都有重大启示，更是一个难得的运用中医药理论结合新创自然疗法治疗梦病的法宝。

本书可让爱好解梦之士彻底搞清楚发梦的原因、根由与因果，弄清做梦的机理，明白梦想、梦寐、梦境、梦质变、梦幻影变等概念，以及后期验证奇梦的原理。同时，本书还教会做梦本人解自己的梦、破梦、圆梦，当一回“活周公”，获得“未事先知与有备无患”之技能。

其实，人体生物钟与大自然规律一样，是有先兆的。在身体、心理发生变化之前做梦，就是梦先兆，就像天气变化有先兆一样，所以气象局可以预报天气、台风等自然现象。同理，地震也有先兆，也可以预报。梦先兆对疾病的预示具有科学性。它犹如茫茫黑夜中的启明星，给人们预测疾病照亮了道路，也为人生未来事业与未来幸福生活指明了方向。根据梦先兆预测疾病，立足于疾病发作之前的“超前早期阶段”。梦先兆开拓了中、西医学诊病的新领域，填补了现代医学诊断罕见病的空白。

人体内本来就有着严密的“收发信息库与报警装置”，一旦收到外来不良信息，或内环境（生物钟）紊乱，导致疾病的发生，报警器便频频发出信号，此信号就是梦先兆（病先兆）。当然，人体内也有着强大的抗病能力，因此往往会掩盖疾病的潜在。就如十字路口已经亮起了红灯，不能掉以轻心。特别是癌症，一旦发现症状，已经步入中晚期，以致失去了最佳的治疗时机，为时已晚。梦兆症可以早期揭示病理信息，早日发现隐患潜在的动态，这无疑是揭示匿病的一个突破口，必然有利于推动医学诊断水平的整体升级。

梦病兆对疾病的早期预测与早期阻截治疗，可以铲除疾病隐患，根除细菌与病毒的萌芽苗头，在预防医学与治疗医学上均具有深远的战略意义。

梦病治疗是“未病先防，既病防变，既变防逆”，以新创的“自然疗法”为调控手段。其原则是“以德为本，坚信科学”。内容有针灸、内功点穴、经络导引、有氧运动、歌疗、情疗、话疗、诗疗、武疗、舞魂式等疗法，还运用单验方及民间治病绝招。

治疗范围包括神经系统疾病、内分泌系统疾病、心脑血管疾病等，如梦遗滑精、梦交淫浊、梦魇、梦游、梦话、梦笑、梦歌、遗尿、盗汗等。对失眠多梦的病人，治疗有特效。其次，对五高症（高血脂、高血糖、高胆固醇、高血压、高尿酸）、癌症、传染性疾病的治疗有新突破。治疗灵魂病（精神病）以文调为方法，平衡气血阴阳为尚策。肉体病（躯体病）必须用武打法与舞魂式疗法调控，因为战恶病，须先斗心魔，方可获得成功。

大自然给予人们生机，也带给人们疾病。总结几十年来的临床治疗经验，感悟到要利用自然资源，倡导自然疗法。自然疗法，一能减轻病人的经济负担，二无药物性的毒副损伤，所以治病“有可靠性、安全性与科学性”。最主要的是，要让病人多学防病、抗病、治病知识，因为很多梦病人都是病于无知，最好能让病人学习“五个认识”知识。

一是认识自己，自梦、自悟、自圆梦，“自知者明”。二是认识别人，读懂人体说明书内容，才能“知人者智”。三是认识社会，明白社会大学十大内容后，方可“荡起我梦想，增强正能量”。四是认识世界，看到世界从此不一样了，才有

“大国心态”，成功在望！五是认识自然，宇宙送给我们的无形礼物是无穷的，要学会感恩，悟到就会得到！

这种特色治疗方法是以中医、西医与新自然疗法三结合为原则，对梦病（灵魂病）的治疗效果显著。其意在于让病人领悟自病的病因病机及病症发生发展的机理，以及新方法治病的原则，这样病人会积极配合治疗。这种治病的新方案和实践验方别具一格。病人提高了战胜病魔的信心，同时练习正气运行法，做有氧运动，可培补元气，增强免疫功能。加上练习微笑、唱歌、跳舞，歌声伴着舞魂，病人放歌自然，激励人生，放飞心灵，可有效提高梦病的治愈率。

总之，本书讲解了梦先兆、病梦兆与病凶兆、病征兆的基础理论，对梦兆症的特点、规律，明辨梦兆症的特定部位、分类与先兆征的性质，梦兆相征的表现形式等方面进行了论述。只有明确这些理论知识，才能掌控治疗梦病兆的技能。本书作者力图为医者修炼大道、造福于民而披荆斩棘，鸣锣开道，并以此为所期。

杨士东

2018 年 1 月

前言

中医“解梦幻，调梦病，圆梦想”有妙法

本书介绍了中医“解梦幻，调梦病，圆梦想”的方法，具体包括以下几个方面的内容：①解决生理性梦幻困惑。②梦先兆，预感人体隐藏的潜病，未事先知，有益于未病早防。③以中医调理梦病有妙方为主题。④扶助中、西医生对心理障碍性并发症的明确诊断。⑤弥补了几千年来各宗教调理灵魂病（精神病）的不足之处。⑥为现代医学界的心理咨询师增添了七彩光环，让他们升华为心灵调理师，能有效地解决失眠、多梦导致的抑郁症、自闭症与癫狂病症，特别是对心理障碍性并发症导致的一系列恶病质病人的诊断精准，治疗得心应手，疗效显著。

我很自信地说，在不久的将来，全国甚至全球的大部分医院里，会有一个特色科室叫“梦析门诊”（心灵咨询服务科），因为人民非常需要：医院要有特色，科室要有专长！这样才能真正解决精神不卫生引发的各类灵魂病。

杨雷

2018 年 1 月

目录

第一章

梦与生物钟及生物信息传递关系

易医解奇梦

——透过梦境看健康

第一节　什么是梦

人的一生约有 1/3 的时间是在睡眠中度过的，约有 1/10 至 1/8 的时间在做梦。人人都会做梦，但是有 5‰的人一生中从未做过梦，所以他们要问什么是梦。

究竟什么是梦？从有关资料来看，人们意见不一，众说纷纭，莫衷一是。有这样一些观点：

（1）梦是睡眠中的一种感觉。

（2）梦是人类日常生活的继续。

（3）梦是睡眠时局部大脑物质还没有完全停止活动而引起的脑中表象活动。

（4）梦是入睡后脑中出现的一种物理现象。

（5）梦是入睡后脑中出现的表象活动。梦是现实的反映，预见的来源，祛病的灵性感觉。

（6）梦是受躯体内外刺激引起的发生在睡眠中而又不易为自我控制的一种心神与灵感活动。

……

多数人认为，梦是人在睡眠时，由于局部大脑组织（大脑皮层）尚未完全停止兴奋活动，从而引起的一种头脑中的表象活动。一个人梦境中的内容，和他在清醒时候的意识中留存的生活印象有关。但是到了梦中，生活印象常常变得错乱不清。所以，梦的内容一般总是呈现着混乱和虚幻的状态，以想象或虚幻的形式表现出来。

梦的奥秘无穷，探索梦的奥秘是当代生命科学前沿阵地研究领域之一。时代的进步与科学的研究为今天的人们解释梦境打开了一扇天窗，原来梦是高级动物与中级动物们大脑的潜意识的表露，更是人类情感意象、欲求渴望等内心活动的特殊表现形式。遵循中医学、自然科学、社会科学及心理学规律，运用新医学的科学原理，我们就可以轻松简明地找到梦境与梦象的成因与规律，解梦、释梦、调梦、治病就可以找到关键的依据。

一、中西医学对梦的认识

现代医学认为，梦是在大脑普遍抑制的背景上所出现的兴奋活动。梦是生理与心理的综合反映，是大脑部分高级神经活动在睡眠状态下的持续，梦的产生显示大脑的某些细胞还在工作。

中医对梦机制的认识是比较深刻的，认为梦境的形成与脏腑的阴阳偏盛及脏气的盛衰有关，如《素问·方盛衰论》指出产生梦的机理皆因“五脏气虚，阳气有余，阴气不足”。《灵枢·淫邪发梦》曰：“阴气盛则梦涉大水而恐惧，阳气盛则梦大火而燔焫，阴阳俱盛则梦相杀，上盛则梦飞，下盛则梦堕。”并认为梦与魂魄的安舍有一定关系。正常时，魂是依附于神的，如《灵枢·本神》说：“两精相搏谓之神，随神往来谓之魂，并精而出入者谓之魄。”论述了魂魄与神的关系，如神不守舍，则魂魄飞扬。心藏神、肝藏魂、肺藏魄，因此，梦与心、肝、肺三脏的关系最为密切。此外，与胆也有关联，因胆主决断，胆虚不能决断致魂魄不定而成梦。

梦与喜、怒、悲、思、恐五志亦有一定的关系。因心志喜、肺志悲、肝志怒、肾志恐、脾志思，所以《灵枢·淫邪发梦》说：“肝气盛则梦怒；肺气盛则梦恐惧、哭泣、飞扬；心气盛则梦笑、恐畏；脾气盛则梦歌乐、身体重不举；肾气盛则梦腰脊两解不属。”表明了梦与五脏的关系。总之，梦与五脏，尤其与心、肝、胆的关系比较密切，这是因为梦的主要原因是神不守舍、魂魄离位之故。此外，梦与心肾不交密切相关，梦为心肾不交的四大症状之一。正常时，心肾水火既济、坎离交泰，如心肾阴阳失调，可导致心肾失交、水火不济，则易出现多梦。另外，脾主思，日有所思，夜有所梦，梦与脾也有关联。

对异常梦的产生机制，《黄帝内经》除强调脏腑的虚实盛衰等内源性因素外，还重视外邪所致的因素。如《灵枢·淫邪发梦》曰：“正邪从外袭内，而未有定舍，反淫于脏，不得定处，与营卫俱行，而与魂魄飞扬，使人卧不得安而喜梦。”《灵枢·淫邪发梦》也说：“厥气客于心，则梦见丘山烟火。客于肺，则梦飞扬，见金铁之奇物。客于肝，则梦山林树木。客于脾，则梦见丘陵大泽，坏屋风雨。客于肾，则梦临渊，没居水中。客于膀胱，则梦游行。客于胃，则梦饮食。客于大肠，则梦田野。客于小肠，则梦聚邑冲衢。客于胆，则梦斗讼自刳。客于阴器，则梦接内。客于项，则梦斩首。客于胫，则梦行走而不能前，及居深地窌苑中。客于股肱，则梦礼节拜起。客于膀胱，则梦溲便。”提出了梦的发生不仅与内脏的虚实密切相关，而且与外邪的客入也有很大的关系。这是因为人体脏气内虚，则外邪易入，使魂魄不舍而发梦之故。中医最早的病机专论《诸病源候论》也指出病理性梦的产生是在脏腑气血内虚的基础上，外邪客入所致。

对梦的产生机制，现代医学认为：睡眠是中枢神经系统所产生的一种主动过程。睡眠究竟是皮质抑制过程的扩散，还是特定的神经结构引起？巴甫洛夫氏提出睡眠是内抑制在全大脑皮质的扩散，并波及皮质下中枢的结果。现在有人认为，内抑制是通过皮质－网状结构系统抑制了网状结构的功能。近年来实验证明，异相睡眠是由于蓝斑核的活动而出现的，说明异相睡眠与脑桥背部，特别是蓝斑部分的神经化学因素有关。异相睡眠的缺乏，可导致某些化学因素的堆积。目前认为中枢内存在着产生睡眠的中枢，在脑干尾端存在能引起睡眠和脑电波同步化的中枢。

正常人的睡眠分为正相睡眠和异相睡眠两期，正相睡眠时期历时 80~120 分钟，异相睡眠时期 20~30 分钟，每晚交替 4~5 次。梦产生于催眠相时期，和异相睡眠有关。睡眠的时相分为慢波睡眠及异相睡眠，慢波睡眠对促进生长、促进体力恢复是有利的。异相睡眠期间，脑内蛋白质合成加快，对促进精力的恢复有利。

二、预兆梦的临床意义

梦是大脑部分高级神经活动在睡眠状态下的持续，分为生理性及病理性两大类。生理性梦包括幻想梦、再现梦及灵感梦，为昼日在大脑皮层上留下的痕迹重现，也包括心理的感传或受了外界的刺激所致，一般为良性梦，可起到心理平衡、心理疏泄及心理预测等作用。病理性梦的产生则多为内源性，往往来源于体内潜伏性病灶产生的信息，多为噩梦。因此，梦具有反映疾病的物质基础。

现代医学认为，异常梦的发生机制是机体潜隐性病灶的病理信息在睡眠状态下对大脑反映的持续。睡眠状态下病灶发出的病理信息，比在觉醒状态下容易引起大脑的敏觉。为什么梦能对疾病进行预报？有人认为因为入眠以后，机体基本处于休息状态，传到大脑的兴奋信息大大减少，大脑的兴奋波也基本平息。因此，对疾病早期的微弱刺激始能敏锐感觉，大脑皮层处理完白昼的繁多信息后，方能对这静中的细小反应产生应激，这就是梦能预报潜病的道理。21 世纪邓恩所著的《时间试验》一书中提出了一种理论，认为时间有相互垂直的多维分支，任何人的知觉不仅可以接触到现在，也可以同样方便地接触过去和未来，因此产生预言性的梦是可以信赖的。可见，异常梦境是有预兆疾病的可能性的。

三、做梦的积极作用

梦在人们的睡眠中占据了大约 1/8 的时间。假若享年为 70 岁的话，做梦的时间至少要有 3 年之久。这么长的做梦时间，看似是一个时间上的浪费，事实上做梦是健康人体的生理需要，能起到不少的积极作用。

1. 有助于脑功能的恢复和加强。几乎所有的人在熟睡时都会有梦境出现。做梦能使脑的内部产生极为活跃的化学反应，使脑细胞的蛋白质合成和更新达到高峰，而迅速流过的血液则带来氧气和养料，并把废物运走，为来日投入新的活动打下基础。可见，梦有助于脑功能的恢复和加强。

2. 能给人带来愉快的回忆。脑中的一部分细胞在醒时不起作用，但当入睡时，这些细胞反而活跃，于是形成了梦。梦能给人带来愉快的回忆，锻炼脑的功能，适当做梦还可延年益寿。做甜蜜的美梦，常给人带来愉快、舒适和轻松等美好的感受，使人头脑清醒、思维活动增加，这有助于消化和身心健康。对稳定人们的情绪、促进和提高人的智慧活动能力、萌发灵感和创造性思维等都有所助益。

3. 能传递疾病的早期信号。有些疾病在没发生之前，常常预先以做梦的形式表现出来，尤其是做噩梦。噩梦能使人不愉快，还会干扰睡眠，影响大脑的功能活动，也往往是癌症和其他一些疾病的早期信号。尤其是经常反复地做一些内容大致相同的噩梦，则可能是明显的疾病迹象。

4. 有梦睡眠可延长寿命。近代研究表明，婴幼儿在每天长时间的睡眠中，有 50% 左右的时间是在做梦。这些梦的内容是什么，至今仍然是一个不解之谜。老年人的有梦睡眠却大大减少，每晚不过 1 小时左右。若能设法增加有梦睡眠时间，便可延长寿命。

5. 有助于人们的创造性思维。弗洛伊德说："梦境不仅具有复制的功能，而且具有创新的功能。"著名化学家门捷列夫在睡梦中清楚地看到了元素周期表，使各种元素得以按最佳方式排列。德国化学家凯库勒长期冥思苦想苯的结构，有一天在梦中想到了，从而为芳香族化学研究奠定了基础。科学研究表明，有梦的快动眼睡眠有益于记忆，能阻止大脑对新知识的遗忘，有助于人们的创造性思维。

6. **有助于稳定人们的精神状态**。有人做过剥夺有梦睡眠试验，在有梦睡眠时把受试者唤醒，然后再让他睡；于是，他又经过无梦睡眠阶段进而转入有梦阶段；此时再将他唤醒，这样就又剥夺了他的有梦睡眠。这样长久下去，他就会出现精神失常，甚至神经错乱。可见，有梦睡眠有助于稳定人们的精神状态。

7. **有预感作用**。经常听到有人说，夜里做了个好梦，今天有好事。也有人说做了个不好的梦，今天要特别注意，事先心中有数。有的梦还真兑现了。

梦是在睡觉时发生的。但是，人们往往把没有梦的睡眠当成是好的睡眠，认为做梦会搅乱睡眠的质量。其实恰恰相反，做梦有时候可以起到“保护”睡眠的作用。

第二节　人体生物钟与大自然的关系

总纲领

天体运转神秘宫，银河奥秘在其中。
北斗指挥定律程，日月同辉太空明。
地有三宝水火风，天有氤氲育生灵。
人是宇宙一分子，梦想原由生物钟。
养护三宝气血灵，顺应时钟长寿星。

大自然奥秘无穷，神奇无限。天体中日月星辰有定律的运转，非常和谐，从未紊乱，因为北斗星掌控着天体群星运转的枢纽。

月亮绕地球转一圈是 30 天，称朔月和望月，朔望月分为四个期（上弦、下弦、朔、望）。地球绕太阳转一圈称为太阳年，太阳年分为 12 个月，精确时长是 365 天 5 小时 48 分 46 秒。地球自身转一圈为 1 天，1 天 24 小时，分为 12 个时辰，1 个时辰为 2 小时。地球自身有十二道地脉，总枢纽是昆仑山。古代医学家把人体脏象分为十二官，主管着十二条经脉，总主管是心脏，中医学称“心者君主之官”。人体大脑支配十二对神经。人体十二经脉与十二对神经一源二歧，也可以比喻为兄弟单位，它们的任务是调解与畅通气、血、精、津液的运行。还有我们常说的银河星球十二星座……此外，太阳系有代表性的五大行星：金星、木星、水星、火星、土星，五个方位东西南北中，人体脏象包括五脏六腑和奇恒之腑，也都可以用五行（金、木、水、火、土）代指。由此可见，人与大自然的关系密不可分，故有“天地人一体同春”之说。

最有意思的是“日”字和“月”字，放在一起是个“明”字。这是让学习中医学的人能明白人与日、月，与大自然规律的关系；明白人体发病的病因（三因）和病机十九条；明白诊病要重视整体观念，辨证论治；明白人体的器官为什么大都带“月”字，如脏、腑、脉、骨、脾、胃、肺、肝、肾、膀胱、髓、脑、胳、腿、肘、腕、肢、胫、腰、背、腺……明白为什么月经，也称月水、月信等。这些都说明人的生物钟与日、月的磁场密切相关，这也是“天人合一”的理论基础。

如果一个人能明白天、地、人之间的关系，顺应大自然，有梦想，有正念，才能开发正能量，拥有不可想象的超常创新力。医务界与功夫界人士，如果梦想当一名“明”医生，必须明白人与大自然的关系，宇宙万物运行的规律。在临床应用时，诊断疾病要想到病人发病的季节、月份、日期、时辰，其次要审察病人体质、体型、年龄、病因、病机，通过明确审证后再合理合法地实施理法方药。我对学生们常说的一句话就是“不当名医要做明医”，明天文，懂地理，明确人体脏腑，气血和谐，以法统方，以方守法。“相体裁衣才是明医生治病的真谛。”

关于“生物钟”，这是属于人与自然关系范畴的一个新名词。生物钟学对现代人学习医学知识有帮助，可以更好地理解记忆。对于爱好养生的人员也是如此。很多心理病、精神病、躯体病、生理病等多是生物钟紊乱所致，特别是神经系统、内分泌系统及心脑血管系统紊乱，可引发罕见病，也就是人们常说的无名病。

比如说，自己感觉有病，全身各系统各部位时常难受、感觉不适、痛苦难耐，或头、身、肢体、腰、腿痛，或心悸、头晕、失眠、多梦、梦游，或做的梦全是不高兴的梦等。但是去医院体检，根本找不到病因，医生束手无策。病人自己悲伤难受，家人也受累。这类病就是无名病，或叫罕见病，也叫隐私病，只有病人知道自己的病痛。严重者都不想活下去了，有一种生不如死的感受。去医院看，医生也只能说，可能是自闭症、自主神经系统紊乱症、精神紊乱症、抑郁症、顽固性失眠、心理障碍性并发症等。即使用药，也仅限于镇静止痛安眠等药物，治标而已。

实际上，这类病都是生物钟在作怪。此类病未病之前就有梦先兆，也就是未发生病理症状之前，已有梦幻连连的梦先兆信号传递出来。如果能明白做梦的原理，追踪隐病与潜病的病因、病根，提前调理，是有办法治愈的。这就是医学上所说的“未病先防”“有备无患”“不治已病治未病，不治已乱治未乱”的防控工作。

地球约在45亿年前形成，约7亿年后首次出现了生命。随着科学技术的不断进步，人类已经有能力从分子水平上去解读生命现象的规律和生物体内部信号传递的机理，并对各类活动规律有了较为深入的了解。

我们每个人每时每刻都在与时间打交道。就生物个体的感受而言，所谓时间是指生物从降临到这个大千世界开始一直到死亡为止，即从生到死、绝不间断、也绝不可能逆流、按一定的方式不断进行的流程。

从单细胞生物的单纯活动到人类复杂的生命现象，在这个过程中，存在着有以秒为单位的高频节律，也有以年为单位的低频节律。

生物体内的各类节律，就是“生物时钟”，即“生物钟”，它们一旦出现紊乱或失调，就必须通过各种途径或方法把紊乱了的时钟重新调整回来。由此可见，生物体内的时钟，对机体正常机能的发挥有着非常重要的作用。

已有许多证据证明，生物体内具有产生和控制生物节律的机制，能感知、测定和“预知”时间，产生节律振荡信号，从而调节机体各种生物功能和周期性活动，使之按一定时间程序有节律性地进行。这种机制的作用类似于时钟，因而又称为生物钟，围绕生物钟的机制及其作用进行深入研究和阐述的学说，则称为生物钟学说，或时间生物学。

生物钟学说认为，生物钟的核心，是一组能自律地产生振荡信号的结构。它主要在脑内，亦称为振荡器。其中具有主导作用的是起搏点。生物钟学说自20世纪80年代以来得到了迅速发展，其研究范围和内容不断扩展。

一、生物钟的概念

生物钟也叫生物节律、生物韵律，指的是生物体随时间作用发生周期性变化，包括生理、行为及形态结构等现象。生物的生命过程是非常复杂的，又是奇妙的，它无时无刻不在演奏着迷人的“生物节律交响乐”。科学家发现，生物钟是多种多样的，也是从单细胞生物到哺乳动物的生物界中普遍存在的现象。就人体而言，已发现一百多种。比如饥饿感，常人经常每天都体验到一两次。即使没有手表等计时工具，你的肚子也能告知你现在的大致时间。这种“腹部时钟”也是生物钟的一类，因为它会通知你从前次进食后的经过时间。与“饥饿感”类似，睡眠每天都要有。而且，人们在早上某个时间就觉醒。

人体内受各类生物钟调控的生命现象比比皆是，可以说整个人类都是按一定的周期进行作息。其他我们感觉不到的或很少能感受到的生理指标，如体温、血压、脉搏；人的体力、情绪、智力和妇女的月经周期；体内的信号，如脑电波、心电波、经络电位、体电磁场的变化等，都会按一定的规律进行周期性变化。

二、生物钟的分类

一切生物体的节律都与地球和它的卫星——月亮的节律密切联系。月亮对地球的引力产生了海水的落潮和涨潮。地球的自转使我们有了白天和黑夜、光明和黑暗。

地球以一年为周期绕太阳的公转使我们有了春、夏、秋、冬四季。人们已经根据地球运动，为植物、动物和人类的节律命名，一切生物都是依地球的运动来安排它们的生物钟的。

1. 昼夜节律，以大约 24 小时为一周期的节律，也称日周节律。人类的睡眠、觉醒、体温、血压、脉搏等生理现象的周期也都属于这种昼夜节律，它是自然界中最为常见的一种生物钟。

2. 次昼夜节律，是在一段时间里的节律。它存在于动物和人类的睡眠中，周期 90 分钟左右，也存在于白天人们的情绪或精力的变化中。

3. 月节律，以大约一个月为一周期的节律。妇女的月经周期是其典型代表，与繁育子孙后代息息相关。

三、生物钟的构成要素

昼夜节律是机体内部固有的自发地摆动所产生的内因性节律。它能够被呈周期性变化的环境因素同步化，在维持生物体机能恒定性方面具有重要的作用。具备昼夜节律的摆动、环境周期的同步化和生物体机能的节律传递这三种机能于一体的装备称为生物钟，也就是构成生物钟的三要素。

钟摆系统是产生机体自发性摆动的内固性节律的关键因素。

人力系统是利用外界环境因素，主要是光线、食物刺激，对内部钟摆系统实施调节作用。

出力系统是生物钟调控的具体体现，主要表现在行为、各种生理机能等方面。

四、生物钟的必要性

人体生物钟能传递季节变化信息。测试证明，冬天早晨人体内会大量分泌加深睡眠的褪黑激素。这说明，生物钟本身周期并不变，但在不同的季节，它能使人们有不同的行动规律。

五、生物钟的位置

由于生物钟与日光照射有着密切的联系，因此人们推测生物钟与大脑和视神经有关。大量的研究发现，尽管因动物的种类不同，其生物钟的位置会有所差异，然而生物钟的中心基本上位于脑内。

哺乳动物的主要生物钟位于脑内视床下部的一个直径仅有 1~2 毫米、称为视交叉上核（SCN）的神经细胞核团中，即我们身体的“总时钟”所在地。破坏或切除这一部分，机体的生物钟就会完全消失。

近年来的研究结果表明，生物钟遍布于全身的神经网络和器官组织。还发现人的膝后也有“生物钟”，如果用强光照射膝盖后方部位，就能影响人体的作息规律，调整时差反应。

六、生物钟的精确性

研究人员让人按平时的作息时间起床或比平时早 2 小时起床，然后 24 小时测定血液中糖皮质激素的浓度变化规律。糖皮质激素是肾上腺所分泌的一种激素，它在血中浓度一般是在起床前1小时开始上升。实验结果显示，得到提前2小时起床指令的人，血中糖皮质激素浓度也会非常奇妙地相应提前2小时开始上升，这或许与“明天我要早起”的意志有关。这种睡眠意志在睡眠期间发挥作用，再加上使用自己的生物钟，开始推测“现在何时”，并为早起做好准备。

七、人体内部生物钟的周期时间

生物钟的英语表示为Circadian Clock。Circadian这个词源自拉丁文，字根circa是大约、大略的意思，dian则代表一天。人在完全排除外部影响的环境下生活时，不论年龄大小，生物钟的日周期非常接近24小时，而且个体间的差异也就在30分钟以内。

八、环境因素对生物钟的调节

人体内部固有的生物钟并非以24小时为一个运转周期，而是略大于24小时。因此，就产生了内部生物钟与外部的24小时日周期（外部时钟）不一致的现象。如果没有因素能将其调整到与外部时钟同步，生物也就无法适应环境而遭到淘汰。在各种环境调节因素中，光线对生物钟周期的影响是最大的。

光线对生物钟的调节是使其前移还是后退呢？这主要取决于接受光照的时间（时刻）。如果在从早晨（或后半夜）到上午的时间段内接受光照就具有使生物钟的相位（时针）前移的效果。体内生物钟的前移能够产生与使外部时钟变慢的同样的效果。假设当生物钟与外部时钟处于完全一致时，譬如，生物钟早晨7时，外部时钟早晨7时，接受10分钟的强光（太阳光）照射，就能使生物钟前进1个小时，即生物钟的指针指向8时10分，而此时外部时钟仅走了10分钟，即7时10分。对于生物钟来说，这意味着仅仅10分钟就起到了1小时10分钟的作用，这也许是我们起床后很快就能进入工作状态的原因所在。

但是，如果在从傍晚到前半夜这一时间段内接受光照，与前述相反，光照使得生物钟的相位（时针）发生后退。如由于上午光照的1小时调速作用，当外部时钟还处于傍晚5时时，生物钟就已走到6时。这时，若给予1小时的光照，生物钟就会走慢30分钟，即生物钟的时间是6时30分，而此时外部时钟不折不扣走了1小时到了6时。就这样，生物钟与外部时钟的相位渐渐趋向同步。

由上可见，生物钟在上午走得快，下午走得慢。这或许与大家的实际体验（饥饿感）比较吻合。如你早上7时左右吃早饭，到11~12时的时候，胃就会变空，告知该吃午饭了，期间仅经过4~5个小时。

此后，到傍晚6~7时吃晚饭的时候，虽然已经经过了漫长的7~8小时，期间也不会有特别的饥饿感。与此类似的是，大家会感到上午的时间过得快，一眨眼就到了中午；而下午则过得较慢，等啊等啊还不到下班或放学的时候。

九、生物钟的三种类型

按照时间生物类型，可以把人的生物钟大致分为三类：昼型、夜型、中间型。

昼型表现为凌晨和清晨体力充沛，精神焕发，记忆力、理解力最为出色。如数学家陈景润、作家姚雪垠都习惯在凌晨两三点钟投入工作，效率很高。

夜型是一到夜晚脑细胞就特别兴奋，精力高度集中。如法国作家福楼拜就习惯整夜写作，久而久之，他家彻夜不熄的灯光竟成为塞纳河上船工的航标灯了。

中间型介于前两者之间，清晨和上午学习工作效果特别好。如诗人艾青，在这两个时段，文思泉涌，妙笔生花。

在测定各个类型的生理指标如体温的昼夜节律时，发现他们的体温变化与行为比较一致，即昼型人比夜型人提前出现生理指标的高峰值。生物类型不同，在时差的适应能力上也会存在一定的差异。

第三节　生物钟与健康

在我们的生活中，可以看到有一些健康老人，几十年如一日，终日劳作，没有什么病。但是有一天，儿女孝顺，让他休息“享清福”，结果不是周身不舒服，就是一病不起。有的刚退休的老人，身体状况反而不如上班的时候。有调查显示，在一家老人保健康复中心里，好几个九旬老人在家的时候身体状况、精神状态都很正常，儿女送他们到康复中心是想让他们得到良好的医疗保障。但结果，这几个老人都是不到半月就“无疾”而终。同样的现象也存在于年轻人或白领阶层中。如长假“恶补”睡眠反而会觉得越睡越累。以上这些影响健康的现象，其实都是与身体的生物钟突然改变有关。

人的生命过程既复杂又奇妙，其大部分重要的生命现象都是受到自身生物钟的调节。科学家发现，保证生物钟的“准点”是健康的根本条件，生物钟“错点”，则是易疲、易病和早衰的总根源。有的人生物钟几十年都是相对稳定的，他的健康状况是良好的，而生物钟表一旦被打破，或较长时间处于紊乱状态，就会产生各种各样的不适或疾病，有的甚至危及生命。最近有医学家预言：一种被称作生活方式疾病的新病因，将成为导致人们死亡的头号杀手。

一、生物钟与睡眠紊乱

生物钟紊乱最直接的就是导致睡眠紊乱，这个很好理解，所以要顺应生物钟。如果我们每天准时起床，定时去迎接每天早晨的阳光，那么生物钟就会准时运转。研究表明，影响生物钟运行的因素之一是体温。人的体温波动对生物钟的节律有非常大的影响。人的体温下降就容易引起睡意，这是利用体温调整生物钟的有效方法。如果体温调整失控，就会引起睡眠生物钟发生紊乱。

顺应生物钟，获得良好的睡眠，可以有以下好处：

1. 消除疲劳，恢复体力。
2. 保护大脑，恢复精力。
3. 增强免疫力，康复机体。
4. 促进生长发育。
5. 延缓衰老，促进长寿。
6. 保护人的心理健康。
7. 有利于皮肤美容。

二、生物钟与高血压

正常人的血压呈现明显的昼夜节律，即血压白昼升高，夜间下降。超过机体的调节范围时，就会出现高血压症状。人们一直以为，高血压是老年人的“专利”病，而近些年高血压发病率在中年甚至青年或儿童中开始呈现强劲增势。造成高血压的因素有很多，如遗传因素。但是，现代人长期不良的生活习惯，生活节律的破坏，生物钟的紊乱，是导致高血压发病率上升，特别是在中青年人发病率上升的主要原因，成为现代生活习惯病之一。

三、生物钟与其他疾病

1. 心脏病最容易在清晨发作的原因，是清晨肾上腺素和去甲肾上腺素的分泌（激素的分泌昼夜节律），使得血压上升（血压的昼夜节律），心率较快，心脏工作负担加重。劳力型心绞痛及其他缺血性心脏病发病，多在醒后4小时内。

2. 脑卒中是老年人的高发疾病，而且致残率比较高，发病后容易造成偏瘫、失语，生活不能自理。更为遗憾的是，老年人一旦到了这种状态，现代医学还没有一个很好的方法能够让患者恢复原状。因此，对于这种疾病来说，最重要的是要进行很好地预防。脑卒中绝大部分是脑梗死引起的。脑梗死的发病有时间的规律性，是已经被科学所证实的，其发病的诱因是受到生物钟控制的。患脑梗死的病人，一般发病是在下半夜。

3. 胃溃疡病人，一般在半夜容易胃痛，这与胃酸的分泌周期有关。

4. 冠心病病人心律失常的发生，一般都在下午和午夜。

5. 过敏性鼻炎的症状，起床时比中午重。

6. 哮喘在睡眠时发作的危险，比白天活动时大100倍。

7. 类风湿性关节炎的症状，晨间醒来时最为严重。

8. 骨关节炎的症状，从中午到下午较为显著。

9. 偏头痛发作或加剧，常见于晨间醒来时。

总之，长期的生物钟紊乱，是诱发各类疾病特别是心脑血管疾病的主要因素之一。

四、生物钟与体形

保持好的身材或许是每个人特别是女性的一大愿望。难道这也与生物钟有关吗？最近研究人员发现，人不沐浴早上的阳光便容易发胖。养成早上晒太阳的习惯，调整自己生物钟的“钟点”，有助于保持苗条的身材。另外，晚上吃夜宵会促使“BMA－LI”蛋白质增加，容易使身体发胖。

五、生物钟与时间药理学

在不同的时间，身体对同一种药物的吸收、发生效应及排泄的效果是不一样的。这种现象，称为时间药理学。

生物钟效应在医学上得到广泛应用。在人体生物节律被得到广泛认识的今天，利用生物钟规律提高医疗效果的例证很多。

一位医生头脑里有了生物钟学，会发现同样一剂降低高血压的药，在晚上 6 点服和半夜服，要远比其他时间有效。同样，对癌症病人做化疗与放射疗法，也有最佳时间与最差时间的区别。从对一些患了白血病（血癌的一个类型）的老鼠身上试验得知，在采用同一种化学药物的条件下，它们是被治愈或者致死，关键在于给药时间。同样一剂药，在早上 2 点给药，96% 的老鼠死去；在早上 8 点或者下午 5 点给药，仅有 4% 的老鼠死去。对用化学疗法或放射疗法的癌症病人来说，掌握了特定时间，就可能意味着疗效得到改善。研究人员发现，对宫颈癌患者在午夜与凌晨之间给予三种细胞毒抗癌药，结果疗效是一般疗效的 2~3 倍，2/3 的病人肿瘤比原来缩小了一半，而按常规方法给药，只有 1/4 的人能获得同样的结果。

总结上述，我们认为老年人要对几十年形成的生物钟保养好，不要轻易改变它，免得引起生物钟紊乱而影响身心健康。孝顺的儿女们，也不要轻易让老人迁就你们的“孝心”。

认识生物钟、掌握生物钟、顺应生物钟，对维护和增进人们的身心健康是有帮助的。所谓顺应生物钟，即人的一切活动要与生物钟的运转“合拍”和“同步”。

众所周知，大脑皮质是人体各种生理活动的最高调节器官，它的基本活动方式便是条件反射。人们长期定时地从事某项活动，便会建立良性的条件反射，生理学上称为“动力定型”。它一旦形成，便会使身体各组织器官都高度规律化和自动化，在生活中便有预见性和适应性。这对保证健康和提高活动效率十分重要。

例如，按时工作、按时起居习惯的养成，可保证全天精力充沛，不易生病。定时进餐的习惯，使消化腺到时候便会自动分泌。每天在固定的时间学习和钻研某一内容，日子久了，效率特别高，从而形成了自己的“创作高潮期”或“记忆高潮期”。甚至每天定时洗漱、洗澡等，都可形成“动力定型”，从而使生物钟“准点”。

然而，身处都市的人们，内容丰富的夜生活使人经常很晚睡觉，甚至通宵达旦而致生物钟紊乱，疲惫不堪。都市独有的各种室内外光线，亦破坏了人们正常睡眠所需的昏暗环境。生物钟的长期紊乱，容易引起多种疾病。现代都市人们更应充分认识到生物钟对自身保健的重要性，按生物钟规律办事。

第四节　生物信息传递

一、生物信息传递概述

生物体生活在不断变化着的外部环境中，经常受到各种因素的刺激作用。这些外部环境的刺激因素（即信息或信号）有物理的，如光、声、电、热；有化学的，如酸、碱、盐及各种各样的大小化合物分子；有生物的，如细菌、病毒；有社会心理性的，如情绪波动、社会变革等。

对于外部环境变化的适应和反应，是生物体生存和延续的必要本能。因此，生物体必须具有信息传递的本领，即从外界环境接受信息，并对接受的信息做出分析判断，最终给出相应的反应。

生命的最小功能单位是细胞。生命的维系及生命活动正常进行的根本条件，是细胞间以各种方式进行的信息传递。机体的血液循环、呼吸、消化、排泄等生理功能，必须不断地进行着调节，以纠正内环境的过分变动。

二、神经系统与生物信息传递

1. 神经系统的基本结构和功能单位

人的神经系统包括中枢神经系统和周围神经系统两部分。中枢神经系统是信息集成处理器，由脑和脊髓组成；周围神经系统分布全身，包括与脑相连的脑神经和与脊髓相连的脊神经，所以周围神经系统是中枢神经系统和身体各部分之间的桥梁。

神经系统的基本结构和功能单位是神经元。神经元即神经细胞，它的构造是很特别的，由细胞体和从细胞体延伸出的长、短不等的突起组成。

2. 神经冲动的传递

一个神经元有两个主要功能：将动作单位（神经冲动，即信号）沿着其轴索进行运送，以及将信号从一个神经元传递至一个效应细胞并引发出相应的反应。效应细胞包括骨髓肌细胞、心肌细胞，以及由神经系统调节的各种外分泌与内分泌细胞。

三、内分泌系统与生物信息传递

1. 内分泌系统概述

人体内主要的内分泌腺有：垂体、甲状腺、甲状旁腺、肾上腺、胰岛、性腺、松果体和胸腺。散布于组织器官中的内分泌细胞比较广泛，如消化道黏膜、心、肾、肺、皮肤、胎盘等部位，均存在着各种各样的内分泌细胞。此外，在中枢神经系统内，特别是在下丘脑存在有内分泌功能的神经细胞。由内分泌或散在内分泌细胞分泌生物活性物质，经组织液或血液传递而发挥其调节作用，此种化学物质称为激素。

随着内分泌研究的发展，关于激素传递方式的认识逐步深入。大多数激素经血液运输至远距离的靶细胞而发挥作用，这种方式称为内分泌。某些激素可不经血液运输，仅由组织液扩散而作用于邻近细胞，称为旁分泌。如果内分泌细胞所分泌的激素在局部扩散而又返回作用于该内分泌细胞而发挥反馈作用，称为自分泌。另外，下丘脑有许多具有内分泌功能的神经细胞，这类细胞既能产生和传导神经冲动，又能合成和释放激素，故称为神经内分泌细胞，它们产生的激素称为神经激素。神经激素可沿神经细胞轴突借轴浆流动运送至末梢而释放，称为神经分泌。

激素的种类繁多，来源复杂，按其化学性质可分为含氮激素和类固醇激素两大类。含氮激素包括肽类和蛋白质激素，如下丘脑调节肽、神经垂体激素、腺垂体激素、胰岛素、甲状旁腺激素、降钙素和胃肠激素等，以及胺类激素，如肾上腺素、去甲肾上腺素和甲状腺激素，此类激素一般为水溶性激素。而类固醇激素是由肾上腺皮质和性腺分泌的激素，如皮质醇、醛固醇、雌激素、孕激素及雄激素等，此类激素一般为脂溶性激素。

2. **激素的信息传递**

内分泌系统与神经系统一样，是机体的生物信息传递系统，但两者的信息传递形式不同。神经信息在神经纤维上传输时，以电信号为信息的携带者，在突触或神经的效应器接头外，电信号要转变为化学信号。而内分泌系统的信息，只是把化学的形式即依靠激素在细胞与细胞之间进行信息传递。不论是哪种激素，它只能对靶细胞的生化过程起加强或减弱的作用，调节其功能性活动。例如，生长素促进生长发育，甲状腺激素增强代谢过程，胰岛素降低血糖等。

四、生物信息传递与机体的综合协调作用

生物体是一个有机的整体，神经系统和内分泌系统密切联系，相互配合，共同传递生物信息以调节机体的各种功能活动，维持内环境相对稳定。

下丘脑有许多具有内分泌功能的神经细胞，这类细胞在连接两个系统的功能发挥上起着重要的作用。下丘脑的一些神经元既能分泌激素（神经激素），具有内分泌细胞的作用，又保持典型神经细胞的功能。下丘脑与垂体一起组成下丘脑的垂体功能单位。现已发现下丘脑可以分泌甲状腺激素释放激素、促性腺激素释放激素、生长素释放抑制激素、促肾上腺皮质激素释放激素、生长素释放激素等九类激素，通过垂体门脉系统达到腺垂体，调节腺垂体的内分泌活动。

甲状腺激素不但影响中枢系统的发育，对已分化成熟的神经系统活动也有作用。

甲状腺功能亢进时，中枢神经系统的兴奋性增高，主要表现为注意力不集中，过敏疑虑，多愁善感，喜怒失常，烦躁不安，睡眠不好且多梦，肌肉震颤等。相反，甲状腺功能低下时，中枢神经系统兴奋性降低，出现记忆力减退，说话和行动迟缓，淡漠与终日思睡状态。

生物体通过如此复杂的神经系统、内分泌系统、免疫系统等，相互协调，以维持机体的各种生理功能活动。

人类生活在大自然中，脱离不了气候环境的影响。气候环境包括很多要素作用于人体，这些气象因素可以通过下丘脑对人体的代谢功能产生不同程度的影响。

【小结】

人生病多是生物钟在作怪，特别是上千种罕见病多与生物钟紊乱有关。许多人性急，精神紧张，或期望值过高，感觉时间在飞速流逝，因而更加着急。从外界钟表上看到的时间所产生的感觉，会引起内部“时钟”——生物钟的快走、增速，或慢走、减速。其引起的生物钟运转不正常，可导致心理疾病、躯体疾病、高血压、免疫功能衰退等。

对于感染和癌症敏感期，亦称“亚健康”期，体内发生报警信号，此信号就是病先兆，病先兆前期的信号又称“梦先兆”，也称“梦病兆”。

第二章

读懂人体说明书，解梦全不费功夫

易医解奇梦

——透过梦境看健康

第一节　生理性梦先兆

总纲领

（一）

人生之路乾坤连，科学圆梦最完善。
天汪大气爱生命，地汪大气育生灵。
宇宙万物一气聚，天地氤氲万物生。
自然规律生物钟，气象变幻先兆梦。
中枢神经信息库，报警信号由七情。
灵魂梦兆知未来，元神信号预成败。

（二）

圣人梦兆预未来，真人梦兆预吉凶。
贤人梦想而功成，至人梦兆而平庸。
知人梦兆而圆满，慧人做梦奇验证。
气盛人梦真高兴，缺氧人梦抑郁症。
无聊因梦有伤痛，愚人因梦苦一生。
无知人梦先大病，无智因梦送了命。

梦是一个神奇而神秘的故事。每一个人做的梦都不一样，每类的人、每一个层次的人做的梦都是不同的，每一个时间段、每一个时辰做的梦也都不一样。有各种做梦方式：有人沉睡做梦，有人异相睡眠做梦，有人正相睡眠做梦；有人白日做梦，有人夜间做梦；有人闭目做梦，有人睁眼做梦；有人干着活做梦，有人走路时做梦；有人在看书、学习时做梦，有人吃着饭也做梦；有人一辈子都没做过梦，有人几十年才做一个梦，做梦后自己都不敢相信是不是在做梦。

有人做梦是好梦、美梦、善梦、神奇梦、人缘梦。梦后几天或当天干什么都高兴，别人也高兴，事事都成功，想事全圆满。有人做梦知大事，有人做梦超常人；常人看不到的事、场景、影像，往往在梦里看到；未发生的事、未发生的病，他们可能提前梦到；梦到天气、地气变化；没有去过的地方，没有吃过的水果、美食，往往能在梦里出现。

人因年龄、工作种类不同，梦先兆、梦境都不一样。因文化水平与知识层次不等，人们所做的梦是有区分的。例如，无知的人做梦大部分都是贪心、贪财、贪物，想得到自己想要的东西，梦醒后非常失望，心理很长时间都不能平衡。如果心理素质不能提升，可能发展成抑郁症或精神失常。再比如，文化知识高深的人做梦多是关于国家大事，为人民造福，发明创新之类的梦。有些梦兆提示超前的想象力、伟大创举等。高层次人员做梦，多是关系到世界和平，国泰民安，让自己感到光宗耀祖的一些事。

而特异体质的人做梦最神奇。在梦中他们可以非常清楚地看到台风、沙尘暴、雾霾、冰雪、地震、山崩、路断、桥爆等大自然界变异、灾难等现象。这些梦可预兆三种情况，一是自己工作有变动或升迁的可能；二是周围的亲朋好友可能会得大病，如毒瘤、癌症；三是大自然界不久会出现变异的可能，要防御流行性传染病等。对于特异体质的人来说，常人看不到的物体、影像、景象、图像、无形的干扰源，还有常人听不到的声音、音乐及特殊的声响，他们可能在梦里看到，用慧耳听到。

这类人做的梦是生理性的梦，这些生理性的神奇梦，是超之常人的梦，有梦先兆。为什么这类人能有如此超常的梦境呢？因为他们的身体气质与体质超出常人的体质气质，故称特异体质，阴阳平衡体质，五行均衡体质。这类人体质的潜在能量与储备能量为什么超之常人很多倍呢？我用中医理论知识、古今人体解剖知识与自然科学理论知识与大家分享一下。

第一，破译梦先兆必须学习中医基础理论知识，如阴阳五行体质与气质，脏腑经络的生理功能与气、血、津液的关系。五脏藏精气而不泄，六腑传化物而不藏，在生理功能上它们是相互支持的，互生、互化、互补，在病理上互相影响。

第二，明确人体说明书的特性与特征关系。

第三，明确生理性梦先兆，才能精选特异体质人才，验证特殊的梦先兆造福于民。

第二节　人体体质与气质

一、什么是体质

体质，是人体因受先天禀赋因素和后天诸多因素影响，形成的个体在形态和功能上相对稳定的特殊性。古人很早就已经认识到体质的个体差异。如古希腊名医希波克拉底曾认为人体内有四种不同的体液，按其比例不同可分为多血质、胆汁质、黏液质、抑郁质四型。这是世界上公认最早的体质分类。中医学也十分重视人体体质的差异性，将人体体质划分为若干类型，并将其贯穿于生理、病理、诊断、治疗、养生等诸多方面，对后世的体质研究产生了极大的影响。

二、形成人体体质结构的三个要素

脏腑、经络、形体三者紧密相连，都是形成体质的结构基础。无脏腑，则经络、形体无由而生；无经络，则脏腑、形体不得相连；无形体，则脏腑、经络活动无从体现。三者缺一不可，共同形成了人的体质。

1. 脏腑

藏象学说认为，脏腑是人体生理活动的中心环节，人体的一切都是以五脏为中心。脏腑是决定人体体质的根本因素。在先天禀赋基础上，体质的优劣，主要指的是肾的强弱。肾的盛衰，必然会导致其他内脏也随之而盛衰，从而产生一系列机能和形体的改变。另外，后天因素也是影响体质的重要因素，主要表现为脾胃功能的强弱。

2. 经络

经络内属于脏腑，外络于肢节，是人体气血阴阳运行的通道。体质不仅取决于内脏机能活动的强弱，还有赖于各脏腑机能活动的协调。经络正是这种联系、沟通的结构基础。体质强弱优劣，通过外部形体表现出来，而经络则担负着将内脏之气血阴阳输运于外，以充养其形体的任务。

3. 形体

狭义的形体，特指“五体”，即皮、肉、筋、骨、脉五种组织结构。

广义的形体，泛指躯体，即所有具备一定形态结构的组织，包括头面、颈项、躯干、四肢、脏腑等。

“形体见于外，内脏藏于内，如何可以知其盛衰？唯观形体而已。”内脏气血阴阳充盛，经络通畅，则形体充实健壮，说明体质优良；内脏气血阴阳衰少，经络不畅，则形体瘘弱虚软，说明体质次劣。形体的情况不仅反映了内脏气血阴阳的盛衰，而且直接关系到人的生命活力。因此，形体实际上也参与了人体体质的形成。

三、人体基本物质是精、气、血、津液

体质反映了人的生命活力，而维持生命活力的基本物质则是精、气、血、津液等。精、气、血、津液充实于形体。脏腑、经络、形体虽是形成体质的结构基础，但也必须在精、气、血、津液等充盈的条件下才能发挥作用。这些基本物质产生并藏于脏腑，由经络运行内外，而充实于形体。

（一）影响人体体质的基本物质是精、气、血、津液

1. 精

精是构成人体和维持生命活动的基本物质。“人生系命于精。”精包括先天之精和后天之精。禀受于父母，充实于水谷之精，而归藏于肾者，谓之先天之精；由饮食物化生的精，称为水谷之精。水谷之精输布到五脏六腑等组织器官，称为五脏六腑之精，即后天之精。它们共同构成了维持生命活动的基本物质。

先天之精是人体生命活动的原始动力与来源。由肾精的盛衰演示出整体机能和形体的盛衰，从而形成强弱不同的体质。后天之精源于水谷而化生于脾胃，能充养先天之精，使人体生长壮大。后天之精的盈亏，直接关系到气血的盛衰，关系到各脏腑功能活动能否正常发挥，关系到御邪抗病能力的强弱。

2. 气、血、津液

气、血、津液是人体生命活动必需的重要物质，它们的盛衰和代谢情况如何，

从另一侧面反映了人的体质。一般地说，气、血、津液充盈，运行正常，生理功能也正常，属于好的体质。气血津液偏少及其代谢有所异常所形成的体质差异，主要可分为气虚质、血虚质、多痰质和多湿质四种类型。

（1）气

气是构成人体的最基本物质。《黄帝内经》认为人和万物一样，都是天地自然的产物。人既然生活在空气之中，就必然和宇宙万物一样，都是由气构成的，都必须是天地形气阴阳相感的产物。气化作用是生命活动的基本特征。人的生命机能来源于人的形体，人的形体又依靠摄取天地自然界的一定物质才能生存。

气也有先天、后天之分。气是直接温养脏腑、推动各脏腑功能活动的动力源。气的盛衰和运动情况的差异，在内则为脏腑特性的差异，在外则为形体特征的差异，也就是体质的差异。气还是抗御外邪、抵抗疾病的主要和直接的力量来源。体质的强弱，通过真气的盛衰在御邪抗病中的作用体现出来。故体质在古代又称为“气体”。

（2）血

血沿脉管循行于全身，为全身各脏腑组织的功能活动提供营养。

如鼻能嗅、眼能视、耳能听、喉能发音、手能摄物等，都是在血的营养作用下完成的。无论何种原因形成的血虚或运行失常，均可出现不同程度的神志方面的症状。如：心血虚、肝血虚，常有惊悸、失眠、多梦等神志不安的表现，可见血液与神志活动有着密切的关系。血液供给充足，神志活动才正常。

血与精、气之间可相互化生。但精凝聚而少动，血则流行于脉中，气的活力很强。故血流动则内养脏腑，外溉形体，保持脏腑功能正常和形体充实，从而对体质的形成起重要作用。人的经脉源于内脏，外通形体，其运行不息者有气也有血。血充实之人形体健壮，筋骨有力，是体质强健的重要条件。血的盈虚和运行情况，因人而异，因经络而异，因此其体质就有差别。

（3）津液

津液以水为主体，具有很强的滋润作用，同时它还富含多种营养物质。它分布于体内，能滋润皮肤，温养肌肉，滋养脏腑，滑利关节，充养骨髓和脑髓等。津液经经络渗入血脉之中，使血液充足，并濡养和滑利血脉，使血液环流不息。津液是阴精的一部分，对调节人体的阴阳平衡起着重要作用。脏腑功能的正常与否，与津液的盛衰是分不开的。

津液濡养脏腑等组织器官，参与血液的形成，并与气有相互化生的关系，所以津液也是影响体质的重要因素。津液除了以其滋润营养作用影响体质外，其代谢正常与否也与体质有关。

（二）按照气、血、津液的分类法

1. 气虚质的人

各脏腑功能偏低，肢体无力，身体困倦，饮食不多或食物难化，食后思睡，面色萎黄、苍白无华。体力较小，不耐劳累。精神萎靡不振，容易生病。

2. 血虚质的人

各脏腑功能偏低，形体消瘦，面色苍白，口唇、爪甲色淡，妇女月经量少、色淡。伴有头昏、眼花、心悸、失眠等症。

3. 多痰质的人

形体肥胖色白，咳痰较多，或因痰致咳，舌苔多厚腻而滑。

4. 多湿质的人

身体困倦，四肢无力，厌食油腻，常便溏，妇女带下量多，口淡，舌胖嫩，有齿痕。

四、体质与气质

1. 体质

体质也包括气质，是人们通过先天禀赋、后天调养所形成的与自然、社会环境相适应的形态与神态活动方面的表现，它反映了人体的阴阳运动形成的特殊性，这种特殊性又以气血为基础，并由脏腑盛衰所决定。体质有三个要素，一是体态，即人的外表形态；二是质能，即蕴藏在体内物质中的能量；三是气质，即人的精神面貌、性格、情绪的总和。

2. 气质

气质包括人的躯体特征、精神情态、行为举止等方面，是一种客观的心理生理现象。气质是体质中不可缺少的一部分。

3. 体质与气质的关系

也许人们认为身体素质也就是体质，其实这是片面的。中医名著《黄帝内经》

里所说的体质，是包括身体的素质和心理的素质两个方面。如《灵枢·阴阳二十五人》在描述各种不同类型的人时，既涉及身体方面的因素（颜色、体态、动作等），又涉及心理方面的因素（静躁、善恶、习性等）。所以，《黄帝内经》中所讲的体质概念，并不单独强调身体或心理任何一个方面的特性，应该是强调身心合一的。心理方面的特征，不过是体质表现的一个方面而已，当然它是不可缺少的一个方面。

而气质是隶属于体质的一个较小的概念。气质对人的一生起着重要作用，它甚至可以决定人的命运。从根本上来讲，其实一个人的气质，在很大程度上取决于整体的体质状况，而不单纯决定于修养与知识。有些特殊的修养方法可以在心理上使人格趋向于完善，但同时，其整体体质一定是跟随着上升的。这正好说明了心理素质和体质是密不可分的。

如果把气质作为广义的体质概念，那么可与气质并列的“体质”只是一个狭义的体质概念了。狭义的体质概念偏重于对人体物质结构及其一般功能状态的表述，而气质是专门用来描述人的心理状态的。

现代科学发现，动物个体在生活中获得的特征（包括精神、心理方面的特征），可以改变其遗传。这进一步证明了气质与体形相关的假说，并可将人的体形分为矮胖型、瘦长型、力士型、发育异常型等。从描述上看，与《黄帝内经》中所讲的“阴阳二十五人”是非常相似的。这就是说，精神气质不仅有内在的物质结构基础，还可能与外部形态有特定的联系。由此可知，体质与气质是两个不同的概念。两者不是孤立的，而是有密切联系的。体质与气质有各自的成型根据，然而二者却以不同的形式相互联合。

第三节　明辨阴阳五态之人

一、阴阳五态之人

阴阳五态之人，是按阴阳禀赋的多少、心理情性的不同，将人群的一部分人分为太阴之人、少阴之人、太阳之人、少阳之人、阴阳和平之人。他们是从心理性格和外观形态两个方面来观察和区分的。阴阳五态之人主要反映了五种不同的心理、性格特征及其相应的行为动态表现。产生这些差异的原因，是其体内阴阳多少的不同，也就是说取决于其体质类型。其实五态之人，只是大众人群中的极少数。《黄帝内经》中说："五态之人，尤不合于众者也。"说的就是这个观点。

1. 太阴型体质的人

性情贪而不仁，表面谦虚，内心却深藏阴险，好得恶失，喜怒不形于色，不识时务，行动上惯用后发制人的手段。其形态表现为面色阴沉黑暗，貌似谦恭，身体本来是高大的，可是卑躬屈膝，故作姿态，而并非真有佝偻之病。面色黑，膝若屈，血浊气涩，阴阳不和，筋缓皮厚。贪而不仁，吝啬，城府深，奸狡不露。

2. 少阴型体质的人

贪小利而暗藏贼心。见到别人有了损失，他就幸灾乐祸；见到别人有了荣誉，他反而感到气愤。心怀嫉妒，对人没有恩情。其形态表现为貌似清高，但行为鬼祟，偷偷摸摸，站立时躁动不安，走路时好似伏身向前，行走时如伏状。多阴少阳，肠胃不调，气血易虚。残忍，嫉妒。

3. 太阳型体质的人

处处喜欢表现自己，而洋洋自得。好说大话，但并无实际能力。言过其实，好高骛远。作风草率而不顾是非好歹，常常意气用事，过于自信，事情失败但从不后悔。其形态表现为趾高气扬，仰腰挺胸，形体高大，挺腹直腰，多阳少阴。只爱讲大话，不做实事，心妄好强，毛躁粗疏，不知悔改。

4. 少阳型体质的人

做事精细，自尊心强，稍有小小地位，就高傲自得，喜欢出头露面。善于外交，而不愿默默无闻地埋头工作。其形态表现为站立时惯于把头仰得很高，行走时喜欢摇摆身体，常常背着双手。立好仰，行好摇，习惯于两手放于背部。妄自尊贵，不识大体，务虚文而无真学。

5. 阴阳和平型体质的人

生活安静自处，不介意个人名利，心安而无所畏惧，寡欲而无过分之喜，顺从事物发展的自然规律，遇事不与人争，善于适应形势的变化，地位虽高却很谦虚，以理服人，而不是用压迫的手段来治人，具有极好的治理才能。其形态表现为从容稳重，举止大方，性格和顺，态度严肃，但待人和蔼，目光慈祥，办事条理分明，人们都称其为“君子”（有德行的人）。言行举止端庄，不为利欲所引诱，能识时务，与时俱进，谦虚谨慎。

二、人体体质阴阳四分法

《灵枢·行针》中，对病人的不同体质，以阴阳之气盛衰为依据，又将人分为阳旺阴虚、阴阳俱盛、阴盛阳虚、阴阳两弱四种类型。

1. 阳旺阴虚质的人

形瘦色苍，中气足而脉多弦，目有精彩，饮食不多，却能任劳。

2. 阴阳俱盛质的人

在阳旺阴虚质的基础上，更兼体丰肌厚，脉盛皮粗，食啖倍多。

3. 阴盛阳虚质的人

体丰色白，皮嫩肌松，脉大而软，食啖虽多，每生痰涎。

4. 阴阳两弱质的人

在阴盛阳虚质的基础上，更兼形瘦，脉弱，食饮不多。

第四节　五行之人分类

《灵枢·阴阳二十五人》运用阴阳五行学说，结合人体肤色、体形、禀性、态度，以及对自然界变化的适应能力等方面的特征，归纳总结出木、火、土、金、水形之人。

一、木形体质的人

皮肤苍白，头小，面长，两肩广阔，背部挺直，身体小弱，手足灵活。并有才能，好劳心，体力不强，多忧虑，做事勤劳。这种人对于时令的适应，大多能耐于春夏，不能耐于秋冬，感受秋冬寒冷之气的侵袭，就容易生病。木形人多愁善感，其体质特征为：身材比较瘦，个子比较高，皮肤白，喜欢安静，不喜欢户外活动。如果以古人来形容，他们属于典型的文弱书生，男性如玉树临风，女性则是婀娜多姿，不爱多说，属于沉默寡言型。

典型人物：林黛玉就是典型的木形人体质。

特别注意：木形人大多出生于春季，五行中木性多。这类人要注意的器官是肝与胆，其次是筋骨和四肢。

二、火形体质的人

皮肤赤色，脊背肌肉宽厚，脸形瘦尖，头小，肩背腹匀称，手足小，步履稳重，对事物的理解敏捷，走路时肩背摇动，背部肌肉丰满。其性格多气、轻财，缺乏信心，多虑，认识事物清楚，爱好漂亮，性情急，往往不能享有高寿而突然死亡。这种人对于时令的适应，大多能耐于春夏，不能耐于秋冬，感受秋冬寒冷之气的侵袭，就易于生病。火形人充满活力，其体质特征为：体形比较瘦小，肌肤薄弱，面色红润，精气神十足。走路抬头挺胸，行动敏捷。他们的脾气急躁，容易发怒，但他们敢做敢当，不怕困难，胆量过人，喜爱冒险。

典型人物：孙悟空就是典型的火形人。

特别注意：火形人大多出生在夏季，五行中火性多。这类人要注意的器官是心脏与小肠，其次是血脉及整个循环系统。

三、土形体质的人

皮肤黄色，面圆，头大，肩背丰厚，腹大，大腿到足胫部都生得壮实，手足不大，肌肉丰满，全身上下都很匀称，步履稳重，举足轻。他们内心安定，助人为乐，不喜依附权势，而爱结交人。这种人对于时令的适应，大多能耐于秋冬，而不能耐于春夏，感受春夏温热之气的侵袭，就容易生病。土形人大智若愚，体格比较健壮，身材匀称丰满，适合从事体育运动。他们有时给人以木讷的感觉，但属于大智若愚的类型。他们办事谨慎，遇大事很镇静，不惊慌失措，忠厚笃诚，适应性强。

典型人物：张飞就是典型的土形人。

特别注意：他们多出生于每季度的最后 18 天，五行中土性多。这类人要注意的器官是脾与胃，其次是肠及整个消化系统。

四、金形体质的人

面方正，皮肤白色，头小，肩背小，手足小，足跟坚厚而大，好像有小骨生在足跟外面一样，骨轻。为人清白，性情急躁刚强，办事严肃果断利索。这种人对于时令的适应，大多能耐于秋冬，不能耐于春夏，感受春夏温热之气的侵袭，就易于生病。金形人坚持原则，其体质特征为：体形虽然比较瘦小，但脊背较宽，属上宽下窄型，四方脸，鼻直口阔，四肢清瘦，动作敏捷，皮肤较白，呼吸平缓，但容易出汗，说话虽少，但语出惊人，为人敦厚，做事认真，坚持原则。

典型人物：诸葛亮是典型的金形人。

特别注意：他们多出生于秋季，五行中金性多。这类人需要注意的器官是肺与大肠，其次是气管及整个呼吸系统。

五、水形体质的人

皮肤黑色，面部不光整，头大，颊腮清瘦，两肩狭小，腹大，手足好动，行路时身摇，尻骨和脊背很长。他们的禀性无所畏惧，善于欺骗人，以致常因杀戮致死。这种人对于时令的适应，大多能耐于秋冬，不能耐于春夏，感受春夏温热之气的侵袭，就易于生病。水形人高深莫测，比较胖，皮肤较黑，行动比较迟缓，沉默寡言，神情不定。水形人表面上显得是个大好人，但实际上性格多疑嫉妒，从不相信别人，即使对人好也只是利用别人，心胸比较狭窄，容不得别人的一点成功。

典型人物：曹操就是典型的水形人。

特别注意：他们多出生于冬季，五行中水性多。水形人要注意的器官是肾与膀胱。

以上只是对人体体质的大致分类。对同一个人，不管利用哪种方法，都可进行分析。但需要说明的是，以上各种方法所列出的不同类型的体质，实际上很少单独出现，一般都是相混合而出现的，例如木形体质的人可兼见火形体质的表现。

第五节　明辨脏腑之人

一、脏腑之人

脏腑是人体结构的主要部分，但它们的形态和机能状况是因人而异的，所以脏腑是体质状况的重要依据。《灵枢·本脏》就是根据内脏的解剖形态、位置、质地进行分类的。现在我们以心为例加以说明（其余肺、肝、脾、肾亦各有小、大、高、下、坚、脆偏正的不同）。

1. 心小质的人

心脏形体较小，外见皮肤色红，纹理致密。其神气安定收敛，外邪不易伤害，易为忧患所伤。

2. 心大质的人

心脏形体较大，外见皮肤色红，纹理粗疏。虽不易为忧患所伤，但易伤于外邪。

3. 心高质的人

心脏位置偏高，上迫于肺，致烦闷不舒而多忘，遇事固执而难以言语开导。外见胸骨剑突短小而不显。

4. 心下质的人

心脏位置偏低，使阳气涣散不振，易感寒邪，容易为言语所恫吓。外见胸骨剑突短小高突。

5. 心坚质的人

心脏质地坚实，外见胸骨剑突较长。其神气安定。

6. 心脆质的人

心脏质地脆弱，外见胸骨剑突薄弱而小。其人易患消瘅和内热证。

二、以脏腑机能状态的强弱来划分其体质状况

（一）中医脏腑分类法

1. 脾弱的人

脾（胃）运化受纳功能偏低下，挑食，体态清瘦，易疲倦，不耐劳。易患肠胃病。

2. 肝旺的人

形瘦而肌肉坚实，性情暴躁，饮食时多时少。易患眩晕、中风等病。

3. 肾虚的人

不耐久劳，腰膝无力，呼吸气急，性欲淡漠。易患不育、不孕、阳痿等病。

4. 肺虚的人

不耐风寒风热，容易出汗，语多则疲乏。易患外感病，如发生感冒发热、咳嗽气喘等病。

5. 心神脆弱的人

情绪波动，意志薄弱，不耐精神刺激，多愁善感。易患心悸、失眠、癫狂、痴呆等病。

（二）西方的体质区分

西方体质学是源于希波克拉底“四液”说，即胆汁质、多血质、黏液质、抑郁质四种。

1. 胆汁质的人

性如烈火，直率热情，精力旺盛，脾气急躁，具有外倾性。

2. 多血质的人

活泼好动，反应灵敏，乐于交往，缺乏持久力，具有外倾性。

3. 黏液质的人

沉稳迟缓，安静、稳重、沉着，沉默寡言，善于忍耐，偏内倾型。

4. 抑郁质的人

纤细敏感，行动迟缓，具有较高的感受性，善于观察他人，富有幻想，具有内倾性。

第六节　体态之人

一、体态之人的肥与瘦

正常人一定是不胖不瘦的，骨高肉满，行动灵活。若人过于清瘦，其表现在脏腑上一定是气血不足，肌肉松弛无力，而且容易为外邪所伤。若人过于肥胖，体态臃肿，大腹便便，则会动不动就气促汗出。不过，真正肥胖得举步艰难的毕竟是少数，而消瘦之人却比较多见。

《灵枢·逆顺肥瘦》将人分为肥壮、瘦、常三种类型。肥壮之人体格魁梧，气血充盛，皮肤坚固，肩腋部宽阔，项部肌肉瘦薄，皮肤粗厚而色黑，口唇肥厚下垂，性格好胜而勇于进取。瘦人则皮肤薄，颜色淡，肌肉消瘦，口唇薄，言语声音轻。常人一般是形体端正，肌肉敦厚结实，骨骼坚固。

二、从人的体态来判断寿命

寿夭体质从根本上说与内脏有关。先天的禀赋（肾气）与后天疾病情况都是影响寿命的重要因素。单从人的体态也可以大致判断其寿命。对于这个问题，《黄帝内经》认为，关乎寿命的体质一般分为两种，即寿质者和夭质者。

寿质者外形与人体正气是相称的，在形体上壮实而皮肤舒缓。皮肤与肌肉也是相称的，大肉有分理且坚实。面部骨骼高厚方正，肌肉丰满，鼻孔和人中深而长，五官分明可辨，间距广阔。

夭质者外形与人体正气是不相称的。形体虽壮实而皮肤急紧。皮肤与肌肉也不相称，大肉无分理且不坚实。面部骨骼卑小，鼻孔和人中不深邃且短。鼻孔向外上开张，五官紧凑难辨，间距狭小。

从以上可以看出，每个人的外形差异是先天决定的，所以人之寿命的长短与先天禀赋关系很大。但如果后天能调养适当，则虽属夭质者，也可以使之寿命延长，寿者则更长。若后天不知调摄，而且经常疾病加身，虽寿质者也同样会减寿的，并促使早亡。有“先天强厚者多寿，先天薄弱者多夭；后天培养者寿者更寿，后天斫削者夭者更夭”之说。

三、毛质可反映不同的体质

气血的充盈可反映于毛发。对于毛须数量、特征不同的个体，在人群中到处可见。如有的人浓眉大眼，有的人通髯连腮，有的人胸腹多毛，有的人缺乏阴毛等。这些差异反映了不同经络的气血营养状况。

1. 足阳明经

上循面颊，下经气街，可从胡须和阴毛察其气血状况。

2. 足少阳经

上循耳颞，下经胫外，可从通髯胡须与否和胫小腿毛察其气血状况。

3. 手阳明经

环绕口唇，后经肩胛，可从髭与腑毛察其气血状况。

4. 手少阳经

上至眉梢，可从眉毛察其气血状况。

四、膏人、脂人、肉人、众人

《灵枢·卫气失常》将人分为膏、脂、肉、众四种类型。

1. 膏人

肉不坚厚，皮肤松缓，常出现腹肌宽纵、肉肥下垂的形态。这种人偏于多气而能耐寒。

2. 脂人

又称肥人，肌肉坚厚，皮下丰满，但身形较小。这种人血清，气虽滑利但偏少，所以身形不大。

3. 肉人

皮肉相连而上下相称，体形宽大。这种人偏于多血，血能充形，故体形宽大。

4. 众人

即正常人，其皮、肉、脂、膏、血气都没有偏多的情况，所以形体也不大不小而很匀称。

以上四种体质的人中，除众人外，其他三种实际上都偏肥胖，而无瘦人。膏人肥胖而皮肉松弛，脂人肥胖而皮肉紧敛，肉人肥胖而肌肉满壮。

第七节 性情分类之勇者与怯者

一、勇士和怯士

《灵枢·论勇》用勇、怯来对人的气质进行分类，并且指明了勇士和怯士各自的体质特征。

勇士在性情上是做事勇敢，不畏困难，一往无前，并且易于发怒。其外形表现为目光深邃而凝视不动，眉毛宽大长直，皮肤肌腠的纹理往往横行，心脏端正，肝脏坚厚，胆汁盛满等。

怯士在性情上是做事谨小慎微，畏首畏尾，退缩不前，怕苦畏难，发怒不能持久。其外形表现为目虽大而不深固，皮肤肌腠的纹理多为纵行，胸骨剑突短而小，肝脏薄而软，胆汁也不充满，胆囊松弛，肠胃不强健，弯曲少而直，胁下空虚等。

勇、怯不仅是一定体质的性情表现，它在人体抵抗疾病的过程中还有特殊作用。《素问·经脉别论》中说，当邪气侵袭人体五脏之时，“勇者气行则已，怯者则著而为病”。这说明勇者之体质较好，怯者之体质较差。

二、性情与体质的分类

我们在按性情划分体质的研究中发现一个现象，古希腊医生按性情对人体质的划分与俄国学者按神经类别的划分及《黄帝内经》中按阴阳禀赋和心理对情性的划分，三者有着惊人的相似。

1. 《灵枢·通天》

分为太阳型、少阳型、少阴型、太阴型、阴阳和平型。

2. 古代希腊和罗马

分为胆汁质、多血质、黏液质、抑郁质。

3. 俄国的巴甫洛夫

分为兴奋型、活泼型、安静型、弱型。

我们通过以上的对比发现，不仅古代希腊和罗马医生所分的气质类型与巴甫洛夫的高级神经活动类型相符合，而且只要把《灵枢·通天》阴阳五人中的“阴阳和平”一类移开，则其余四类也与上述两种气质分类的类型完全吻合。其中，太阴型相当于抑郁质（弱型），少阴型相当于黏液质（安静型），太阳型相当于胆汁质（兴奋型），少阳型相当于多血质（活泼型）。然而，《灵枢·通天》中对四种体质之人的气质特征描写得更全面，且更系统化。

【小结】

凡人的凡事、繁事和烦事，都是繁杂事，可引发各种病症，并且大部分都是从七情邪气开始，进而影响到躯体病变。在调理过程中，首先帮助病人提高心理素质，对其进行德行教育，让病人发善念，做善事，并多学习有关知识，真正明白“我命在天不在我，我命在我不在天”的道理。

春天到来肝火旺，肝不克土脾胃乡。
麦苗青来菜花黄，精神郁闷发病狂。
当其已午心火红，心脾郁热向上冲。
月亮上弦心躁狂，下弦自闭面对墙。
阳不入阴易失眠，头痛求治心肾肝。
顽固便秘清宿便，微量元素未供全。
痛苦心烦找病源，明医解救可安然。

由于人们层次有高有低，体质不一样，生病不一样，做梦也不一样；心理素质与文化素质不同，想象力不一样，五官面相不一样，做梦层次也不一样。所以，解梦调梦要先看人形、体型、面相，然后再分析梦，明确诊断后施用理、法、方、药，就不会有失误。接诊病人越多，经验越多，治疗水平自然会提高，治愈率也就会超常。

第八节　人体说明书

一、人体说明书的基本内容

人与自然界有着密不可分的关系。大自然神秘莫测，奥秘无穷。人类在不断认识自然、与自然做斗争并与之和谐相处的过程中，发展到了今天，成为历史留下最大的遗产之一。人类的演变过程又称“重演律”。重演律利用自然资源，以自然疗法为人类繁衍发展，防病、抗病、治病及康复做出了巨大的贡献。

自古至今的易医家及自然科学家以不同文化、不同文字书写了生物与动物的自然传奇，每一个传奇都有一个神秘的故事。

当今社会，各行各业科研成果频出，人类进入了新的高科技时代。每一种新产品问世，都附带有一个特色说明书。不论是农副产品、工业品、日用品、化妆品还是药品等都有说明书，明确该产品的主要成分、功效、作用与特点。

关于人体，也有一个说明书。从事医疗人员都学过人体解剖知识，从生理到病理，但这还不完全是人体说明书。真正的人体说明书理论繁多，需归纳整理和系统化。

第一，人体说明书应该总结以下几个方面的内容来明确人体复杂的生理特性：①遗传基因的类别：来自父母先天能量的因素。②出生年、月、日、时辰：来自天体日月星辰的光度及所净化的能量的因素。③体型、体形、体质、形相、神态的不同类别。从以上三条可知人体生理上的不同情况，可定数，即确定人一生中的性格、生活、事业、婚姻、健康、寿命，也就是一生中的吉数与劫数。换句话说，大自然对植物的生、长、壮、老、已与动物的生、长、壮、老、死，有着定律与变率。

第二，人出生时所在地点、场地磁场的好坏，出生后肺吸进的第一口空气（氧气），喝的第一口水或乳汁，这些都是非常重要的。特别是好空气、好土质、好水质产生的全是生气、氧气、灵气。可想而知，人体细胞灌的氧与补充的物质能量也肯定都是好的、优质的。这样出生的人福、禄、寿全备，体质也特异超凡。如果出生地环境、地貌劣质，存在煞气、恶气、秽气、浊气、污气及氡气等对人体有害的气，那么这种地方出生的人会受到影响，会出现身心不健康，变异体质或差异体质等。

第三，出生年、月、日、时辰，对一个人非常重要。出生年份，就是天体空间位置，也就是指太阳系内空间位置。出生在上半年与下半年的人有差异，每一个季度出生的人在体质与心理功能上都是有差异的。出生月份也有很大意义，出生时月亮的圆缺，也就是朔月和望月、上弦月与下弦月等都对出生的人有影响，产生人体差异。这主要是阴阳相配程度不一样。人体脏腑与生理上各部位的名字大部分都带月字旁，说明人体生理功能与月亮关系非常密切。

出生日期与地球轨道上的具体空间方位有很大关系。出生时辰与地球运程的动态及阴阳状态都有关系，如白天出生与夜晚出生，或不同时辰出生的人，体质、个性、脾气、生理功能、病理变化等都是不一样的。

第四，与父母关系最为密切。父亲给的是肉体结构，也就是骨头与身架，还有阳性载体与风貌等也都是父亲给的。母亲给的是内脏结构的软组织、肉与血等，也就是阴性结构。一个人的血型、表现、性格、饮食、学习、工作、创作等，是父母双方给的。这些都是先天遗传基因所赐。

性格的刚与柔、脾气的强弱大小等反映出一个人的潜能量大小。如果一个人性格刚正，气度大，说明他的潜能与储能大，吸取、继承了父母的特长、优点，是一个干大事业的人物。

第五，人的体型与体形分为阴阳与五行，体质分为三异，血型分为四种。在生理、心理上，有正常的灵魂密码指挥着人体运动与静止生物钟，灵魂密码也主宰着先天带来的慧根、善根以及恶根、嫉妒等心理素质。也就是说，正与邪的心态是先天所定。

躯体病与体质关系密切。好体质，如特异体质及善良之心态，都由父母、日月能量所赐。精神病与躯体病都是先天遗传加后天感染及外伤等原因造成。恶水、阴阳空气（含细菌病毒的污秽气）带来的是多病、灾难、短命。

第六，人体说明书的基础内容还应包括外表（外形）等内容。从等级来看，以出行旅游的人为例，在火车站或机场，上等人轻飘飘，中等人一大包，下等人压弯腰。上等人的出行是两手空空，走路轻松，因为手下员工与内秘把所有的用具都带上了。中等人自己一人出行，自用的东西放在一个包内，自己背上或手提着。下等人出行与回家都要带上很多行李，有衣服、棉被、餐具、日用品等，所以“压弯腰”。

第七，对人分层次。上层人看灵光，中层人看五官长相，下层人看言行举止。

上层人看灵光，也就是看他的气质。气质不凡，即是灵光。中医学讲“得神者昌”，“失神者亡”，所谓神即神气，心神气，因为心藏神，神在心中。何谓神呢？中医学说：“气血者，人之神也。”如果一个人的气血旺盛，精气血旺盛，就神气十足，也就是精力充沛，他的思维就敏捷，有智慧，是做大事的人。

中层人看五官长相。头面部五官的口鼻眼耳面，它们是五脏之行候，所以五官应五脏。面部五官端正，可以看出五脏气血旺盛。在社会大学里学习的观相貌方法，一般来说，面相正的人心正，五脏神气稳定，做事正，无邪念。当然这与父母遗传基因也有关系。

下层人观言行举止。下层的人坐卧立行都没有规矩，说话粗俗，行为自私，爱好吃、喝、嫖、赌，是一类无知、无聊、无赖的人。

第八，对不同层次的人还可以有不同的称谓，如人物、人才、人手、人渣。

根据智慧等级，人物有大人物、中人物、小人物。

人才可分为将才、帅才、大师。①所谓将才，古代称“匠工”，即工匠，他们是领悟帅才的旨意，再去干活。如领兵打杖、拼杀或建筑工程师等。做技术指导的都是将才。②帅才是有真才实学的人。不论是在兵战、商战或情场，还是在生活与工作方面遇到什么样的情况，帅才都可以随机应变，变则通，通则顺，顺达则成功。古人云：“该变不变，必得其乱。”③大师不仅有真才实学，精通方方面面的知识，还有超前的思想，备有超前能量与超前意识，有创造、创新力，能造就心灵幸福，能创造各项新技能。他们有探险精神，有测险能力，但从不冒险，做事情也从没风险。

人才与人手的区别：人才是用知识与技术的人员，说白了就是用脑不用手创造生存条件的这类人，用智力与知识生存。人手是靠卖力气干活吃饭的人，如农民与工人等，统称人手，他们天天都在做实事。

最后一等是人渣。所谓人渣，都是无知、无聊、无赖的人，吃喝嫖赌，不干正事，做假拐骗或偷盗行窃，这类人从来没有给社会与人民带来幸福。

古人云：什么样的人做什么样的事情，什么样的人说什么样的话。层次不一样，做事、说话、想象力与梦境都是不一样的。如凡人与仙人的区别在于“凡人的米面夫妻好过”，“仙人的伴侣难寻”。还有真人与神人，圣人与贤人，圣人与常人，奇人与怪人等，他们的行走坐卧、言行举止都是有区分的。

第九，了解什么是“仙人”。

超凡脱俗为仙人，清正无邪为真人。

大公无私为圣人，公而忘私为贤人。

先公后私为至人，先人后己为善人。

公私兼顾为常人，人己兼顾为正人。

聪明勤奋乐其中，心想事成全成功。

第十，了解什么是“凡人”。

损公肥私为罪人，伤人利己为坏人。

无恶不作为恶人，损公害人为人渣。

心累之人有私欲，斗争源于贪争欲。
为钱亡命真可怜，为情自杀是傻瓜。
埋怨之人不成事，嫉恨之心为小人。
不知耻辱胎里坏，恶习不改无自尊。
精神紊乱太自私，心脑病毒患抑郁。
痰迷心窍患疯癫，痰火扰心患难躁。
心情繁乱梦烘烘，大国心态梦真情。

二、中医对目光的说法

目为肝之窍，《灵枢·大感论》曰：“五脏六腑之精气皆上，注于目而为之精明。”这说明五脏六腑与目有密切的关系。

古人云，眼为心灵之窗。中医四诊中，第一诊断就是望诊。望诊首先就是望神态，其次望形态，“得神者昌”。望精神就是看眼神，可起“见微知著”的作用。目部的五脏相关部位，《灵区·大惑论》曰：“精之窠为眼，骨之精为瞳子，筋之精为黑眼，血之精为络，其窠气之精为白眼，肌肉之精为约束。”

后世医家对望诊脏腑病改为“五轮”学说，目部的目内眦及目外眦的血络属心，称为“血轮”，因为心主血脉，血之精为络。黑珠属于肝，称“风轮”，因肝属风主筋，筋之精为黑眼珠。白珠属肺，称“气轮”，因肺主气，气之精为白睛。瞳仁属肾，称为“水轮”，因肾主水，主肾生髓，骨之精为瞳仁。眼胞属脾，称为“肉轮”，因脾主肌肉，肌肉之精为约束（眼睑）。

中医学认为，眼为心灵之窗，肝开窍于目，早在《灵枢·根结》中明确指出“命门者，目也”。把命门喻为“走马灯”中之灯火，火旺则动速，火微则动缓，火熄则寂然不动也。命门：两肾之间动气，任务是调平肾阴肾阳。

医学家的观点不同：①左为肾，右为命门，左肾主水属阴，右肾主火属阳。②命门为二肾间的动气，是生命的原动力。③命门相火如走马灯，有其名，无其形。④命门相火，就是真气、元气，称真火、龙火。命门火灭，人亡也。

说明：瞳仁属于肾，肾来聚养精血。眼底的视神经与肾的关系密切。眼睛的光度与命门的灯火（生物电磁光）有着不可分割的关系。眼为心灵之窗，“心明眼亮”就是这么来的。

中医学讲的脏腑与目的关系，主要是讲心、肝、肾与脑的关系最为密切。

三、脑与五脏关系密不可分

大脑的营养来源于心与肾脏。

肾主骨生髓（脊髓、骨髓、脑髓），通于脑，开窍于耳，主管前后二阴。脑为髓海，如果肾精旺盛，髓海充盈，则精力充沛，思维敏捷；如果肾精气不足，髓海不足，则头晕、体重、胫酸、脑转耳鸣，智力低下。

心主血脉，主神态，心藏神。心脏是一个血泵，每分钟要供给脑部700~750毫升的血流量。如果供血不足，脑部会缺血。

肺主气，司呼吸。肺活量增大，血氧饱和，脑部组织就不会缺氧。

脾胃为中焦，是气血生化之源。

所以说，五脏与脑部关系密切，故有五脏五官九窍密不可分之道理。

扫码了解更多内容

【小结】

古代医学家解剖人体，认为神经与经络同源，性腺与肾上腺同源，乳腺与皮腺、甲状腺同源。现代人把人体喻为机器、电脑、电子计算机等。当然，人的大脑是一个高级总统府，它指挥全身各系统正常工作。它的设施有：信息库；收发器，可以收录信息与发出信息；报警器，如有不良反应、内部系统紊乱或外来信息不良，它就频频发出信号或警示。高级中枢系统与小脑指挥两个兄弟单位系统工作，一是经络系统，二是神经系统。这两个系统同出一源，它们同时在指挥着各系统器官组织细胞工作，不过它们的分工有区别。

第三章

心理性梦先兆解析

易医解奇梦

——透过梦境看健康

总纲领

周公解梦有谜团，黄帝内经为指南。
中医梦析最明辨，窥视心灵隐私患。
千般疢难病因三，总结病机十九条。
有形干扰日思梦，无形信息梦扰源。
人体潜病梦报警，发梦信息报隐患。
体质不同梦思千，梦寐恍惚游境幻。
差异体质灵魂邪，变异气质怪梦连。
临终梦魂离升散，回光返照皈依天。

随着心理病因地位的提高，心理预报的重要性也日显重要。心理因素不仅是疾病的病因病机，也是疾病预兆的重要内容。形形色色的心理先兆对疾病的预兆，常常有着意想不到的作用。心理先兆分为两个部分：一是七情先兆；二是七情梦先兆。

第一节　心理先兆之七情先兆的理论基础

中医的病机理论是形神统一的理论，形病神必病，心神为形体的主导，即中医强调精神活动是主宰一切的。如《灵枢·本脏》说："志意者，所以御精神，收魂魄，适寒温，和喜怒者也。"

中医对心理病机的论述是以情志学说为概括的。中医情志学说的核心是"五神藏"理论。所谓"五神藏"，指五神分主五脏，七情分属五脏。如《素问·宣明五气论》说："心藏神，肺藏魄，肝藏魂，脾藏意，肾藏志。"《素问·阴阳应象大论》说：肝"在志为怒"，心"在志为喜"，脾"在志为思"，肺

"在志为忧"，肾"在志为恐"。但五神又统主宰于心，如《灵枢·邪客》说："心者，五脏六腑之大主也，精神之所舍也。"《素问·灵兰秘典论》说："主（心）明，则下安，主不明则十二官危。"五神还对心神有着重要的反应，"故忧动于心则肺应，思动于心则脾应，怒动于心则肝应，恐动于心则肾应，此所以五志唯心所使也"。

中医极为强调七情（心理）因素对疾病的影响，并认为七情过激或失疏，皆可导致生理功能的紊乱而发病。除社会心理因素导致七情改变外，脏腑虚实同样也可导致七情的异常。如"心气虚则悲，实则笑不休"。

七情与脏腑病理密切相关，因此在疾病的表现方面，七情梦先兆也往往最先出现，尤其和心神有关的疾患，七情梦先兆更是首当其冲。如《素问·刺热病论》说："心热病者，先不乐。"故研究七情先兆在疾病预测方面，有着不可忽视的意义。

一、七情先兆预报病性

七情先兆对疾病的阴阳属性有一定的预报意义，既能反映伤阴也能预报损阳。如《灵枢·百病始生》曰："喜怒不节则伤脏，脏伤则病起于阴也。"《素问·阴阳应象大论》说："暴怒伤阴，暴喜伤阳。"再如，喜怒异常多预兆实证潜在，而悲忧则常象征虚证的隐伏。如《难经·五十九难》说："狂疾之始发……妄笑好歌乐……癫疾始发，意不乐。"《素问·举痛论》也说："怒则气上，喜则气缓，悲则气消，恐则气下。"以上皆说明七情不节能影响脏腑的阴阳虚实。因此，七情的异常能预报疾病的阴阳虚实属性。

二、七情先兆预报病位

七情（喜、怒、忧、思、悲、惊、恐），可归纳为喜、怒、忧、思、恐五志。七情的预报定位应以"五志－五神－五脏"并结合五声进行。

1. 心病七情预兆

"心藏神"，"心在志为喜"，"心在声为笑"。因此，七情先兆对心的预报，是"神－喜－笑"异常综合征。故神志的变化、喜笑的失常往往是心病的征兆或梦先兆。如《素问·调经论》曰："神有余则笑不休，神不足则悲。"《灵枢·本神》说："心气虚则悲，实则笑不休。"

2. 肝病七情预兆

“肝藏魂”，“肝在志为怒”，“肝在声为呼”。故肝的七情先兆为“魂－怒－呼”异常综合征。临床上神魂的变化，如神魂不定或性情变得急躁易怒和言语善呼，多提示肝病的开始。《难经·十六难》说：“假令得肝脉，其外证……善怒……有是者肝也。”

3. 脾病七情先兆

“脾藏意”，“脾在志为思”，“脾在声为歌”。故脾的七情先兆为“意－思－歌”异常综合征。临床上思维紊乱，记忆障碍，言语重复或无故而歌，应注意脾病的潜在。如《灵枢·本神》曰：“脾，愁忧不解则伤意，意伤则悗乱，四肢不举。”

4. 肺病七情先兆

“肺藏魄”，“肺在志为忧”，“肺在声为哭”。因此“魄－忧－哭”异常综合征，为肺病的七情征兆。临床上失魂落魄，无故悲忧善哭，应警惕肺病的隐伏。如《难经·十六难》曰：“假令得肺脉，其外证……悲愁不乐，欲哭……有是者肺也。”

5. 肾病七情先兆

“肾藏志”，“肾在志为恐”，“肾在声为呻”，故肾病的七情先兆为“志－恐－呻”异常综合征。临床上脑力减退，意志削弱，无故恐惧善呻，为肾病的征兆。如《灵枢·本神》曰：“肾……志伤则喜忘其前言。”《灵枢·经脉》曰：“肾，足少阴之脉……气不足则善恐，心惕惕如人将捕之。”

以上说明七情先兆在心理先兆中占有一定地位，对疾病的预报有重要价值。

第二节　阴阳虚实与梦境

梦暴露一个人的内心世界，是一种特殊的精神现象，常是自我的一种诉说。人在清醒时，由于外界大量讯息的干扰，精神状态紧张，无法看清事实及自己真正的需要。而在睡眠中，外界刺激暂时中断，精神放松，很多内在的讯息才能接收。其实，梦就是一种生活的投射与试验。

一、阴阳与梦

梦象的阴阳属性是体内阴阳关系的反应。

（一）脏气阴阳盛衰与梦

神秘莫测的梦境究竟是怎样产生的？不同的梦境是否各自说明些什么、预兆着什么？数千年来，人们一直试图用各种学说来解开这个谜。显然，梦是一个极其复杂的人生现象，它的形成原因也是极其复杂的。而两千多年前的《黄帝内经》则从人的身体状态及阴阳脏气的盛衰来说明一些梦的形成，如《灵枢·淫邪发梦》中记载："肺气虚则使人梦见白物，得其时则梦见兵战。肾气虚则使人梦见舟船溺人，得其时则梦伏水中，若有畏恐。肝气虚则梦见菌香生草，得其时则梦伏树下不敢起。心气虚则梦救火阳物，得其时则梦燔灼。脾气虚则梦饮食不足，得其时则梦筑垣盖屋。此皆五脏气虚，阳气有余，阴气不足。"这无疑揭示了部分梦境产生的根源与身体阴阳的变化和脏气的盛衰有着直接或间接的联系。

（二）梦境的健康提醒

今天，医学专家们经过长期的研究发现，除去心理因素的原因，某些反复呈现的噩梦确实具有预兆疾病的作用。从病理学的角度看，许多身体疾病和精神疾病在潜伏期间症状并不明显。特别在白天人们的大脑活动频繁、脑细胞十分兴奋的情况下，更是难以觉察到体内潜在性病变的微弱异常刺激信号。因此，身体只有通过梦境来提示我们。睡眠时，许多脑细胞进入"休息"状态，工作机能降低。这时，白天影响细微的刺激信号就刺激皮层有关中枢，使相应的脑细胞出现应激反应而产生预见性梦境。

在西方，人们认为在睡眠中可以得到神的启示；古希腊人相信人在做梦时，双眼内视，照亮了灵魂，所以能够看到那里隐藏的真相，包括健康真相。因此，医神阿斯克勒庇俄斯往往借助梦境来给人治病；"医学之父"希波克拉底也认为，疾病的症状会在梦中以象征方式传达出来，例如梦见河流就有可能暗示泌尿系统疾病等。

（三）中医治梦大法

1. 宁心安神

梦是睡眠中心神活动的一种表现。《黄帝内经》认为，梦的形成是由于淫邪侵袭，导致脏腑、阴阳、气血等发生变化，又反馈到睡眠的潜意识即“心神”中，形成不同的梦象。不论梦证是什么原因所致，最终还是“神不安”所引起，即“神不安乃梦证之本”，所以不管是什么原因引起的，总以宁心安神为首要治则。

2. 扶正祛邪

梦的过程，以《黄帝内经》的邪正理论来说，是正气与邪气互相斗争反映于梦中的过程。邪正斗争的胜败，决定着梦的进退。因此，治疗梦证，就要扶助正气，祛除邪气，改变邪正双方力量的对比，促进病理梦向生理梦的转变。

3. 协调阴阳

梦的发生，还有一个重要的原因是阴阳的有序变化状态遭到破坏，出现偏盛偏衰，并反映于梦的结果。因此，调和阴阳，补偏救弊，恢复阴阳的有序变化状态，是同样重要的。

4. 调整脏腑

人体是一个有机整体，脏与脏、腑与腑、脏与腑之间在生理上相互联系，尤其是脏腑与精神情志活动之间的密切关系，使调理脏腑在以神志变化为基础的梦证治疗中显示出其独特的重要作用。

二、气盛之梦

因气盛而导致的梦，主要有阴气盛、阳气盛、阴阳俱盛、上盛、下盛、甚饥、甚饱、肝气盛、肺气盛、心气盛、脾气盛、肾气盛、短虫盛、长虫多等十四种类型。

（一）气盛之梦

《黄帝内经》最早是从临床生理的角度说梦寐之事的，后世主要医典在此基础上加以引申发挥。如《素问·脉要精微论》和《灵枢·淫邪发梦》都讲到各种气盛所致的梦。水为阴，故梦涉大水；火为阳，故梦大火燔灼。梦相杀是阴阳“交争之象”，又因为气上、气下、不足、有余，而产生梦飞、梦堕、梦取、梦予的现象。梦象的阴阳属性是体内阴阳关系的反映，借助于体内阴阳的盛衰这个透镜，我们便能反观人体的病理变化。

梦见飞腾、飘荡、登高等，多患眩晕、耳鸣、头痛等“三高”症。

梦见哭泣、胸闷、气急、喘促等，多患慢性支气管炎、肺气肿，恐惧则提示肺气肿。

梦见喜笑畏怯，提示心气盛。

梦见腰脊分离而又相连接，提示肾气盛。

梦见众人聚集，提示腹中短虫多。

梦见打架、损伤，提示腹中长虫多等。

（二）梦证与调整脏腑

《灵枢·淫邪发梦》探讨了五脏气盛之梦：“肝气盛则梦怒，肺气盛则梦恐惧哭泣，心气盛则梦善笑恐畏，脾气盛则梦歌乐、身体重不举，肾气盛则梦腰脊两解不属。”因此，我们应正确辨别病属何脏及其寒热虚实，同时又要注意梦证与脏腑之间的相互关系，这样才能正确判断病痛的由来，及时施治。如心气不足应益气安神，心血不足应养血安神，心肾不交应交通心肾，心虚胆怯应壮胆镇惊、安神定志，心火旺盛应清心泻火等。

（三）五脏气盛与梦境

1. **肝气盛梦怒**。肝藏魂，在志为怒，性喜条达，主疏泄，肝气盛，失其条达，故梦烦躁易怒、打架、烦事纠纷不清。

2. **心气盛梦善笑**。心藏神，在志为喜，在声为笑，心脉不畅，故梦欢笑不休。

3. **肺气盛梦悲惧、哭泣、飞扬**。肺主气，司呼吸，肺藏魄，其在声为哭，在志为悲，故肺气盛则魄无所依，而梦哭泣、惊恐、腾空飞翔。

4. **脾气盛梦歌乐，身体重不举**。脾藏意，在声为歌，脾气运化功能失常，则水湿停滞于肌腠，而梦身体沉重不能抬举。

5. **肾气盛梦腰脊两解不属**。腰为肾之府，故肾气盛则梦腰脊离而不相连。

三、气虚之梦

五脏气虚导致的梦，主要有肺气虚、肾气虚、肝气虚、心气虚、脾气虚五种，再按得其时与不得其时又分为十类。

（一）气虚之梦

天有四时和五行，也就是春生、夏长、秋收、冬藏。冬属水故寒，夏属火故暑，秋属金故燥，春属木故风，长夏属土故湿。大自然中有四时五行，人则有五脏，化五气。喜怒伤气，寒暑伤形。人若喜怒无节制，寒暑又过度，则必然生机不固，“五劳七伤”。情绪不稳定的人，喜怒无常，自然会影响到内脏功能。心情紧张或兴奋过度的人，常有乐极生悲的不幸结果。因心脏受影响，而心的功能是掌理血脉，则此人看起来必定憔悴而无精打采。天生悲观的人，必然导致肺脏受影响，肺司呼吸和肤发，则此人外表会出现皮肤粗糙，毛发脱落而无光泽等。这也是我们前面所说的情志变化影响五脏。然而，五脏不健康不但会显现在人的外貌上，同时也会反映在睡眠时的梦中。如梦见白色物品、悲惨之事，或梦见杀人，流血狼藉，为肺气虚；梦见舟船溺人，为肾气虚；梦见菌香生草，为肝气虚；梦见救火和见到太阳或雷电，为心气虚；梦见饮食不足，为脾气虚等。

（二）补其偏衰

针对气虚及阴阳偏衰，阴或阳的一方虚损不足，如阴虚、阳虚或阴阳两虚等，应采用补其不足的方法来加以防治。《黄帝内经》说：“少气之厥，令人妄梦，其极至迷。”张景岳的《类经·梦寐》注云：“三阳隔绝，则阴亏于上；三阴微弱，则阳亏于下。”阴阳气虚而不能生化，导致各种梦证的发生。如阴气虚不能制阳，出现阴虚阳亢的虚热梦证，应补阴以制阳；阳气虚不能制阴，出现阴寒偏盛之梦证，应补阳以制阴；阴阳两气俱虚，则应阴阳双补。

（三）五脏气虚与梦境

1. 肺气虚的人常会梦见金属兵刃物和斩人杀鸡鸭之事。但若是在秋天做梦（秋属金），便会梦见两兵交战或与人斗殴。

2. 肾气虚的人常会梦见乘船溺水游泳之事。若在冬天做梦（冬属水），便会梦见自己战栗伏在水中或冰天雪地里畏惧恐慌。

3. 肝气虚的人常会梦见奇花异卉、香菇菌草。但若在春天做梦（春属木），便会梦见匿伏在茂林密叶、深山丛林中。

4. 心气虚的人常会梦见火烧纸焚或男人阳物。但若在夏天做梦（夏属火），便会梦见大火烧山、救火救灾之事。

5. 脾气虚的人常会梦见饥饿难当，或陪去世的人吃饭与交谈。但其在八九月做梦（长夏属土），便会梦见盖房筑屋、填土埋砖。

第三节　七情与梦先兆的关系

一、七情是人体心理因素的外在表现

喜、怒、忧、思、悲、恐、惊，是七种正常的生理反应，称为七情。如果七情过极或偏下，称为七情内伤。中医学认为，人体发病原因有三种：外因、内因、不内外因。七情内伤属于内因，主要指初病时七情紊乱，引起五脏六腑功能紊乱，如过度喜伤心、过度怒伤肝、过度思忧伤脾、过度悲伤伤肺、过度惊恐伤肾。

《类经》中说，气血者，人之神也，随神往来谓之魂。又曰：何谓魂？梦寐恍惚，变幻游行之境皆是魂。这里所言人在做梦时，就是魂出窍去游行、做事、言语、接信息、待客等，所以出现各种梦境。心主神明，神指挥魂魄，因为心为五脏六腑之大主，主明则下安，所以心神主管脾意、肾志、肺魄、肝魂。实际上，五志就是五脏内的气，气就是氧气。

一个人做梦的梦因、梦境、梦质量都与内脏之氧气的功能强与弱有关。例如，人体内某一个脏器与部位发生问题（功能强弱），多因七情内乱而引发外因感染所致。外因又称六淫，它们可以引发脏腑功能紊乱。每当脏腑功能紊乱时，气、血、氧就开始紊乱与逆乱，这种故障就会反映给大脑中枢神经，高级中枢神经下属单位有发信息与收信息的信息库，每当收到不良的信息，它就开始报警。如果是轻病气（不良反应），中枢神经就会发梦，故称“梦兆”，又称梦先兆。如果是重病

气，可以出现头痛、胸痛、心悸、气短、肢体麻木、失眠等不适感觉。

大部分病因、病机，在未发病之前都有梦先兆，特殊的事情与病症可出现梦寐、梦想、梦求、梦乡、梦游、梦遗、滑精、遗尿、梦交与噩梦。其次，特异体质的人出现梦先兆，往往反映意想不到的事情，而且梦先兆还能得到验证。

梦先兆不但与七情关系密切，也与气象（气候）关系密切。综上所述，人因七情内伤（内因）与六淫所伤（外因）而做的先兆性的梦，以及特异体质者因“不内外因”做的先兆性的梦，统称梦先兆。

梦先兆可分为两大类，即生理性与病理性的梦先兆。生理性梦先兆，大都是体质正常，气力足，气质好，氧气足，神气旺，也就是特异体质的人做的梦。这类人预感性强，做梦一般是在正常的睡眠中发生或未睡时发生（闭目时脑海里出现的景象与影像）。在正常睡眠时做的梦多发于正相睡眠与异相睡眠的交替期间。正相慢波睡眠与异相慢波睡眠对促进体力恢复是有利的。异相睡眠对加快脑内蛋白质合成与促进精力的恢复有利。

关于病理性梦先兆，上一节讲到情志与发梦的关系。因五脏藏五志，《灵枢·淫邪发梦》说：“肝气盛则梦怒，肺气盛则梦恐惧哭泣，心气盛则梦善笑恐畏，脾气盛则梦歌乐、身体重不举，肾气盛则梦腰脊两解不属。”这是说明五脏血气与梦的关系密切，其中与肝胆的关系最大。主要原因是神不守舍、魂魄离位之故。如果一个人心肾相交，水火相济，坎离交泰，睡眠质量好，一般无梦。一旦做梦，也是有预测性的先兆梦，是未事先知、有备无患的神奇梦。如心肾交泰失职，心肾阴阳失调，易导致多梦、乱梦。另外，脾主思，日有所思，夜有所梦。

二、梦境发生的生理、心理及疾病因素

做梦是睡眠中常有的现象。在睡眠时大脑皮质神经细胞绝大部分已处于抑制状态，从而获得休息的机会。但抑制是有深浅不同的，其区域也是有大有小的。当大脑皮质处于局部的、不完全的或含有兴奋点（区）的抑制状态时，周围环境与身体内部的刺激传向大脑，便可以产生不正确的反应。而强弱、范围、久暂不等的脑细胞群的活动，就可以产生形形色色、变幻莫测的梦境。由此可见，梦是人在睡眠状态下的一种特殊的意识活动，由于它发生时不自觉，内容虚幻离奇，所以一直是现代科学重点研究的对象，而梦在医学上也有其重要的地位。

《黄帝内经》最早提出做梦可因生理因素引起，如“阴气盛则梦涉大水而恐惧”，“阳气盛则梦大火而燔灼”，“甚饥则梦取”，“甚饱则梦予”，“肝气盛则梦怒”，“长虫多则梦相击毁伤”等。又如，在夜眠时掀动被褥，腿部受凉，可梦洗足涉河；一臂置胸，可梦有人按扑，胸闷难忍；膀胱积尿充盈时，可梦到欲小便而寻找厕所，或与梦中情人交合。此外，冠状动脉硬化、供血不足，可梦见有人追逐，呼喊不已。心脏有病的人，常梦见从高处跌下或悬挂于空中等。《黄帝内经》一般将生理因素致梦归纳为以下五种原因：

1. **体内阴阳之气的缺少或过量**。我们知道梦是睡眠中的不安稳状态。睡不安稳常常会因体内的阴阳之气缺少或过量造成。在睡眠中由于缺少某种“气”，而使睡眠处于不安稳状态，从而出现梦境。

2. **五脏之气过盛**。古代医家认为，五脏之气过盛也是致梦的一个生理因素，所谓“肝气盛则梦怒，肺气盛则梦恐惧、哭泣、飞扬，心气盛则梦善笑恐畏，脾气盛则梦歌乐、身体重不举，肾气盛则梦腰脊两解不属”等。

3. **内脏感通致梦**。梦是“内脏所感”或“心所感通”造成的。口渴的人梦见水、饥饿的人梦见食物，都证明内部感觉是可以致梦的。

4. **气血有余致梦**。与上面几种观点密切联系的是，古人还有一种观点，即梦是由于体内血气有余而产生的。

5. **疾病致梦**。《黄帝内经》认为，生理疾病是人做梦的一个重要原因。疾病致梦在现代医学中也是有充分科学根据的。在以上几个生理因素中，疾病致梦是最容易“参验”的，因此它的可靠性也最大。

其实，不仅物理因素和生理因素可导致梦境，心理因素也同样可导致做梦。那么，又有哪些心理因素会引起人的梦境呢？概括起来大致有感知、记忆、思虑、情感、性格这几种，它们都会影响梦的产生及梦的内容。但最多的还是思虑、情感、性格这三种。

“唐玄宗好祈坛，则梦玄元皇帝。”东汉王符所说的“性情之梦”，《列子》中所言的“喜梦”“惧梦”“噩梦”均属于情感引起的梦。晋代张湛亦云：“昼无情念，夜无梦寐。”由此可见，情感是致梦的一个重要原因。

“孔子生于乱世，日思周公之德，夜即梦之。”日有所思，夜有所梦。古人认为“昼想”与“夜梦”是密切相关的。我们的夜间之梦其实就是白日“思”的延伸、继续。另外，梦既可由思虑引起，也可由感知、记忆而引起。其实，人的整个认知过程都是梦境的来源。

“好仁者多梦松柏桃李，好义者多梦刀兵金铁，好礼者多梦簋篮笾豆，好智者多梦江湖川泽，好信者多梦山岳原野。”古人还认为人的性格对梦的内容有很大的影响。所谓“骄吝之心”的人，在梦中就会争强斗胜；而具有“欲求之心”的人，在梦中亦会追货逐利，说明了梦对人性格的依存性。总之，不同的性格对梦境中的内容有不同的影响。

特别提示的是，邪气侵入也是致梦的重要原因。邪气从外侵袭体内，流窜于肺脏，而与营卫之气一起流行，随着魂魄一起飞扬，导致精神不安，神不安则做梦。正常人是很少做梦的，如果经常反复规律性出现梦，就说明你的机体阴阳出现了偏盛或偏衰。

临床观察发现，脑力减退、意志削退、无故恐惧善呻为肾病的征兆。其次，肾气不足则善恐，如人将捕之。总之，七情内伤引发梦先兆在心理障碍先兆中占有一定地位，对疾病的预报有重要价值。

内源性梦逐渐增多，尤其噩梦频做，往往预示人体某部位可能有潜在性病灶活跃，噩梦增多提示机体潜在性疾病正向大脑发出信号。如心绞痛发作前，噩梦不断，伴呼吸加快、心率增速、血压升高及情绪激动。又如，心脑血管疾病（诸如冠心病、脑梗死、心肌梗死等）患者，多梦见惊恐噩梦；消化系统疾病患者，常梦见吃东西与饱餐；精神疾病者，则以梦哭、梦游、梦遗、梦交为先兆；呼吸系统疾病患者，易梦受压或压迫沉重、难动现象等。至于某些预感或梦多为心理感应，对预测疾病或未来先知可供参考。

第四章 中医特色诊梦境

易医解奇梦

——透过梦境看健康

总纲领

治疗梦病守大法，理法方药要明确。

梦思万千分阴阳，五行病变察脏腑。

未病先防为上策，既病防变治未乱。

气盛梦幻多纠纷，散气耗氧虚梦幻。

血虚精亏悸动梦，气滞血瘀发怪梦。

外寓邪淫发惊梦，风火痰饮发奇梦。

和谐气机清灵邪，正气运行丹道功。

阴阳平衡为尚法，阳气入阴心神宁。

神清灵爽魂永安，健美快乐寿延年。

第一节　中医诊梦之谈

一、中医诊梦四诊合参

所谓诊梦，就是依据患者对梦的自述，通过四诊合参进行诊断和治疗。

明确诊断分两类：一是生理性梦兆；二是病理性梦幻。两类梦都要分析梦因、梦量和梦境。同时，分析做梦的时间，包括年、月、日、时辰，这些都很重要。在问诊时要询问工作、职业、年龄、婚否、家族病史、旧病史、出生地址、出生年月日及当时天气情况等，这些细节都必须审查。

治病原则：调整脏腑气血阴阳，重和谐，虚则补心安神，实则泻之，勿忘清热泻火、解郁化痰、芳香开窍、醒脑安神及多元化治疗方案。

二、科学认识梦

中医诊梦，要四诊合参。四诊之一的望诊，重点是看人的表情与神态、体形、体质、五官七窍。人的表情很复杂，首先要读懂人体说明书。人的生理、心理、体型、体质（包括特异体质、变异体质、差异体质）、性格、文化素质、知识水平与慧根等，都反映在人脸上，写在人的五官表情上。

笑，人人都会笑。哭，人人都会哭。梦，人人都会做梦。

虽然人人都会笑，但有些人不会微笑与正常的笑。关于微笑，我写了一首歌，让人们唱出心中的追求，唱出成功。但是异常的笑，会笑出失败，会生病，会出事，会送命，所以也提示到笑有五禁忌。

哭与笑两个字都是十笔画，它们是对立而统一的一对名词，就像阴与阳两个字一样。哭的表情，人人都有。人来到这个世界上，出生瞬间就会哭，所以说人是哭着来的。哭也是内在感情，是喜、怒、忧、思、悲、恐、惊的外露。哭泣的泪可以分为几十种，细细观察表情，可分辨出不同内心情绪的微妙变化。

梦，人人都会做梦，但是有5‰的人一生中从未做过梦。凡是做过梦的人都知道，梦有好坏、福禄、吉凶、正反之分。也有无思而梦、未睡而梦、白日梦、眼看梦幻等，有几千种。总体来说，可分为两大类，一类是生理性的梦，一类是病理上的梦。

梦是感情意象、想象、欲求、设想等超前意识，也是内心活动的特殊表现形式，通过大脑中枢神经的表露，更是潜意识对未来先兆的外露形式。这些表现也是人体内报警器频频发出的信号，如机体循环系统出现故障时，报警器会发出病先兆信号，报警某部位不正常。特异体质的人因为体质好，当高能量物质膨胀时，报警器也会发信号，这种信号是生理先兆的表现，是未来先知的信号。这种梦先兆往往在几天、数月或一年甚至数年后验证。如果能明确这些先兆的表现，就可以推测到梦幻里的关键依据。

四诊合参缺一不可，方能破译梦幻病因，看透心灵、心神的内涵及其外露，调理治疗方可得心应手。

三、中医诊梦以望诊为重点

人的内心世界都反映在脸上，通过望神志、形态、气血、气质、气度，以及望神态的得神、失神、无神，便可知人的体质好坏，有病无病，病的深浅轻重等。特别是情志病，表情上的反应最明显，因为情志（心灵）是人类生命的影子，生命的起落兴衰，心灵都会如影随形般地表现出来。人生的成败得失，心灵都会潮起潮落，并通过表情显示出来。

人的正常表情，如喜怒哭笑等，有十几种，多则上百种。例如，一部分人有豪气、有傲气。傲气来自于自信，不是伪装。有一部分人内涵层次很高，文化素质高，德高望重，从表情上就表露出一种大国心态。这些人做梦层次高，梦因与梦量也都不一样。再比如，患有情志病的人，从他们的眼神里可以看到，这类人心里都有一本难念的经，灵魂深处都有一个悲惨的世界，此类人多有多梦失眠的症状。

总结我的望诊经验，可以说观面知人心，观色知人病，观磁场知真伪，观神色知生死，观眼神知恶善与淫色，观形态可知病情新旧与深浅虚实表里。如果一个人面色突然变红，表明他心里忐忑不安。一个人脸上有斑块，体内就有瘀块。女人色斑长期不退，说明体内气滞血瘀。一个人心灵受伤害大，他的自卑心就重，做梦时气喘胸闷。身体疼痛，提示心里悲伤。青春期女孩，脸上爱长痘，说明可能有妇科杂症或卵巢囊肿综合征。

医生诊梦就是依据患者对梦的自述，在人体动态下，发现其心理强弱，有无病态，帮助诊病、治病。这些梦就是病理性的梦，亦称病先兆。梦是人在静止入睡后发生的信号，只有自己知道。生理性的梦，通过时间验证，吉凶心中有数。病理性的梦，梦次数多、梦量大，做梦人心情烦乱，不明梦因，只有请教调梦医学专家帮助解梦。调梦医学专家通过分析梦因及病机，追根求源，找到病根，然后精选治疗方法。治疗方针是：情志病要文调，躯体病要武打，平衡阴阳为上策。

第二节　邪寓之梦解析

病邪侵脏腑，梦境现异象。

一、邪寓之梦

邪寓之梦，即邪气客寓于体内各种器官所导致的梦。主要有客于心、客于肺、客于肝、客于脾、客于肾、客于膀胱、客于胃、客于大肠、客于小肠、客于胆、客于阴器、客于项、客于胫、客于股肱、客于胞直等十五种类型。

如梦见山丘烟火弥漫为邪气侵犯心，致心气不足；梦见飞扬、腾越，为邪气犯肺，致肺气不足；梦见连绵的丘陵和巨大的湖泽，为邪气犯脾，致脾气不足；梦见站在深水潭边或浸没在水中，为邪气犯肾，致肾气虚陷；梦见到处游荡，为邪气犯到膀胱；梦见身在田野中，为邪气侵犯到大肠；梦见身在众人聚集的交通要道，为邪气侵犯到小肠；梦见性交，为邪气侵犯到阴器；梦见行走而不能前进，为邪气侵犯到胫；梦见行跪拜之礼，为邪气侵犯到大腿和上臂；梦见大小便，为邪气侵犯到膀胱和直肠；梦见五谷蔬果丰盛，提示肝脾不和。

邪寓之梦，梦境预示着五脏的虚实。

1. 梦见山丘烟火弥漫，提示邪气犯心。
2. 梦见丘陵和巨大的湖泽，提示邪气犯脾。
3. 梦见飞扬、腾越或金属，提示邪气犯肺。
4. 梦见浸没在水潭中，提示邪气犯肾。
5. 梦见大火灼身，提示邪气犯肝。

二、扶正祛邪

梦的过程，如果从正邪关系来说，就是正气与邪气矛盾双方互相斗争反映于梦中的过程。邪正斗争的胜败，决定着梦证的进退。如果常发邪寓之梦，则必须要扶助正气，祛除邪气，改变邪正双方力量的对比，使之有利于疾病自愈，促进病理梦向生理梦的转归。《灵枢·淫邪发梦》中就明确提出扶正祛邪的治梦原则，即补其不足，泻其有余。

《黄帝内经》中把引起发梦的邪气统称为淫邪、正邪、厥气等。《灵枢》中专门有讨论梦的篇章，名为“淫邪发梦”。致梦邪气可概括为原发性病因和继发性病因两类。前者包括躯体的外部刺激、内部刺激和精神情志变化三个方面。外感致梦宜解表安神，内伤七情致梦宜调神安神，肠虫致梦应驱虫安神。后者包括瘀血、痰饮两个主要方面，治以活血化瘀、祛痰化饮等方法。

第三节 体滞之梦解析

梦中受制难脱，气血阻滞所致。

一、体滞之梦

体滞之梦，指睡时身体有异物阻碍而致梦。《列子·周穆王》曰：“籍带而寝则梦蛇，飞鸟衔发则梦飞，此以物类致感。”

体滞之梦，多因躯体局部受挤压，使此处气血阻滞所致。常见体滞之梦如下：

1. 梦见蛇，多见于垫着带子而寝，使背部受压，气血阻滞所致。

2. 梦见尽力说话而说不出，多为口中含有东西，使口周围气血阻滞所致。

3. 梦见登高处而坠落，多因头坠枕头，或头颈部受压，气血阻滞所致。

4. 梦见虎豹，多因垫着不平的彩衣而眠，背部血流不畅所致。

5. 梦见身体倒悬，多因头发被树枝之类的东西挂住，使头部气血流动不畅所致。

6. 梦见道路不通、塞车路窄，多见身体瘀血、外伤、妇女痛经等症。

7. 梦见哭丧死人送终，多见于女人产后病，伴有全身症状，外寒内热，下虚上实，脏腑气血紊乱。

8. 梦见上厕所脱裤子不怕污染，要注意生活检点，避免感染性病病毒。

二、梦境产生机理与诊治意义

现代医学运用医学、心理学、比较生物学乃至航天医学等多角度研究睡眠。1900 年奥地利心理学家弗洛伊德提出了精神分析法。他在《梦的解析》中指出：“梦是希望的满足。”由此创立了梦的生物欲望说。随着科学的发展，学者们又从睡眠时脑电图变化分析做梦的机制。做梦是异相睡眠的一个特征，在异相睡眠期间，脑电波呈现快波，反映大脑皮层处于紧张活动状态，这就是梦产生的机制。现代科学技术的运用，对阐明梦的机理起了很大的推动作用，但也有其不足之处，究其原因是由于对梦的病理研究相对较少，仅停留在比较宏观的世界里，研究得还不够微观。

而《黄帝内经》理论对梦进行辨析并结合临床加以治疗已有几千年的历史，积累了丰富的经验，并得到了广泛的应用。中医学认为，发梦是建立在脏腑偏盛偏衰的病理基础上的，因此，梦的产生机理与脏腑气血阴阳的变化密切相关。

第四节　未病梦兆与氧气的关系

梦先兆实际上就是“未病先兆”。未病就是属于大病之前的先兆信号，一般人不知道自身有潜伏的“病气”。这种病气（病毒、毒垢）就像潜伏在体内的定时炸弹一样，一旦暴发，人体机能就会崩溃。在未暴发之前的信号，就是体内报警器频频发出的信号。此信号如十字路口的红灯一样，内行人看到红灯信号就赶快停车，有一部分人不明白（无知），性情急就闯红灯了，事后明白就晚了。梦先兆病气信号也是如此。

前面几章中介绍了梦与自然界（生物钟）的关系，人体说明书与梦兆，生理梦兆与心理梦，七情与梦兆关系等。目的是让大家明白梦的起源、梦的作用、梦的反应、吉凶先兆、梦的意义等内容，认识病梦信号，早日治疗，有备无患，并能自我调整心态，养护心灵，用自然疗法使身心永远健康快乐。

如果不懂梦先兆知识，面对发梦频繁，再加上生活、工作烦事多多，会影响睡眠，并引发失眠、多梦、心烦意乱、五心烦热等症，日久化火生热，痰火交阻与痰气交阻，有可能发展为精神失常，从而引发抑郁症、自闭症、癫狂病等心理障碍性的并发症。

这种情况，去医院体检，仪器不能定性、定位、定标、定病名，只能治标，若日久不愈，有部分人则感觉生不如死，甚至有自杀的念头，故称无名的罕见病。微医学称为“无名病”，也称“未病”，现代医学专家称为“罕见病”。罕见病有一千多种，西医往往“束手无策”，只有问病开药，对症治疗，治标不治本。西药的毒副作用很大，病程较长，影响到其他脏腑，导致功能失常，并发多种病变。

中医学可以根据病因、病机、病症、病中、病尾，将病分为三类，即未病、已病、末病。

未病，指整体病症还未暴发，证据不全，未能确诊，属于亚健康状态。已病，指出现全身病症，病情处于中重期，住院病人多属此类。末病，指大、小医院都治不好了，已下病危通知书的病人。

中医学认为，建立防治原则，不治已病治未病，不治已乱治未乱，是正治法。明医治疗大法："未病先防，既病防变，既变防逆，逆则亡也。"明医，就是明白的医生。明医治病防治为先，标本同治，双管齐下为大法。其次，还要根据不同的病情临时变通方药，有时运用反治法与同病异治法、异病同治法，治病要有灵活性。

我认为，未病先兆的病气信号"梦先兆"的发生，来源于"三气"：天气、地气、人体气。天气分为三种：一是六气，二是六淫气，三是六邪气。地气分为六种：生气、氧气、灵气、煞气、湿气、氡气。人体气分为六种：卫气、营气、宗气、元气、正气、病气。天、地、人都有六气。

在传统文化里，还有东方三气。一是孔子的高尚重清气，二是老子的高尚重正气，三是儒释家的高尚重和气。

东方三气运用在医生治病方面，很有参考价值，特别是养生防病。如能练习"正气运行法"的丹道功夫，可达到正气存内、邪不可干的状态。正气循经络运行，可提高神经细胞与各种细胞的灌氧量，提升免疫细胞的功能，达到防病治病的目的。

又如，中医学认为，清气在上，浊气在下，清阳出上窍，也就是多吸清气，上窍的五官九窍多灌氧，人的头脑清楚，智力超凡，清气（氧气）充足，人体细胞组织永不缺氧，细胞的寿命就会延长。

利用"和气"就是利用和谐的方法，中药有和解三剂。如果人体的十大系统生理功能永远和谐，气、血、津液就会和谐，人的身体就永远健康，不生病。我们要将东方三气运用在人体生理功能上，运用在治病疗疾上，运用在社会大学的工作和生活等方面。

"气"字是一字多义。中医学认为，气是构成人体的物质基础，是维持人体生命活动的基本物质。气有气候之气、物质之气、功能之气，故天汪大气爱生命，地汪坤气育生灵。人在自然界里生存，人人都在吃气，人人都在用气，人活着就是一口气。谁停止呼吸谁就缺氧，只有死亡。人活着全靠吸氧生存着。

关于梦的产生，与中医所言的“七魂六魄”有关联。七种魂魄，藏于五脏有五种，藏于脑与骨髓两种，共七种。这七种魂就是人体的七种气，气就是氧。气为百病之始，万病皆因缺氧也。人体内缺氧，中医称气虚。氧过盛称气实，气实容易上火。中医学有一句话：气有余便是火。

气与血、精的关系最为密切。气为血之帅，血为气之母，精血同源，故“阴之后方言血，阳之后方言气”。如果“气血双刚，阴阳平衡，可称血氧饱和”，人体生理功能是正常的，故称“正气存内，邪不可干”，人无病，精力充沛，思维敏捷。

反之，人体内环境紊乱，生理功能下降，机体的气机升、降、出、入受到阻力，它们会反映给领导（心、脑），导致心神不宁；反映给脑中枢神经，于是人体报警器开始发出报警信号，此信号轻则是梦先兆，重则某部位出现功能下降。

如听神经细胞缺氧，则听力下降或耳鸣；视神经细胞缺氧，则视力减退，产生远视眼、近视眼、斜视眼；脊神经细胞缺氧，则上下肢出现麻痛无力，腰背麻木、凉、痛、酸、重等。

同理，如心脏缺氧（心气虚），则心神不安宁，心律失常；肝脏缺氧，则肝气不疏，胆汁少，肝胆管结石等；肾脏缺氧，则泌尿与生殖系统紊乱、功能下降等。所以说，万病皆因缺氧也。

人体内的气与氧同源，神经与经络同源，心脑同源，肾上腺与性腺同源，气、氧与魂魄同源。同源就是一源多歧，如似一娘所生的同胞兄弟姐妹一样。不过，它们分工不一样。例如神经与经络的关系，神经就是哥哥，经络就是弟弟。神经担负着重要的任务，所有的事情它要走在前面。所以神经反应快，它们的任务是调解输送气、血、氧、精、津液，负责把营养物质送到组织与细胞需要的单位去，兄弟俩都很辛苦，与心脏一样从不休息。人体夜间要休息，它们仍在站岗，有事就报警（梦先兆）。

如果天气祥和，六气正常，地气磁场干净，就有利于人体内气的净化。如果人的体质与气质优良，血氧饱和，做的梦就是祥和的。这就是同源器官和谐，氧气充足，与宇宙气相通。如果天气好，地气良，体质与气质不好，发梦会反映内脏病气。特别是大病，如癌症病人，发病前一至三年就有病气信号的梦兆预报。如果气象异常，磁场有大的变化，人体的气质很强，也能提前发梦，预示危险。

《类经》中说，气血者人之神也，随神往来谓之魂也。何谓魂，梦寐恍惚，变幻游行之境皆是魂。医古文称魂、魄、神、意、志是五脏之氧气。气、氧、精、血、津互相生化，聚而成形，而发梦境。心神是心脏的气血。气血旺盛，心神就旺。心神的“神”就是精神的“神”。

笔者在治疗冠心病方面总结经验，把人的性格分为两类，一类是A型性格，另一类是B型性格。A型性格的典型特征，就是长期投身艰苦的工作，好胜心强，精力充沛，易激动、易发怒，时间紧迫感强，不愿排队，喜抄近路等。另一类性格正好相反，称为B型性格，特征是孤僻、喜静、不好强、随遇而安。据调查，A型性格比B型性格的冠心病发病率高4~7倍。

在治疗冠心病病人与肝癌病人时，首先要给病人讲心病与肝病的病因、病机与病症的知识，重点是讲“心静者神藏”，“静心闭目养肝血”，静可以制动，静可生智慧等。反之，心躁者神亡，心动者耗肝血，烦怒则伤肝、累心。因为心藏神，肝藏魂，神是心脏氧气，魂是肝体阴而用阳气。明白这些道理，对恢复健康极有帮助。总之，培元气者体壮，养真气者神旺。

第五节　未病梦兆与干扰源的关系

干扰源是指与环境医学、微医学与宇宙医学有关的大环境。诸如气象与气候、人文与社会、地貌水文、植物、动物、微生物等因素。在正常情况下，一般为良性干扰源。反之，干扰源的毒气会让人体发病，发病前期就是未病先兆。

干扰源分为三种，一种是有形的干扰源，就是用肉眼能看到的事、物、景、色等。第二种是常人看不到也摸不着的微型东西。第三种是即有形又无形的东西。它们对人体的影响，良性的少，不良的多，有毒气的也不少。人的体质不一样，干扰后发病的时间，病情急缓、轻重，预后恢复程度等都不一样。此外，也与干扰源的毒气浓度有关。

关于人的体质与气质，前面几章已经讲过。人的体质禀受于先天，来源于父母，体质与本性的好与坏都是父母给的，有的体质好、心眼好，为人正直，做人做事一生都是正气。有的人体质好、心态坏，从小到大都是干坏事，这就是父母给的，称“胎里坏”。当然，好的环境能为“胎里坏”改造一下，让其变好一些。

我把人的体质分为三种：特异、差异、变异，称三异体质。特异体质是最好的体质，差异就是差别的意思。若差异体质的人出生时是好时辰、好地点，那么他们的体质会改变不少，先天的不足，后天可以培补。同样，变异体质的人也会因此而好很多。这是由于天体运转的能量大，加上日、月、星辰的磁场净化作用。尤其是圆月的日子，月光给的能量更大。因此，人体脏腑与人体部位名称都有月字旁。出生时间也很重要，如果是子时以后到午时前后出生的人，阳气都比较旺盛，这期间出生的人大部分都有阳刚之气，做事情风风火火，有积极向上的态度，热爱生活与工作。还有一个因素，也是最关键的，就是出生地点，以及出生后的第一声啼哭。出生后第一声啼哭就是肺部张开吸的第一口氧气，这时的空气是越清新越好。另外，喝的第一口水或吃的第一口乳汁也同样重要。这就是好的先天与好的后天的关系。

好磁场，就是出生地的水质、空气里氧气质量与土质都优良。这就叫好爹好娘生好孩，优良磁场育人才，山清水秀出人才，风水宝地出人物，穷山恶水出刁民，浊水恶土出癌病。

下面浅谈人体生病与环境毒素、信息传感的关系。这种信息传感信号称干扰源。有形的干扰源与无形的干扰源，这两种都可影响人体而发病。干扰源就是对人体有影响，使人体生物钟紊乱而发病的因素。人体刚受干扰时，神经系统就发出了信号，表现在梦里，就是梦先兆。

一、有形的干扰源

第一，当一个人遇到高兴事，非常开心，或别人家有喜事陪同庆祝，喜笑颜开，大笑后，就感觉身心不适几天。这种人就是特异体质的人，主要是因为他们的太阳穴散气，大笑时散气耗阳气。有时虽做喜梦也耗气。

第二，看到病人与受伤的人后，有些人也会身心不适，因为他们老是想：这个人很好，为什么得了这种病？或好人为什么早逝？睡觉前还在想。这种坏信息一直在持续，使得心情不好，夜卧梦幻，好像身心与病人一样的痛苦。

第三，有的人为别人或亲友付出很多，回报却不成正比，得不到肯定与表扬，得到的反而是恩将仇报，长此以往，先是肝气不疏，多梦失眠，慢慢发展为肝气犯胃，肝气乘脾，然后引发乳腺增生、胆囊炎、胃炎，严重者出现便秘、月经不调、卵巢囊肿等症。

第四，孩子的问题。孩子大了与父母不分床睡觉，或孩子房间与父母房间太近，或房间门对门，影响孩子睡眠而发梦。

第五，父母感情不和，时常吵架、闹离婚。此外，父母的恶习对孩子来说都属于有形的干扰源，可使孩子时常发惊梦。

第六，居住环境不好，如有工业废气、恶水沟、垃圾沟、闹市场、机器声等，会引发失眠多梦。

第七，毒性食品，如发霉的粮食与面粉，有毒素的海鲜食品、狗肝、猪甲状腺、鸡头、鸭脖子、长期盐腌制食品等有形毒物，都可引发机体病变，生病前大多有梦兆。

第八，中西药物的毒性与毒副作用。药物毒素残留体内，影响细胞灌氧，导致细胞衰老。

第九，久看电脑、电视，引发鼠标手、干涩眼。内环境电辐射使细胞早衰、早亡，性细胞损伤，导致不孕不育症。

第十，良性有形干扰源。如听音乐、唱歌、跳舞、打拳类的有氧运动，有缘的朋友聚会聊天，“坐对圣贤无燥气”等。良好的磁场对流，使人身心健康，可提高各组织细胞增氧，增强正气的免疫力量。

二、既有形又无形的干扰源

干扰源影响人体发病信号有三：一是化学因素，主要为有害气体、重金属、有机及无机物、粉尘、农药等；二是物理性因素，主要有噪音、微波、电源与高压电辐射等；三是生物性因素，主要有细菌、病毒、寄生虫等。

这三种坏的环境，是使人体致病的最强杀手。它们对人体既属于有形的干扰源，也属于无形的干扰源，属中医致病中的“不内外因”。

既有形又无形的干扰源是细菌、病毒、微生物、寄生虫等，如流感病毒、禽流感病毒、麻疹病毒及白喉、腮腺炎等传染病病毒。病人的一声咳嗽、一个喷嚏、一个哈欠，就会把病毒喷向空气；病人抚摸过的东西、用过的用具，都可把病毒传染给体质差的人。

再如，可污染水源的痢疾，血吸虫、钩虫、霍乱弧菌等；蚊子可传播疟疾、血丝虫病、乙型脑炎等；老鼠可传染出血热、鼠疫等；猫狗可传播蜱虫病病毒，致人死亡。总之，水污染、空气污染、土质污染是最严重的干扰源，是杀人不见血的刀。

三、神奇的无形干扰源

神奇的无形干扰源是让人看不到摸不着的病气。受病邪感染的人突然发病，特别难受。发病特点：骤发，症状典型，病症与急性病、大病相似。并且好得快，说好就好了。下面谈一下人体感染病气与坏磁场之邪气的典型类别。

第一类：发病的人往往是特异体质的人。这种体质的人，自小体格好，性子急，个性直，也就是说，口快心直，心善无邪念，不想歪点子，一心一意学习，就想着做自己的事情。小时候不爱哭，爱欢乐，有自立、自强的精神。长大后爱助人为乐，有求必应，心善，致富济穷，体质壮，气质强，敏感，判断能力超常，看人看事凭第一感觉，事后验证准确性高。特别是做梦，一般情况无梦、睡眠质量高。偶尔做一次梦，梦境影像特别清楚，醒后对梦中事情记忆深刻。日后通过验证，梦里的象征与现实生活中的事情吻合。这种体质的人，为别人付出太大，最容易受变异体质欺骗，所以易受伤害。到了中年以后，尽管受骗，还是改不了自己的善心善意，心太软。因为心情不好，体质下降，元气衰弱，卫气不固，所以汗孔与穴位虚疏，无形的毒气与病气无孔不入，引发病症。

第二类：也是特异体质的人。原本一切正常，就是去了一趟医院，看望一下住院的病人朋友，在病床上坐了一会，又换位置在病房椅子上坐了一会，就感觉心情不好，身体也感到乏力，胸有点闷，回家后就头晕、心悸、胸闷、全身无力，好像心脏病发作一样。去医院检查一切正常，包括心电图都是正常的。没病医生不给用药。回家后心里难受，睡不着，吃饭不香，即使睡觉也是噩梦纷纷。轻的病气（无形干扰源）过几天甩掉了，病突然就好了。重的病气难甩，扰乱内环境，日久并发好多病症。此类人天天在想：我得病太奇怪了，病得快好得慢，真是“病来如倒墙，病去如抽丝”。笔者平时从来没有身体不适，正常吃饭、正常休息、正常工作。有一次，下班回来坐在公交车上，突然背重腰痛难受，下车后走路都困难，到家后无论如何调整还是不好。去医院拍片检查，腰椎、骶椎都正常。吃西药止痛有效。连续多天后，突然腰不痛了，身心全部正常。

第三类：特异体质人走路时，路过阴山丘陵或阴沟坟地后，还没回到家，就突然发病了。有一部分人心理素质差，害怕鬼魂，自己害怕使心率加快，心律失常，甚至脑卒中猝死。大部分人体质好，心理素质高，有病找医生，虽然体检无病，还是住院让医生观察治疗，最后获得满意的效果。此类人主要是受到环境场的干扰与影响，坏磁场的恶气很多。如地气是恶土质所发出的浊气、病气、恶气、煞气、山岚瘴气，这些地气全部含有细菌与病毒。其次是工业废气、化学工业性毒品、毒气。最恶毒的地气是氡气。

在这个问题上，我多讲一点：为什么特异体质的人会感染病气与坏磁场的邪气呢？因为人体肺脏的生理功能是：肺主气，司呼吸，主宣发肃降，通调水道，主治节，朝百脉，在体合皮，其华在毛。皮毛包括皮肤、汗腺、毫毛等，是一身之表。这里所言的肺主气，是指肺负责皮毛汗孔。凡是特异体质的人，心胸宽，肺气大，平时无病无灾，身体健康，从未想到有病、怕病，所以汗孔、穴位从不关闭，又不懂子午流注。特别是地门（会阴穴与涌泉穴）最容易进病气，其次是人门（劳宫穴）感受病气最快。出问题多是这三个穴位。

第四类：最有意思的是变异体质的人，这类人大脑中枢神经下属单位的信息库可以收发信息，也可储存信息。变异体质的人为什么变化特别快呢？这类人脑细胞灵活性强，每时每秒都在变化。人们常说，交朋友最怕说话不算话的人。昨天说的事，今天又变了。当然，这类人也不想这样子，主要是因为他们体质差，内气弱，正气不足，抵抗不了大自然的变异。如果大自然变异，地球磁场变异，他们的体质也变异，细胞变异，体内感染的细菌、病毒也会变异。就连一个极小的毛病，像皮肤过敏，用药都是久治难愈。这类人得了大病很难治好。治好这个症状，又并发其他病症。所以，这类人意念很重要，想有病时很快就有病了。但是，这类人有病都不是大病，身体好的时候、没有病的时候多。这类人有一个好处，就是很重视健康，“三高”症很少，多可长寿。

如果是特异体质的人传染上病气，可就麻烦了。癌症患者多是特异体质的人，三高症、五高症也都是特异体质的人发病率高。差异体质的人患感染性疾病的很少，因为这类人知道体质差，不敢冒险，如喝酒量小，因为不喝、少喝而不会醉。如同溺水之人多是因为会游泳才溺水而亡一样。差异体质的人发病，多见于风湿病、类风湿病、胃肠病、糖尿病、慢性支气管炎、睡眠质量差等，做梦是平凡的生活梦，其中纠纷或与水有关的梦多一点。

第五类：青少年、儿童因无形干扰源而发梦。例如，孩子看到房间里放遗像，他会问大人这是谁。看到遗物，孩子会问这是谁的东西。大人详细告诉他们后，孩子有空时会想，睡觉前也在想，入睡后信息传递信号，孩子会发梦，此梦就属于无形的干扰源，使孩子睡眠质量差。如果长期发梦，会影响孩子的食欲、学习与开发智力。

总之，干扰源影响人体的生理功能，突发紊乱而发病，特别是毒气大的干扰源，最容易破坏各组织细胞的灌氧，使信息传递细胞与免疫细胞受到严重的伤害，所以报警器频频发出信号（未病梦兆与先兆）。未病梦兆与已病难以诊断和治疗，所以这类病症，医学家称为罕见病，病人认为是无名病症。世人认为有两种病难治，一是病无名，二是恶疮（恶性肿瘤），实际上就是未病与末病。

第六节　人体与宇宙的神秘力量

一个成功者，其成功的秘诀是相信自己的潜能，寻找成功的钥匙，提高雄心和欲望，制订生命的目标，开创想象力量，最重要的是多学习人与自然界关系的知识，掌握大自然的密码，吸收宇宙中的无限能量，发挥自身的意志力量。其次，成功的秘诀还在于“永远不能改变原来制订的人生目标”。这就是信心、信念，有正信就有正能量，有正能量就能成功。

有时候人们根本不知道自己体内有一种神秘力量，这种力量激发出来后，连自己都不敢想象其威力。大家想一想，人类社会起始于“石器时代”，到后来“铁器时代”，发展到“黄金时代”，如今正式进入“原子时代”，这些人类的发展就是人体潜能力激发出智慧的力量。也许对有些人来说，这些话像是轻率之言。然而科学已以不可争辩的事实证明，每个人思想的清泉都深不可测，蕴藏着从未被发现过的能量、智慧和才干，敲响这一居于深处的世界，将这些宝藏挖掘出来，你会得到一股令人惊异的力量与能力。

通过优秀的头脑，人类学会了生火取暖；学会了制造武器，来防御周边野兽的进攻；学会了搭屋建房，以抵挡风雨的侵袭。通过头脑，人类征服了种种自然的力量。通过头脑，人类制造了能抵得上无数马力、人力的机器。下一步会做什么？无人知晓，因为人类才刚刚意识到自身的力量。人分裂了原子，正利用这种动力。人开始察觉深埋于其自身头脑中的无法探究的财富。如淘金一般，人淘去了流水冲下的黄金沙砾，如今他正开始往深处挖掘，挖向底层纯净的矿脉。

人体内的神秘力量，源于人的头脑，是三位一体的，即意识、潜意识和超意识。医生在为病人体检时，首先就查看病人的意识如何，意识清晰与不清晰，可知病情的轻重深浅。下面我们来看一下人体意识和潜意识与宇宙的关系。

一、意识的力量

当你说“我看见－我听见－我闻到－我触摸到”的时候，那是你的意识在说话，因为它控制着人的五种感官。你用于感觉和推理的便是思想的这个阶段——人人都熟悉的阶段。你正是用它来从事一切活动。这很大程度上控制了你所有的随意性机能。它分辨是与非，智与愚。它是指挥着你所有的思维活动的统帅。它可以预先计划并按计划实施，亦可任意漂流，鲁莽冲动，听天由命。

因为只有通过意识，你才能到达潜意识和超意识。意识是守门者，潜意识依赖意识提供所有的印象。潜意识必须依赖意识，才能完成要取得成功的结果所需的协力工作。一支军队，无论士兵多么善战，如果将军本人从不提前部署，总怀疑自己和下属的能力，而且一天到晚担心敌人的进攻，而不是筹划如何战胜敌人，对于这样的军队，你不能抱很大的指望。一个球队，如果投手与接球手不和，你不会希望有什么好比分。同样，如果你的意识中充满了恐惧、焦虑，或是茫然不知所措的时候，你也不能指望潜意识会产生什么好结果。

意识最重要的作用，便是集中全部注意力于你的欲念上，“相信你会得到”，然后将任何恐惧焦虑或失败的暗示拒之门外。你一旦具备了这种能力，天下没有什么事对你来说是不可能的。

因为潜意识不能归纳推理。它接受你发送进去的想法，并按此想法的逻辑思路最后呈现出来。发送健康和强壮的念头，它就让你的身体变得健康和强壮。让疾病、害怕生病或事故的暗示渗入其中，你很有可能会看到身体正出现患病的症状。

头脑是身体的主人。身体实际上是一个自我运行的小宇宙，而头脑是它的辐射中心，是给予整个系统光和生命的太阳，而你的意识便是这太阳中心的主人。

二、人体潜意识可发挥潜能量

如果你正过着普通的久坐不动的生活，你能告诉我为维持血液正常运行，此时血中应当有多少水分、多少盐分及其他成分吗？如果你在打网球、奔向你的汽车，或是沉浸于别的剧烈活动之中，上述比例又必须变化多少、多快呢？

不知道？不过，你没必要担心。你的潜意识了如指掌，而且它不用停下来去演算。它几乎是自动得出了答案。它是那些“光速计算器”中的一个。而这不过是它一日里每小时完成的数以千计像这样的工作中的一件。世界上最伟大的数学家、最著名的化学家花上一年都无法解决的深奥问题，而你的潜意识每分每秒都在解决。

医学家们总结了潜意识的力量。潜意识是明确的实体，它占据了人的整个身体。当没有任何阻碍时，它绝对地控制了自身所有的机能、状况以及感觉；而客观思想则控制我们所有的随意性机能。营养、废物，所有的分泌和排泄，血液循环中心脏的跳动，肺的呼气或吸气，以及每个细胞的生老病死，都处于潜意识绝对的控制之下。这是大脑进化之前动物唯一拥有的意识。它过去不能，现在也不能归纳推理，但它那演绎推理的能力却无懈可击。还有，它不用肉眼就能看见。它凭直觉感知。它无须借助通常物质手段就能与他人交流。它能了解别人的想法。它可以接收信息并传递给远处的人们。距离丝毫不能阻碍潜意识成功地完成使命。

我们头脑中的潜意识指挥着身体各个维持生命的程序。你不会用脑子去想怎么呼吸。每次呼吸时，你不必去推理、做决定以及下命令，潜意识会处理的。在读这页文字时，你根本就意识不到自己一直在呼吸，血液循环时也是如此。心肌是和你手臂上肌肉类似的一种肌肉，它没有能力自行移动或指挥它的运动。只有唯一能思考的头脑能指挥包括心肌在内的肌肉。你意识不到自己正支配着心脏的跳动，潜意识会解决的。而食物的吸收、身体的成长和修复亦是如此。事实上，所有维持生命的程序都是由潜意识负责的。

潜意识的力量是无穷的，不管你做什么来实现自己正当的目标，它都会给你这样做的力量和能力。

但请记住这一点：潜意识隐藏于表面之下，而且是从得到的事实中进行逻辑与推理，它不会反驳那些事实。如果你想改变的话，就必须给它更新、更鲜明的事实。不仅如此，你还必须消除原有的事实。

三、和谐宇宙才有无穷力量（正能量）

各种动植物和人，一切皆是自然力量的小小的表现形式而已。但是有一点不同，人是宇宙力量中积极的因素。人分享着宇宙的创造力和能量，而且通过有意识地吸引宇宙的活力，并与它保持和谐，因此人无所不能，无所不有，无所不是。

在你身上，在任何人身上，存在着这种不可抗拒的强大力量，利用它，你可以成就令理智目眩、想象力惊异的大事。在你身上存在着一种智慧与力量强大的意识，一个完全不同于你在日常事务中清醒时使用的意识，那便是超意识或“超自我”。

你的潜意识也分享着这种智慧和力量，而且正是通过潜意识你才能到达超意识，才能利用它实现你的抱负。当你如此巧妙地将潜意识调动起来时，你便能与你体内的“超自我”进行沟通了，而“超自我”是宇宙力量的组成部分之一。

请记住，宇宙力量是无穷的，当潜意识与“超自我”相协调时，你便能成就一番伟业。

超意识就是超自我与潜意识的内在自我，因为它们都是隐伏在自己身上的正能量！

你可以通过“超自我”力量去做你想做的事情，通过“超自我”，你可以保护你所爱的人们，你可以去治病，可以在各个方面发挥力量。

然而，要做到这一点，你必须用自己的生命力去给它“充电”。如果我们对他人毫无奉献，就永远无法帮助他人。你必须有意识地释放自己的生命力。你必须坚信能看见你的超自我正按照你的指引行事，你必须相信它已在付诸行动。当你具有这一信念时，你便无所畏惧了。

总之，不管你的体质如何，不管你的心理素质如何，不管你做什么样的梦幻，不管你的方方面面知识如何，建议你一定学习人体解剖知识，用一把知识的手术刀，先剔开自己的肋骨，打开自己躯体，把内脏器官、组织、细胞全部解剖，这样才能认识自己，再认识到别人，再认识社会，再认识世界，认识自然，再认识自然的无穷力量，热爱宇宙，拥抱宇宙，掌握宇宙，利用自然资源，达到顺应自然，永远圆荣！

第五章

学会自己解梦与圆梦

易医解奇梦

——透过梦境看健康

本章内容主要是简单易懂的梦知识，让很多人能自梦自解，这里指生理性平凡梦。一般来说，在正常生活中，人们日有所思，夜有所梦。这些梦都很平凡、很平常。但是，如果出现异常的梦幻，自解不明，并且连续梦寐恍惚，身体老是不适，自己调整也不顺，这样的梦就是先兆的梦，就必须去求医生帮助，体检查出隐患，及早治疗。

第一节　学会解梦的基本知识

有句话说："凡人的米面夫妻好过，仙人的伴侣难寻。"凡人，就是平凡的人，凡人的生活就是米面油盐酱醋茶。凡人做着平凡的事情，发着平凡的梦，这就是常人，也就是正常的人。常人也有梦想："日有所思，夜有所梦。"这类梦称为生理性的梦，属于正常的梦。此类梦往往间隔很长时间才做一次，比如一个月至两个月遗精一次，偶尔遗尿一次，这都属正常范围。如果天天做梦，像看连续剧一样入睡就是梦，甚至不分白昼地做梦，而且醒后身体不适，这样的梦就是病理性的梦。出现这样的梦后，往往很快会发病，相应的心理、精神、体质都会发生异常变化。

不论是中国人还是外国人，或多或少都相信梦境的奇妙存在。梦之与人，犹灵魂之与人，与之俱来，随之而去，伴随人之一生。只要人的大脑思维能力还在，梦就会长久不衰。做梦不分贵贱、不分长幼、不分尊卑、不分男女、不分中外，不同的只是梦的内容而已。

梦如同人的身影一般，既司空见惯，又神秘莫测，既虚无缥缈，又真实可见。若说梦是幻觉，然梦中之人物事件，醒后皆历历在目；若说梦是真实之表现，然醒后难找与梦中人物事件完全一致者。有时日有所思，夜即梦之；有时梦中所见，日即遇之。梦之神秘至此，我们的祖先亦早知之，即产生梦文化。

梦文化是中国古代文化中不可缺少的重要组成部分，虽难登大雅之堂，但在民间却流传甚广。《周公解梦》就是流传在民间的解梦之书。在术数史上，很难发现解梦之术，列于此，只因梦文化在民间甚为流传，并可有病先兆，对疾病的防治有积极意义。

在《红楼梦》里，作者就是通过美梦、噩梦揭示出了主人公们的命运。当今社会里的流行歌曲《在梦里见过您》《我有一帘幽梦》《我的未来不是梦》等，唱的都是对梦想的追求，对自梦自圆的期盼。

自古至今，根据梦的内容不同，把常见的梦分为以下十五类：

1. 直梦

即梦见什么就发生什么，梦见谁就见到谁。人的梦都是象征性的，有的含蓄，有的直露，后者就是直梦。如你与朋友好久不见，夜里梦之，白日见之，此直梦也。

2. 象梦

即梦意在梦境内容中通过象征手段表现出来。我们所梦到的一切，都是通过象征手法表现的。如梦到登天，其实人是无法登天的，在此，天是具有象征意义的。如天象征阳刚、尊贵、帝王；地象征阴柔、母亲、生育等。

3. 因梦

睡眠时，因五官的刺激而做的梦。“阴气壮则梦涉大水，阳气壮则梦涉大火，藉带而寝则梦蛇，飞鸟衔发则梦飞。”此即因梦。

4. 想梦

想梦是意想所做之梦，是内在精神活动的产物，通常所说“日有所思，夜有所梦”，即想梦也。

5. 精梦

精梦是由精神状态导致的梦，是凝念注神所做的梦，接近于想梦的一种梦。

6. 性梦

性梦是由于人的性情和好恶不同引起的梦。性梦主要不是讲做梦的原因，而是讲做梦者对梦的态度。

7. 人梦

人梦是指同样的梦境对于不同的人有不同的意义。

8. **感梦**

由于气候因素造成的梦为感梦。即由于外界气候的原因，使人有所感而做之梦。

9. **时梦**

时乃四时，由于季节因素造成的梦为时梦。“春梦发生，夏梦高明，秋冬梦熟藏，此谓时梦也。”

10. **反梦**

反梦就是相反的梦，阴极则吉，阳极则凶，谓之反梦。在民间解梦，常有梦中所做与事实相反之说。在历代典籍中，亦多有反梦之记载。成语中亦有黄粱美梦的典故。唐代沈既济的《枕中记》记载，卢生在梦中享尽了荣华富贵，醒来时，蒸的黄粱米饭尚未熟，只落得一场空。可见，反梦在人的梦中占有很大的比重。

11. **籍梦**

籍梦也就是托梦，此类梦在古代书籍中也有不少记载。人们认为神灵或祖先会通过梦来向我们预告吉凶祸福。

12. **寄梦**

寄梦，指甲的吉凶祸福在乙的梦中出现，乙的吉凶祸福在甲的梦中出现，或者异地感应做同样的梦。寄梦是由于人们之间的感应而形成的梦。

13. **转梦**

转梦是指梦的内容多变，飘忽不定。

14. **病梦**

病梦是人体病变的梦兆，从中医角度来讲，是由于人体的阴阳五行失调而造成的梦。

15. **鬼梦**

即噩梦，梦境可怕恐怖的梦。鬼梦多是由于睡觉姿势不正确，或由于身体的某些病变而造成的梦。

我国传统的梦占文化是在古代科学技术不发达的情况下对梦的研究成果。明代崇祯年间的《梦林玄解》是梦学中的集大成者，是现代研究梦学不可多得的宝贵资料。在民间流传深广的《周公解梦》也是我们研究梦学的资料之一。“乾坤天地”节选了《梦林玄解》的《占繇》，介绍了解梦的基本原则，同时也将《周公解梦》改编成《梦兆吉凶对照表》，以便快速查询。

第二节　梦其实很平常

有一种信念认为梦是魂在飞，也就是说，梦是人的灵魂离开身体后遇见的现实。据说，圭亚那印第安人认为：梦中的人是暂时离开肉体的灵魂，所以，人要为自己在梦里做的事负责。如果在梦中打伤了别人，醒后他要去道歉；反之在梦中受人伤害，醒后也要去报复。当地人如果告诉别人："我昨天梦见拥有了你的土地。"那么对方就要拱手把土地让给他。

中国古代有这样的故事，某道人见到一和尚正在睡觉，从他的脑袋顶上出来一条蛇。这蛇遇上唾液就吃，见尿盆就喝，出门过小沟，在花丛边转一圈，又想过一条小沟，因为有水没过去。蛇回来时，道人把小刀插在地上。蛇见刀很害怕，另找路回到和尚头中。和尚这时醒过来，说："我梦见吃了好东西，喝了美酒，又过了一条小江，遇见几十位美女，想过另一条江，水大没过去。我回来遇上强盗，绕路才回来。"这个梦故事想说明的是，灵魂可以用动物形态出游而形成梦。

中医学认为，"气血无形即有形"。气是无形的，但是气聚则成形。为什么体质与气质好的人，做的梦往往为现实验证准确，就是因为他们体内脏气充足，这种有形之气聚而成形，醒来后记忆犹新。过一段时间，梦里见到的东西真就在现实中出现了，这叫梦想变现实。

灵魂弱与人体气质与体质有关。元气虚则灵魂弱，气不成形，形状与各种动物的形体相似。虽能按时回居，但做梦的人醒后回忆起来都是遇到危险、惊恐、快跑、跑得很累等梦境。人的气质、体质决定他做什么样的梦，原因就在于此。

关于气聚成形之说，只有真正的中医医生才能明白。凡是懂道学与气象学的人都知道，"天气下为雨，地气上为云"，"云出地气，雨出天气"。这里所言"雨"是有形的，是物质的，雨的来源是无形之气，上蒸而成雨。这个道理很容易理解。但有些人无知，对于梦不能理解，梦到的事情醒后真照着去做。例如有些人梦醒后打老婆，因为梦里看到老婆又出轨了。如梦到发财，醒后就高兴，什么事都不干了，只等发财机会。

我真诚希望这类人多学习梦知识，对自己所做的梦多去深思，多悟梦文化，时刻激励自己做好本职工作，提高生活质量，永远健康、健美。

第三节　自学圆梦“活周公”

要想自己解梦与圆梦，当一次“活周公”，破解平凡的生理性梦，首先要懂得大部分的梦影像不外乎以下四大类：

一是场景。梦境内容的发生场景在什么地方？地点可能是汽车里、教室、童年家乡，或是在外太空、阿尔卑斯山……

二是人物或动物。什么人出现在梦中呢？所谓的梦中人还包括无以名之的生命体、你的过去、兄弟姐妹、同事、小学时爱哭的女同学、旅游时见到的俊男，以及其他各式各样的动物。

三是物品。梦中印象深刻的主要物品有哪些呢？手枪、飞机、红大衣、钢琴、跷跷板、钥匙、金币等，都可能传达令你意想不到的讯息。

四是感受。做梦的时候有没有酸甜苦辣的感受呢？请用文字说出你的情绪反应，例如：好奇、害怕、焦虑、悲伤、快乐、喘了一口气……

下面精选166种常人的平凡梦，分为六大类。需要特别说明的是，此资料经过整理汇编，作为学习中医解梦、调梦、诊病兆、治隐病的基础资料参考用，不作为公式生搬硬套，实际要根据具体情况辨证分析。

一、当你梦见动物

1. 猫

梦见猫，自己的品德会受到非议，被人们怨恨，财产被偷。梦见打猫或者抓猫，小偷或土匪会破门而入，但是不会受损失，坏人会被抓获。

2. 狗

梦见听到狗吠，会受到敌人的侵略。梦见狗扑咬自己，会与朋友发生意见分歧，受到孤立。梦见朝自己走来，会交上好朋友，在困境中能得到朋友的帮助。跛行者梦见狗，预兆朋友软弱无能。梦见狗跟在母犬后行走，朋友心怀叵测。

3. 狼

梦见狼，不论什么都不会成功。梦见狼群，会受到敌人的折磨。梦见被狼群团团围住，一切忧愁都会过去。梦见开枪打狼，会是一个胆小的人。梦见狼叼走了小孩或羊，要当心小偷和强盗。梦见狼扑向自己，妻子会怀孕。

4. 鸟

梦见抓鸟是交好运的预兆。梦中听见鸟叫，喜事将至。但是梦见打鸟，是遭不幸的先兆。梦见鸟四处飞奔，要破财。梦见放飞笼中鸟，目前所从事的工作会取得成功，并有所获。梦见用食物诱捕鸟，是受损的兆头。梦见鸟蛋是吉兆。梦见孵鸟蛋，小雏尚未出壳，预示着会打输官司。梦见鸟巢中有破壳的鸟蛋，将要受穷，过艰苦的生活。梦见小鸟打斗，灾难将会降临。但是梦见鸟全都飞跑了，是逃兆。

5. 鱼

梦见活鱼，要去海上旅行。梦见死鱼，要忍饥挨饿。梦见买鱼，会继承亲属的地产。梦见有人给自己送鱼，会被邀参加婚礼。女人梦见鱼在水中游，行动会受到丈夫的限制。梦见鱼忍受缺水的痛苦，会被降职。男人梦见捕鱼，大难临头。女人梦见捕鱼，将依靠富有的丈夫，生活愉快。病人梦见捕鱼，会卧床不起。

6. 蛇

梦见一对蛇，很快会分家。商人梦见一对蛇，会发财。梦见蛇咬自己，要交好运，生活会丰裕。但是梦见蛇咬自己妻子，会遇到忧愁不幸。梦见敌人被蛇咬伤，敌人会互相残杀，最后两败俱伤。梦见打死蛇，能征服敌人。梦见蛇钻进洞里，家里会被偷窃或被劫。梦见蛇捕捉老鼠或青蛙，会有不幸的消息。梦见蛇与猫争斗，所有的灾难都会过去。

7. 蝎

梦见蝎子是祥兆，事业会取得成功。梦见捕捉蝎子，会树敌过多。梦见打死了蝎子，会与朋友分道扬镳。梦见死蝎子，生意会倒闭。

8. 昆虫

梦见昆虫，会被病魔缠身。梦见打死昆虫，会悲痛欲绝。梦见昆虫掉进了食物里，生活奢侈、放荡。

9. 骑马、牛、驴

梦见骑马能交好运。梦见骑水牛或驴，意味着要生病或者遭厄运。女人梦见和丈夫一块骑马，很快会应邀参加婚礼。梦见朋友骑驴，事实证明朋友是无能之辈。梦见敌人骑水牛，敌人的阴谋会得逞。病人梦见骑水牛，要遭厄运，意味着要与世长辞。

10. 犀牛

梦见犀牛，困难会过去。商人梦见犀牛，生意兴旺。男人梦见犀牛朝自己冲来，财源旺盛。女人梦见犀牛朝自己冲来，不久会生病。梦见开枪打犀牛，会接受敌人造成的损失。梦见犀牛攻击犀牛，敌人的阴谋会得逞。

11. 乌龟

男人梦见乌龟，能交好运。女人梦见乌龟，要提防小偷和强盗。商人梦见乌龟，出国做生意，生意兴旺。旅游者梦见乌龟，会在离家远的城市居留一段时间。梦见用石头打乌龟，危险会来自仇人。梦见手里拿着乌龟，会与傻瓜交朋友。梦见乌龟游泳，一切灾难都会过去。

12. 鳄鱼

梦见鳄鱼，意味着受苦。梦见摆脱了鳄鱼，会避免重大的危险。梦见鳄鱼会受到凶恶敌人的侵犯，或与强人为敌，或与背信弃义、损害过自己的人为敌。

13. 乌鸦

梦见捕捉乌鸦，预示能战胜敌人。商店老板梦见乌鸦或乌鸦的翅膀，生意会亏损。梦见乌鸦从自己头顶飞过，将会与敌人发生艰苦的战斗。梦见乌鸦吃烘便，会吸取贫穷的教训，摒弃恶习。

14. 狗熊

梦见狗熊，将要与强人为敌。梦见狗熊向自己扑来，仇人会长期与自己为敌。梦见狗熊跑，幸福将至。梦见自己被狗熊咬死，意味着生活不幸。梦见狗熊从山顶沿着崎岖的山路下来，会与别人打官司，整天不得安宁。但是梦见狗熊上山，到山顶就消失了，做梦人的一切痛苦会全部结束。梦见站着的白熊跳舞，做梦人会和自己的上司关系处得很好，或得到晋升。梦见黑熊的尸体在水里漂流，会降暴雨，预示做梦人的邻居和朋友会灾难临头。船夫梦见白熊的尸体在水里漂流，意味着海啸和冰山即将到来。

15. **大象**

梦见大象，预兆成功，名声大噪。梦见骑大象，社会地位得到提高。梦见发怒的大象朝自己冲来，只有坚持不懈才能成功。梦见大象糟蹋树木，很快会渡过难关，取得胜利。梦见大象用脚踢踩狮子，能击败自己的强大对手，打赢有可能使自己濒临破产的官司。梦见野象群，一切努力都能获得成功，而且不依靠任何人帮助。梦见大象朝一个人冲来，顿时踩死了那个人，意味着由于家财万贯，自己会被妒忌的人打死。

16. **山羊**

梦见母山羊，人财兴旺，日子富裕。梦见两只公山羊打架，做事优柔寡断、瞻前顾后。屠夫梦见山羊用头顶撞自己，生活会幸福。已婚女子梦见母山羊，内脏可能有病。

17. **蝴蝶**

梦见蝴蝶在花丛里飞舞，会过上幸福豪华的生活。但是梦见断了翅膀的蝴蝶，会感到失望，生意亏损，身体患病，忍受精神折磨。梦见追捕蝴蝶，会与自己相爱的姑娘结为伉俪。但是梦见抓住的蝴蝶又飞跑了，他爱的姑娘会嫁给别人。

18. **猪**

梦见猪走动，福星高照。梦见猪逃跑，困难要来到。梦见给伙房杀猪，内脏有病。梦见追赶猪，努力是徒劳的。

19. **蜘蛛**

男人梦见蜘蛛，意味着自己的财产已受到坏人的监视，所以要时刻小心提防。女人梦见蜘蛛，会患子宫病。梦见蜘蛛织网，只有艰苦奋斗，才能取得成果。病人梦见蜘蛛网，会闯过危险期，最后身体会好转。梦见死蜘蛛，一切忧愁都会过去。梦见打死了在身上爬的蜘蛛，身体会强壮。梦见踩死蜘蛛，灾难会降临在全家人的头上。梦见蜘蛛从屋顶或高处掉到自己的身上，要遭厄运。

20. **母鸡**

梦见母鸡，预示成功。梦见孵小鸡的母鸡，儿女会成群。梦见许多母鸡，财源旺盛。梦见杀母鸡吃，会大手大脚，挥霍无度，祖先的遗产会全部葬送。梦见有人拿走自己家的母鸡，家中会遭盗窃。

21. 蜜蜂

梦见很多蜜蜂，好日子即将来到。梦见蜜蜂蜇自己，将会被朋友欺骗。梦见蜜蜂丢弃采的蜜，做梦人会扬名天下。梦见蜜蜂把自己团团围住，没有出路，将陷入困境，生活艰难。病人梦见被蜜蜂蛰，身体很快康复。

22. 仙鹤

等待发榜的考生梦见仙鹤，会榜上有名。商人梦见仙鹤，意味着获利较慢。梦见只有一只仙鹤，预兆与自己的生活伴侣分离。

23. 绵羊

男人梦见绵羊，会发财。女人梦见绵羊，夫妻生活幸福，白头偕老。梦见杂色绵羊，会广开财路。梦见白母绵羊，会受到人们的喜爱。梦见绵羊叫，财产受到威胁。

24. 鸽子

梦见鸽子，婚姻美满。梦见鸽子被打死，妻子（或丈夫）要离开人世。梦见鸽子从自己手里飞走了，妻子会离去。

25. 蟒蛇

梦见蟒蛇，会受到鲜鱼或其他爬行动物的伤害。梦见与蟒蛇发生对峙，最后躲开了，预示能从敌人的魔爪中逃跑出来。女人梦见蟒蛇，一生光明磊落，白璧无瑕。

26. 杜鹃

梦见杜鹃或听到杜鹃歌唱，要发财必须做出艰苦的努力，但是获得的钱财会很快丧失。女人做了这样的梦，会失去丈夫的爱。

27. 黄蜂

梦见黄蜂，很多人会与自己为敌人。梦见被黄蜂蜇伤，不久灾祸降临，得不到安宁。梦见消灭黄蜂，会碰到小偷，为了自卫，必会打死小偷。梦见打黄蜂，能得几间祖传房屋。

28. 驴

梦见驴，将会逐渐摆脱困境。梦见自己骑驴身上，不久会离开人世。梦见驴挨打，不久的将来自己的社会地位会受到影响，做梦人会被迫调离工作。

29. 鹦鹉

梦见鹦鹉站在地上，会交上无用的伙伴。梦见鹦鹉落在树上，要生病。梦见关在笼子里的鹦鹉，会困难重重。梦见死鹦鹉，要提防不诚实的朋友，以免上当受骗。梦见用枪打鹦鹉，能降服对手。梦见买鹦鹉，要偿还祖辈借的债。梦见成群的鹦鹉，财产会遇到严重的危险。梦见赠送鹦鹉，会被人讨厌。梦见把鹦鹉关进了笼子，仇人会发生内讧，自己却能从中获得好处。梦见猫逮鹦鹉，会击败竞争对手。

30. 马

梦见骑马，不久会名利双收。梦见从马背上摔下来，是降职名毁的先兆。梦见全身披挂的马，会丰衣足食。梦见骒马和小马驹朝自己走来，能发财。梦见无人骑的马紧随身后，不久会被授予名誉头衔。梦见买马，不久会结婚成家。梦见驯马，意味着被委以重任担任特殊职务。梦见给马喂水，职务低微。

二、当你梦见植物

1. 鲜花

梦见鲜花，幸福将与自己长在。梦见自己花园里的花全部枯萎，会大祸临头。梦见有人毁花，会遇到灾祸。梦见采摘鲜花，生意兴隆或家庭幸福。梦见采摘时，花朵完好无损，拿到手里却凋谢了，意味着愿望实现不了。

2. 树苗

已婚男子梦见刚发芽的树苗，生活幸福。囚犯梦见发芽的树苗，会释放出狱。学生梦见发芽的树苗，考试会成功。商人梦见刚发芽的树苗，不久的将来生意能获大利。梦见枯萎的树苗，象征着忧愁、失望。梦见给树苗浇水，是好的征兆。梦见砍伐树苗，会受到仇人的骚扰。梦见嫁接树苗，会长寿，子孙满堂。

3. 莲花

已婚男子梦见莲花，得财进宝。未婚男青年梦见莲花，能找到一位如花似玉的妻子。工作人员梦见莲花，要谦虚谨慎，才能得到上司的欢喜。已婚女人梦见男人采莲花，会因丈夫身染沉疴，处境越来越糟。被女朋友或妻子舍弃的男人梦见在池塘里采莲花，会很快与她恢复关系。

4. 荔枝

小伙子梦见荔枝，婚姻幸福。姑娘梦见荔枝，父母会把自己嫁给一个无能之辈，毁了自己的一生。商人梦见吃荔枝，要发财。久卧病床的人梦见吃荔枝，能摆脱病魔，身体康复。

5. 梨

梦见吃梨，会身强力壮。梦见从梨树上摘梨，会经营一个有利可图的新生意。未婚女子梦见从梨树上摘梨，会嫁给如意的男子。病人梦见吃梨，是不祥之兆。梦见把梨切分给众人，会遭受损失。梦见卖梨，生意会失败。但是梦见买梨，能得到提薪，或收入增加。

6. 苹果

梦见苹果，是成功和长寿的祥兆。未生育过的妇女梦见苹果，会很快怀孕。梦见不熟或腐烂的苹果，做梦人的经济会受损，或患病，或家中遇到麻烦的事。

7. 萝卜

男人梦见切萝卜或吃萝卜，能交上好友。已婚女人梦见切萝卜或吃萝卜，不久会怀孕。未婚女子梦见切萝卜或吃萝卜，会嫁给一位穷丈夫。男性病人梦见切萝卜或吃萝卜，身体会慢慢恢复健康。女人梦见做萝卜菜，家人会病倒。梦见出售萝卜，会被解雇。梦见购买萝卜，贵客会登门，为招待客人要破费不少。

8. 大米

梦见蒸大米，为了赚钱必须做出艰苦的努力。已婚女人梦见吃大米，要分娩。未婚男子梦见吃米饭，很快要喜结良缘。梦见稻子长势很好，生意会获大利。病人梦见吃米饭，身体很快会康复。梦见买大米，要为孩子举办婚礼。梦见给别人大米，灾祸会降临。梦见家里到处撒满了大米，要交好运。

9. 蔬菜

梦见有许多蔬菜，做梦人会很富有。梦见吃菜，会应邀去赴宴。女人梦见吃菜，健康会每况愈下。梦见吃了大量的蔬菜，会忍饥受饿。病人梦见吃了很多菜，由于吃饭没有规律和不注意休息，病情会恶化。梦见吃各种蔬菜，会在许多国家设商点。犯人梦见吃各种各样的菜，会释放出狱。梦见买菜，事业会成功。梦见种菜，困难会纷至沓来。梦见做菜，会上朋友的当，但是破财免灾。女人梦里种菜，声威大震。

10. 树

梦见绿葱葱的树，会身强体壮。女人梦见翠绿的树，丈夫家的人口会增加。

梦见枯树，火灾会降临。女人梦见枯树，会病魔缠身。梦见一大片青绿的树林，生活会幸福、丰裕。农民梦见一大片绿树林，来年会风调雨顺。梦见砍伐绿树，会遇到危险。梦见砍伐干枯的树，收入会丰厚。

11. 森林

梦见森林，会发财。梦见在森林里迷路，会上仇人的当，陷入困境。梦见围猎的森林，仇人会战胜自己。离开家的人梦见森林，能很快归来。男性病人梦见森林，病情会恶化。

12. 玫瑰花

男人梦见玫瑰花，夫妻会相亲相爱。未婚男女梦见玫瑰花，很快要结婚。梦见玫瑰花坛，意味着幸福、富有。梦见枯萎的玫瑰花，会遇到十分伤心的事。梦见向别人赠送玫瑰花，会受到人们的喜爱。梦见得到别人送的玫瑰花，会升官晋爵。病人梦见玫瑰花，身体会复原。商人梦见玫瑰花，生意兴隆。

13. 庄稼

梦见庄稼，意味着能得到成功。梦见庄稼被毁，则预示着胜利得而复失。

14. 刺

已婚男人梦见身上扎了刺，生活会幸福、愉快。已婚女人梦见身上扎了刺，不久会怀孕。未婚女子梦见身上扎了刺，会嫁到一个富户人家。未婚男子梦见身上扎刺，会娶一位性情温和的女子为妻。梦见别人扎了刺，会遇到困难。梦见拔脚上的刺，家里会有许多忧愁的事。梦见给妻子拔脚上的刺，会与妻子分离。梦见敌人正在拔脚上的刺，敌人能被战胜。

15. 茶

男人梦见喝茶，生活会幸福、愉快。女人梦见喝茶，丈夫会更加宠爱自己。未婚男子梦见喝茶，会娶一个贤惠的女人为妻。未婚女子梦见喝茶，会嫁给一位富有的商人。热恋中的男子梦见喝茶，爱情会更加深厚。商人梦见喝了一杯茶，要乘船出国。病人梦见喝了一杯茶，会有贵客登门。女人梦见给丈夫端茶，很快要分娩。梦见煮茶，倒霉的日子要到来。

16. 姜

梦见姜，会幸福快乐。

17. **大蒜**

梦见大蒜，秘密会暴露，仆人与自己吵架，倒霉的事接连不断。梦见成堆的大蒜，全家人会忧虑重重。

18. **烟**

男人梦见烟，家庭要吵架。但是女人梦见烟，丈夫会富有。梦见烟囱冒烟，生意兴隆。病人梦见烟，会长期卧床不起。犯人梦见烟，关押的期限会延长。梦见烟呛得喘不过气来，意味着身体很强壮。已婚女人梦见烟呛得喘不过气来，丈夫家的人口会增加。少女梦见烟，会嫁到一个有名望的家庭。

三、当你梦见大自然气象

1. **太阳**

男子梦见朝阳，生活会幸福。女人梦见朝阳，生的孩子长大后会成为一位杰出的人物。男人梦见夕阳，要遭厄运。未婚女子梦见夕阳，意味着为了爱情，不在乎对方的家世。梦见正午的太阳，会被提升。病人梦见正午的太阳，不久身体会康复。犯人梦见正午的太阳，能很快恢复自由。家贫如洗的人梦见正午的太阳，能得到意外之财。梦见太阳突然被乌云遮住，倒霉的日子要来到。梦见阳光洒落在自己的床铺上，意味着要生病，注意预防。梦见住房里洒满阳光，生活会幸福、愉快。梦见骄阳似火，应注意眼睛的卫生和健康。商人梦见烈日，预示生意易受到亏损。旅游者梦见烈日，途中会遇到很多困难和事故。梦见在骄阳下睡觉，会身陷困境，但是最后能取得成功。

2. **地球**

梦见地球和其他星球围绕着太阳运转，身体健康长寿。梦见大地破裂或有裂缝，国家大部分地区要受灾，霍乱流行。梦见自己周围的大地伏起，会突然被提升。

3. **地震**

梦见地震过后，房屋倒塌，家里会发生争吵，家人得病，整天得不到安宁。梦见长时间观看地震，事业或生意有好转。大学教师梦见地震，会由于成果卓著而举世闻名。

4. **龙卷风**

男人梦见龙卷风，能找到失散的朋友。女人梦见龙卷风，女客人会登门。病人梦见龙卷风，病情会更加恶化。囚犯梦见龙卷风，不久会与亲戚见面。商人梦见龙卷风，生意会突然受到挫折。旅游者梦见龙卷风，会安全地归来。

5. 暴风雨

梦见暴风雨来临，会得到意外的收获。已婚女子梦见暴风雨来了，生活丰裕，儿女成行，丈夫的收入会剧增。未婚女子梦见暴风雨，婚姻能自主。商人梦见暴风雨，会设法推销产品，生意兴隆。病人梦见暴风雨，身体很快会康复。旅游者梦见暴风雨，旅行会愉快。

6. 雪

男人梦见下雪，会富有。女人梦见下雪，一切忧愁都会消失。病人梦见下雪，不久能恢复健康。商人梦见下雪，要到一个很远的国家去做生意。山区人梦见下雪，会离开住地搬到远处的城镇去住。

7. 雨

梦见下大雨，事业会遇到障碍。梦见狂风暴雨，所从事的工作会有好收入。女人梦见狂风暴雨，家里会遇到困难。与妻子分离的男人梦见下大雨，会与她长期分离。农民梦见下大雨，会喜获丰收。但是商人梦见下雨，生意会亏损。

8. 彩虹

已婚男子梦见彩虹，生活会幸福。未婚男子梦见彩虹，不久就要结婚。未婚女子梦见彩虹，会嫁给一位聪明能干体贴自己的丈夫。离开家的人梦见彩虹，不久要回家，与妻子和孩子团聚。病人梦见彩虹，身体很快康复。犯人梦见彩虹，健康会每况愈下，体重减少。士兵梦见彩虹，不久会上前线，参加激烈的战斗。农民梦见彩虹是吉兆，能获大丰收。商人梦见彩虹，生意会亏损。旅游者梦见彩虹，自己的目标一定能实现。流亡者梦见彩虹，会很快回到自己的祖国。梦见半截彩虹，灾祸会临头。

9. 雷声

梦见雷雨大作，事业会成功。已婚女子梦见暴雨雷鸣，会更爱自己的丈夫。未婚女子梦见大雨瓢泼、雷声轰鸣，会嫁给有名望的人。商人梦见雷声大作，会发大财。病人梦见大雨瓢泼、雷声轰鸣，身体很快会康复。犯人梦见暴雨雷鸣，不久会出狱。

10. 星星

梦见黑夜里闪亮星星，要交好运。已婚女人梦见夜晚闪烁的星星，夫妻生活会幸福。未婚女子梦见黑夜里天空闪亮的星星，不论走到哪里，都会有很多支持者。病人梦见夜晚里闪烁的星星，不久会恢复健康。梦见月光之夜里闪烁的星星，能降服敌人。梦见夜晚闪亮的星星被乌云遮住，会生病。梦见流星，会生病或遭厄运。

11. 风、空气

梦见清风徐徐，会交好运。梦见刮污风，会遭到痛苦和不幸。梦见呼吸到熏风，意味旅行平安、成功。商人梦见呼吸到香风，生意获利。相反，梦见呼吸到污浊的空气，会大难临头。病人梦见呼吸到清新的空气，疾病会霍然而愈。但是梦见呼吸污浊的空气，将要忍受不幸和痛苦。

12. 天空

梦见白天的天空，灾难和不幸会到来。梦见夜晚的天空，身体会健康。梦见碧空如洗，会有不幸的消息。梦到红色天空，保持现状则一切顺利。梦到黑色天空，表示所到之处将有纠纷，有病之人更须注意。梦见月光之夜的天空，爱情会成功。梦见昏暗的天空，灾难会临头。梦见天空中有闪电，会摆脱困境。

13. 冰雹

梦见冰雹，生意受到损失。梦见被冰雹砸伤，灾祸临头，只好背井离乡。少女梦见被冰雹砸伤，会嫁给一位自私自利的男人。农民梦见被冰雹砸伤，庄稼会长势很好。

14. 飞翔

梦见自己在飞，职位会被提升，生意获利，但是会与亲友发生争吵。梦见和朋友乘飞机，合伙的生意会成功。梦见乘飞机，朋友会妒忌自己的富有。女人梦见和陌生人比翼齐飞，意味着要离开丈夫，或者孩子生病。

15. 雾

梦见雾，会受朋友骗。梦见雾散了，痛苦很快会过去，最后会取得胜利。官员梦见雾，上司会不满意自己，因而职务被解除。农民梦见雾，田地会被暴雨摧毁。

16. 火山

男人梦见火山爆发，由于自己的目的未能达到，所以会心灰意冷。女人梦见火山爆发，会旧病复发，生命危险。病人梦见火山爆发，恢复健康有希望。囚犯梦见火山爆发，企图越狱，将是徒劳的。商人梦见火山爆发，会遇到强手，经济会遭受损失。梦见死火山，能交上新朋友。梦见在火山下面行走，工作不稳定。

17. 泉水

男人梦见泉水，会扬名天下。女人梦见泉水，孩子的身体会很健壮。梦见和朋友游山玩水时发现了泉水，生活幸福。商人梦见和朋友外出游玩时发现了泉水，市场会对自己十分有利。病人梦见和朋友游览时发现了泉水，身体能很快康复。囚犯梦见泉水，有可能被判为长期徒刑。

18. 风

梦见寒风凛冽，侵入肌骨，不久会有好消息。已婚女人梦见刮寒风，冻得身体直哆嗦，很快要应邀回娘家。梦见刮起湿风，会有贵客登门。已婚女人梦见刮湿风，很快要怀孕。梦见刮来阵阵热风，要生病。

19. 光亮

梦见家里灯火辉煌，不论干什么事情都能成功。梦见别人家明亮如昼，要欢庆节日。梦见自己的家很明亮，孩子要结婚。学生梦见父亲的家有光亮，要去赶庙会。商人梦见家里的灯光暗了，生意会不顺利，或者获利较少。

20. 身影

梦见自己映在水里的身影，晚年处境会十分艰难。梦见镜子里自己的身影，是身体强壮的征兆。梦见妻子的身影，夫妇会越来越恩爱。病人梦见自己的身影，会卧床不起。

21. 月亮

梦见月亮，一切会顺心如意。梦见圆月，交好运。男人梦见明亮的月光倾洒在地球上，钱财会被遮盖，要出事故。船员梦见残月，会遭不幸。未婚男子梦见新月，情侣会抛弃自己，因为思想苦闷，常常失眠。病人梦见满月，身体很快会康复。

四、当你梦见建筑

1. 道路

梦见和仇人一块同行，一定能击败他。梦见独自一人行走，仇人会增多。梦见和朋友、妻子走的不是一条路，意味着更爱他们。梦见自己面前有好几条路，究竟走哪一条路举棋不定，捷报会频传。梦见忘了路，立即改行，会有好处。未婚男子梦见忘了路，会找到志同道合的情侣。病人梦见忘了路，不久就能恢复健康。工作人员梦见忘了路，会提职增薪。

2. 陵墓

男人梦见陵墓，会延年益寿。女人梦见陵墓，会心情烦闷。梦见去参观陵园，能得到真正的爱情。已婚女人梦见参观陵园，丈夫会更加体贴宠爱自己。未婚女子梦见参观陵园，会嫁给如意的郎君。未婚男子梦见参观陵园，会娶一位可爱忠贞的女子为妻。热恋中的男女梦见参观陵园，两个人的爱情会更深厚。梦见修建陵园，家里会有人生病，或与世长辞。病人梦见修建陵园，病情会恶化。

3. 宫殿

梦见宫殿，会被奴役。军队将领梦见包围了宫殿，能击败敌人，获得胜利。梦见从宫殿顶上下来，家人会闹矛盾。梦见被从宫殿赶出来，会成为德高望重的人物。梦见住在宫殿里，要饱尝铁窗之苦。囚犯梦见住在宫殿里，会得到减刑。旅游者在旅行期间梦见住在宫殿里，旅途中会发生不幸。女人梦见和丈夫一块进宫殿，不久要怀孕。梦见建造宫殿，会官运亨通。

4. 剧院

梦见剧院，困难纷至沓来。女人梦见剧院，能独立自主，不依靠丈夫或保护人。男人梦见看话剧，会增加额外的开支。女人梦见看话剧，会受到侮辱。梦见和朋友一块去看话剧，会身强体壮。梦见和妻子一块去看话剧，夫妻生活和谐幸福。商人梦见和朋友一起去看话剧，生意兴旺。热恋中的女子梦见和恋人去看话剧，两人很快要见面。

5. 寺庙

女人梦见庙宇，丈夫家的人会四分五裂。病人梦见寺庙，病情会加重。梦见进入寺庙，一切努力都会化为泡影。商人梦见进入寺庙，生意会亏损。梦见别人进了寺庙，一切困难都会过去。梦见妻子进了庙宇，夫妻生活和谐幸福。梦见敌人跨入庙门，自己能降服他们。

6. 塔

男子梦见塔，能高升。女人梦见塔，丈夫会身体强壮，寿比南山。未婚男子梦见塔，未婚妻是一位身体健康、品行端正的姑娘。少女梦见金字塔，会嫁给有名望的家族。商人梦见塔，能赚大钱。梦见修建塔，会臭名远扬。部队军官梦见塔，能打胜仗。梦见攀登塔，会渡过严峻的难关。梦见铲平金字塔，会身居高位。

7. 铁路

男人梦见铁路，要去长途旅行。已婚女人梦见铁路，会与丈夫分离。未婚女子梦见铁路，会嫁到遥远的城镇去。囚犯梦见过铁路，会转到别的监狱去。梦见过铁路，危险要降临。梦见修筑铁路，权力会更大。士兵梦见铁路，会遇到敌人的突然袭击。军官梦见参加修筑铁路，能战胜敌人。

8. 轮船

男人梦见轮船停泊在码头上，不久要乘船出国。已婚女子梦见轮船停泊在码头，会与丈夫分离。梦见轮船从自己面前驶过，要破财。梦见轮船朝自己驶来，会发财。商人梦见轮船向自己驶来，去国外做生意，生意兴隆。梦见满载货物的轮船，能找到好工作。梦见空轮船，会失去经济来源。梦见军舰，能击败敌人。船员梦见轮船，要进行幸福旅行。梦见有很多艘轮船，能交好运。梦见造船，会做收入低的工作。梦见轮船断裂，灾祸会降临。

9. 学校

梦见学校，意味着品德高尚。已婚女子梦见去学校，丈夫会更加宠爱自己。未婚女子梦见去学校，会嫁给一位聪明、有教养的男子。商人梦见去学校，出国做生意能挣大钱。囚犯梦见去学校，不久能出狱。梦见学校，会传捷报。梦见当了学校的负责人，会幸福、富有。

10. 桥

梦见过桥，意味着经过艰苦的努力会取得成果。梦见从桥上掉下来，一切都会落空。梦见从桥下穿过，会遭厄运。

11. 厕所

男人梦见在公共厕所大便，要生病。女人梦见在公厕里解大便，会受到污辱和歧视。梦见在自己厕所里小便，一切困难都会过去。女人在自家的厕所里小便，会成为出色的家庭主妇。病人梦见在自己的厕所里小便，身体会康复。旅游者梦见在公厕里小便，在国外生活会受苦，或者受到别人的指控。

12. 厨房

梦见炊具齐全的厨房，要发财。梦见厨房空了，不幸会临头。病人梦见厨房，身体会健康。

13. 风筝

梦见放风筝，订的计划会落空，生意大亏。女人梦见风筝，会家破人亡。

14. 地狱

梦见地狱，大难临头。梦见在地狱见到朋友，自己和在世的朋友的生活会幸福。梦见自己被赶出地狱，会避免一场人身伤亡事故。

15. 天界

穷人梦见上了天界，或者在享受天界快乐，会成为有钱人。富人梦见自己上了天堂，或者在享受天堂的快乐，会受到人们的尊重。无子女的人做了这样的梦，不久会做爸爸妈妈。梦见从天界上下来，会被降职，威信扫地。

16. 天文台

梦见天文台，做有利可图的生意会成功。梦见在天文台工作，灾难会降在自己和家人的头上。作战部队的指挥官领导人梦见在天文台工作，会全军覆没。

17. 店铺

梦见杂货铺，家里一团糟。梦见修鞋店，额外开支会增加。女人梦见珠宝店，要添置新的首饰。梦见商店，生意会倒闭。梦见自己坐在店铺里，生意会破产。

18. 水库

男人梦见大水库，会富有。女人梦见大水库，夫妻生活幸福，白头偕老。未婚女子梦见大水库，会嫁给一位十分富有的男子。未婚男子梦见大水库，会娶一位品行端正、称心如意的女子为妻。商人梦见大水库，捷报会频传。男人梦见在水库里潜水，会身强力壮。女人梦见在水库里潜水，意味着要怀孕。热恋中的男子梦见和恋人一块在水库里潜水，两人都会很幸福。商人梦见在水库里洗澡，不久的将来，会做一宗大买卖。梦见修水库，会名声大噪。梦见往水库里放水，会饔飧不继。但是梦见排入水库里的水，会成为大机构的负责人。梦见干涸的水库，会生病。梦见水库里盛满牛奶，儿女会成行。

19. 大门

梦见从敞开的大门进来，能控制商业市场。梦见关闭的大门，会遇到困难。梦见铁大门，为了生存会拼搏不息。梦见全副武装的士兵守卫大门，会在军事部门谋职。梦见正想进大门，但被门卫拦住，会有不顺心的事。孕妇梦见不受阻拦地进了大门，意味着分娩很顺利。

五、当你梦见人物或场景

1. 国王

梦见国王，不幸和倒霉的日子要来临。梦见和国王说话，名利双收。梦见做了国王，预示要和家人打架。梦见和国王争吵，会失去自由。

2. 皇后

男人梦见皇后，会经济受损。但是女人梦见皇后，丈夫会心情愉快。囚犯梦见皇后，很快能恢复自由。商人梦见皇后，出国做生意能发大财。已婚女人梦见自己成了皇后，很快会与丈夫分离，或孩子生病，或者由于丈夫失业，自己要支撑家庭开支。未婚女子梦见自己当了皇后，会嫁到一个有名望的家庭。男人梦见同皇后握手，官运亨通。已婚女人梦见和皇后握手，会身居高位。未婚女子梦见和皇后握手，想与意中人结为伴侣，但却会遭到父母的阻拦。

3. 仙女

男人梦见仙女，会走红运。少女梦见仙女，即将出嫁。失业者梦见仙女，会找到工作。病人梦见仙女，身体会康复。梦见仙女和自己谈话，意味着社会地位提升。已婚女子梦见和仙女交谈，意味着自己的丈夫会很富有。少女梦见仙女，会嫁给一位称心如意的男子。梦见仙女奏音乐，子女的婚事要大操大办。

4. 神仙

梦见神的手里握着一把剑，敌人会被消灭。梦见神的手里握着三股叉，怒不可遏，居住区要大祸降临。梦见神把自己抱在怀里，会生活幸福，寿比南山。

5. 鬼怪

梦见自己一见到鬼怪，它就狼狈逃跑，敌人会被自己征服。

6. 巨人

梦见巨人，德高望重。梦见巨人开会，会见到有名望的学者，能得到尊敬。

7. 魔鬼

梦见魔鬼，危险临头。梦见与魔鬼打斗，仇人会给自己造成损失。梦见与魔鬼交谈，会做蠢事。梦见魔鬼与别人交谈，仇人会联合起来，给自己制造灾难。

8. 女神

梦见女神，预示事业会成功。女人梦见与女神交谈，会心情愉快，生活幸福。梦见女神怒不可遏地责骂自己，预示自己或孩子的身体会受外伤。梦见被女神搂在怀里，或女神给自己头上戴王冠，会声誉鹊起，扬名四海，官运亨通。身染沉疴的病人梦见向寺庙的女神烧香叩头，身体会复原。梦见女神掉了武器，意味着与敌人发生激战。

9. 男子

女人梦见男孩，会生病。梦见漂亮的男孩，朋友会忘恩负义。梦见生男孩，生活会幸福。梦见男孩夭亡，大难将降临。

10. 咒语

男人梦见念咒语，预示做梦者会征服某种神秘的力量。梦见别人念咒语，表示要提防小人。

11. 死尸

梦到去世的父亲，并和他谈话，意味着某笔你正要做的生意会亏本，要小心你所接触的人。梦到去世的母亲，告诉你不要被朋友引入歧途，或养成不良习惯。梦到死去的人像活时一样的音容笑貌，而且生活得很愉快，意味着不好的影响会闯入你的生活圈子，如果缺乏毅力，你会有具体的损失。梦到跟死去的亲属谈话，这位亲属要你给他一个承诺，这个梦境是警告你如果执迷不悟，不听取别人的忠告，悲惨的事情就来临了。

12. 少女

梦见婀娜多姿、亭亭玉立的少女，是祥瑞。姑娘梦见少女，会迟迟嫁不出去。已婚女子梦见少女，丈夫会拒绝收入来源。

13. 天堂

有时，人们根据诗人和作家的描写，头脑中就产生了一个与现实毫无联系的地方，这个地方就是所谓的天堂。梦到美丽的天堂，预示着你会有一次奇妙的旅行。梦到神秘的天堂，意味着你的生活充满幻想。病人梦见天堂，会长期过着无忧无虑的充满爱情的生活。旅游者梦见自己在天堂，旅行会顺利。商人梦见天堂，生意兴隆。

14. 儿童

梦见许多漂亮可爱的小孩子，表示你会有光明的前途，有许多人为你祝福。母亲梦见她的小孩受风寒生病，表示她的小孩子虽然身体很健康，但她总放心不下。梦到小孩子专心工作或读书，预示不久的将来，会有不幸的事情发生，令你担忧。梦到愤愤不平的小孩子，暗示有人会带给你麻烦，本来很友好的朋友，也不愿继续合作了。梦到自己跟小孩一起嬉闹玩耍，表示你所筹划的事业、爱情都会称心如意。

15. 新娘

年轻女性梦到自己是个新娘，并且满怀喜悦去布置洞房，表示将继承遗产，遗产之事令她惊喜。梦中如果对当新娘感到不满，那么表示亲人的遗嘱将会使她失望。梦见自己亲吻一个新娘，表示朋友之间愉快地和解。如果是新娘亲吻别人，预示着你将拥有许多好朋友和快乐；如果亲吻你，你将享受健康带来的快乐。

16. 骚乱

男人梦见骚乱，倒霉的日子要来临。女人梦见骚乱，丈夫家里会发生吵架。已婚女人梦见骚乱，会应邀参加亲戚的婚礼。犯人梦见参加暴动，很快会出狱。官员梦见镇压骚乱，上级会不喜欢自己，也许被降职，或者被解雇。

17. 仇人

梦见仇人，危险之际会得到帮助。商人梦见自己的仇人，不久会把仇人排挤出市场。梦见自己的竞争对手，做梦者将会是光辉的一生。梦见和群众吵架，要遭受损失。梦见与仇人交朋友，提示能交上新朋友。梦见敌人攻击自己，生意上会遇到困难。

18. 殴打

梦见自己殴打别人，会得到他人赞扬。梦见自己被毫无关系的人殴打，将要倒霉和失败。梦见自己的爱人被打，意味着两人爱情会更加深厚。梦见打猫，预示因为自己的过失会对忠于自己的人产生怀疑。

19. 屠宰

男人梦见屠宰，事业会成功。但是女人梦见屠宰，会干低下的工作，后悔不已。梦见杀人，会得到友谊。梦见杀害自己的妻子，妻子会更加疼爱自己。女人梦见杀害丈夫，丈夫会长寿。梦见杀自己的朋友，必要时会得到朋友的帮助。梦见杀敌人，不久会遭到敌人的凶残攻击。梦见屠宰动物，不幸和疾病会降临。

20. 人

男人梦见陌生人，会与邻居为敌。梦见与陌生人谈话，会上当受骗。女人梦见男人（除了自己的丈夫）擅自闯入自己的客厅，家里会遇盗窃。梦见与关系好的熟人发生争吵，必要时肯定能得到他的帮助。

21. 妻子

梦见拥抱妻子，会与妻子分居。梦见与妻子拌嘴，夫妻恩爱。囚犯梦见与妻子吵架，很快能见到妻子。梦见和妻子分离，会更加宠爱妻子。梦见找了一位好吵闹的妻子，生活会幸福、舒适。

22. 遗嘱

老翁梦见写遗嘱，会五世同堂，寿比南山。病人梦见写遗嘱，很快能摆脱病魔，身体健康。被判为死刑的犯人梦见写遗嘱，会被改判为长期徒刑。

23. 母亲

梦见在世的母亲，灾祸临头。梦见已故的母亲，会长寿。梦见在世的母亲与世长辞，会得到母亲的祝福和表扬。病人梦见母亲把自己搂在怀里，全部病苦都会消除，家庭幸福安宁。

24. 爱情

男人梦见陷入女人的情网，灾难会临头。梦见喜欢孩子，家里会发生令人担忧的事情。少女梦见被自己爱恋着的男人，父母会阻挠自己的婚事，心中会产生不尽的忧愁。梦见自己所爱的人却不爱自己，生活会成功。

25. 裸体

梦见裸体的男人，会感到忧愁和悲伤。梦见妻子或女朋友全身裸体，预示夫妻或情侣感情冷淡。梦见自己裸体，预示会贫穷和羞辱。病人梦见自己裸体，预示病情会恶化。梦见裸体去上街，预示要遭受重大损失。梦见与裸体的人交谈，预示健康情况每况愈下。

26. 鞋

梦见新鞋，要交新朋友。梦见旧鞋，会与妻子分离，被忧虑困扰。

27. 结婚

梦见参加婚礼，亲友要去世。男女青年梦见结婚，身体会有病。梦见自己结婚，要生病或离开人世。青年男子梦见自己的恋人嫁给另一个男人，意味着他们的婚事会因亲友去世而拖延。

六、当你梦见喜怒哀乐的生活

1. 抛弃

梦见被自己抛弃的东西，将会得到。丈夫梦见抛弃了妻子，预示他们的爱情会更加深挚。订了婚的男女梦见舍弃了自己心爱的人，这是他们要喜结良缘的预兆。梦见被朋友抛弃，生活将会遇到点麻烦。

2. 肚子

梦见肚子发胀，会发财。已婚妇女梦见肚子发胀，不久要生孩子。寡妇梦见肚子发胀，大难将会临头。

3. 私奔

梦见和别的女人私奔，会招惹祸事。梦见在竞选中打死了一位投竞选对手票的选民，被打死选民所选的候选人将获胜。

4. 流产

梦见流产之事，会遭横事，但最后一定会渡过难关。

5. 哭泣

梦见泣不成声，一切都顺心中意。女人梦见泪流满面，丈夫会更加体贴疼爱。病人梦见涕泪俱下，很快会康复。囚犯梦见泪水如潮，亲戚会与他见面。梦见别人号啕大哭，大难要临头。梦见朋友和亲戚哭天抹地，家里有人要去世。梦见敌人泪洒衣襟，会身陷困境。

6. 离弃

梦见离弃了世俗，夫妻生活会幸福。女人梦见遗弃了世俗生活，意味着日子幸福、富裕。未婚男子梦见脱了俗，会娶一位眉清目秀的姑娘为妻。未婚女子梦见脱离了世俗，婚姻会美满。犯人梦见脱离了红尘，服刑期会延长。病人梦见脱离了世俗，会卧床不起，忍受病痛的折磨。商人梦见脱了俗，生意兴隆。惯犯梦见脱离了红尘，很快会被逮捕。

7. 犯罪

梦见刑事犯罪，会犯严重错误，应该慎行。梦见别人伤害自己，犯了罪，处境会得到改善。梦见找别人的缺点，会与敌对双方保持友好联系。

8. 害怕

梦见害怕，会胆大心细。梦见吓唬人，会神经衰弱，胆小如鼠。女人梦见害怕丈夫，会闹事争吵。梦见自己的儿子胆小，儿子固执己见，不听父亲的劝告。

9. 家庭

梦见大户人家，是富有、奢侈的征兆。梦见小户人家，收入会逐渐减少。梦见仇人家的人口不断增长，意味着敌人的力量变得强大。

10. 饥荒

梦见饥荒，生意会遇到麻烦，但是损失不大。梦见饥荒结束了，会前途光明，充满希望。梦见自己被饿死，会一贫如洗。梦见鸠形鹄面、骨瘦如柴的牲畜，意味着贫穷。

11. 工作

梦见做艰苦的工作，事业会成功。孕妇梦见干重活，分娩时要忍受巨大的痛苦。犯人梦见做苦活，不久会出狱。梦见干轻活，每天所挣仅够糊口。梦见别人做苦力，会被对手击败。梦见妻子干重活，家里要增加人口。

12. 愉快

健康的男人梦见自己非常愉快，会受到忧愁的折磨。有病的男人梦见自己很愉快，会身强体壮。士兵梦见自己非常愉快，会当俘虏。梦见自己有希望得到某个女人的爱，会心灰意冷，一切落空。

13. 唱歌

男人梦见大声唱歌，会有忧愁和痛苦。已婚女子梦见大声唱歌，家里要生孩子。少女梦见大声歌唱，会应邀参加亲戚的婚礼。商人梦见唱歌，生意突然萧条。梦见别人唱歌，很快会有好消息。梦见妻子唱歌，家庭会幸福美满。工作人员梦见听歌唱家唱歌，会听到不幸的消息。梦见和朋友一块唱歌，意味着做梦的人身体健康。梦见唱哀歌，身体会强壮。

14. 洗澡

梦见洗澡，意味着身体健康。梦见别人洗澡，会交好运。病人梦见洗澡，身体很快会健康。梦见用脏水洗澡，亲属或朋友将会长寿。梦见用热水洗澡，生活幸福。但是梦见用滚烫的水或冰冷的水洗澡，家里会遇到麻烦事。梦见在大海里洗澡，扬名四海。梦见脱了衣服，但是没有洗成澡，会遇到暂时的困难。

15. 饮食

梦见和朋友一起进餐，要去旅行，旅行会给自己带来好处。女人梦见和几个女人一块进餐，家里要举行婚礼。梦见独自进餐，是好兆头。梦见禁止自己用餐，会一病不起。

16. 发明

科学家梦见自己有新发明，研究的项目会有成功。普通人梦见取得某项新发明，声威大震。梦见自己的发明获奖了，会突然发财。农民梦见自己发明了新农具，庄稼能丰收。

17. 邀请

梦见接到赴宴的邀请，要生病。女人梦见应邀参加婚礼，会得到新首饰和新服装。梦见应邀出席音乐会，意味着健康，交新朋友。病人梦见接到参加婚礼的邀请，不久要去世。职员梦见应邀出席上司举行的宴会，会提职增薪。

18. 会见

梦见拜会比自己年龄大的人，生意要倒闭。女人梦见晋见比自己年纪大的人，家里的安排会一塌糊涂。梦见去朝圣，意味着会忧虑重重、郁郁不乐。梦见参观博物馆，会与家里的其他女人发生口角。梦见参观名胜古迹，会名声大噪。梦见去亲戚家，会与亲友发生争吵。

19. 做饭

女人梦见烙饼，意味着家庭生活会得到改善。家妇梦见烙饼，田地里的庄稼会喜获丰收。女人梦见烙饼时，饼烙糊了，预示着女性的亲属会怀孕。男人梦见做饭，是另立炉灶的兆头。梦见厨房，有利可图的生活即将到来。

20. 理发

梦见白天理发，能发财。病人梦见白天理发，不久身体会康复。但是梦见夜晚理发，会有不幸的消息。商人梦见自己在理发，能挣大钱。工作人员梦见自己在理发，收入会提高。船夫和船员梦见在理发，不久在工作岗位上会做出卓越的贡献。梦见给别人理发，要受损失。梦见给仇人理发，敌人会给自己制造灾难。

理发师梦见给别人理发，收入会增加。商人梦见给别人理发，生意能获利。

21. 戒指

已婚男子梦见戒指，会得到爱情。未婚男子梦见戴金戒指，能与自己意中人结为伉俪。未婚女子梦见戴金戒指，会与陌生人一见钟情。已婚男子梦见妻子送戒指给自己，妻子会更爱自己。女人梦见丈夫赠送戒指给自己，生活会幸福、富有。男人梦见戒指丢失了，夫妻会吵架。女人梦见丢了戒指，会长期与丈夫分离。梦见得到金戒指，会遭受损失。梦见卖戒指，家里要举办婚礼。商人梦见金戒指，生意赚大钱。囚犯梦见金戒指，不久会释放出狱。

22. 睡觉

梦见自己进入梦乡，灾难会降临。梦见有人打扰了自己的睡眠，所从事的事业有所发展。病人梦见睡眠被打扰，身体很快会康复。工作人员梦见失眠，权力会更大，职位也会被提升。商人梦见失眠，生意会兴旺。梦见妻子入睡了，夫妻会相亲相爱，白头到老。

23. 饭

梦见饭，工作顺利。梦见吃饭，要生病。梦见给人喂饭，会得财进宝。梦见吃美味佳肴，大难临头。梦见吃粗茶淡饭，会在运动项目中夺魁。

24. 高兴

梦见心情愉快，会遇到不幸的灾难。

25. 旅行

商人梦见去国外旅行，能发大财。小伙子梦见和恋人一起去旅行，很快要结成良缘。男性老年人梦见要去旅行，要与世长辞。士兵梦见出外旅行，意味着要开赴前线，并能立功受奖。囚犯梦见去旅行，会被驱逐出境。

26. 心脏

梦见自己的心脏跳动异常，倒霉的日子要临头，要被解雇，或会由于卧床不起，生意受损。梦见自己抱手放在胸口上，仇人将至，生命有危险。女人梦见自己的心脏跳动异常，流氓和小偷会骚扰自己的家。梦见心脏停止跳动，灾祸降临。

27. 血液

梦见沾着血的衣服，表示有人展开成功的战术，使你屈居于下，做此梦的人应该谨防陌生人。梦中看到血从伤口流出来，意味着身体的创伤和担忧，也可能表示半途杀出程咬金，使你的事业有重大变故。梦见看到你的手流血，表示如果不小心，你的事业和工作人员将立即有厄运来临。

28. 瘫痪

梦见自己中风瘫痪，家务事会缠身。梦见朋友得了半身不遂，意味着朋友需要自己的帮助。梦见妻子瘫痪，孩子会生病。梦见仇人患半身不遂十分痛苦，预示自己会胜利。梦见治疗瘫痪，生意或财产方面的管理是成功的。工作人员梦见得了半身不遂，上司会不满意自己，长期不给自己提薪，或者被解雇。病人梦见瘫痪在床，病情会有好转。梦见很多瘫痪病人，会遇到各种困难。

29. 死亡

梦见亲友去世，亲友会长寿。梦中听到仇人死亡的消息，会交一些宽宏大量、忠实可靠的朋友。梦见恋人长逝，会结为夫妻，生活会幸福、美满，充满爱情。梦见陌生人去世，生意会出现好转。梦见自己的坐骑或其他的动物死亡，经济要受到损失。梦见狗死了，意味着忠实的好朋友或助手要离开人世。

30. 呕吐

男子梦见呕吐，事业会轻易获得成功。女人梦见恶心，分娩将会顺利。病人梦见呕吐，意味着已经渡过了危险期，不久会康复。梦见别人呕吐，要生病。梦见敌人呕吐，能降服敌人。

31. 风湿症

梦见患了风湿症，要遭厄运。梦见妻子患风湿症，意味着夫妻生活美满、幸福。梦见敌人得风湿性关节炎，能交上忠实可信的朋友。梦见治疗风湿病，倒霉的日子要来到。梦见给别人治疗风湿性关节炎，不久会有好消息。

32. 注射

梦见打针，会病魔缠身。梦见给别人打针，身体健壮。女人梦见给丈夫注射，意味着她会想方设法获得丈夫的欢喜。

33. 受伤

梦见受伤，幸福从各方来。梦见从马上摔下来受了伤，会成为一名军官。梦见使陌生人受了伤，邻居会有意外的危险。梦见使自己的家人受重伤，会有忧愁事。

34. 愚蠢

梦见自己对某种特殊的工作一无所知，实际上却很精通此项工作。梦见说别人无知，是嫉妒朋友的兆头。官员梦见被指责不清楚自己的工作，会得到晋升。女人梦见自己不懂宗教礼仪，家人会接连生病。

35. 污辱

梦见自己受污辱，会前途无量。女人梦见自己受到污辱，会用手段赢得自己丈夫的欢喜。梦见妻子受辱，不久会与妻子吵架。女人梦见丈夫被污辱，很快要与丈夫分居。梦见朋友受到污辱，必要时会得到朋友的帮助。商人梦见自己受辱，能发财。囚犯梦见自己被污辱，很快会出狱。病人梦见受辱，会长期卧床不起。工作人员梦见自己被污辱，会提职增薪。

36. 宴请

商人梦见宴请，生意获利不大。官员梦见宴请，会得不到加薪，经济受损。失业者梦见请客，会长期找不到工作，处境艰难。病人梦见宴请，会卧床不起。犯人梦见请客，会增加服刑期。已婚女人梦见出席宴会，不久要临产。未婚男子梦见出席宴会，很快要成亲。梦见参加结婚典礼，会生病。

37. 盗窃

梦见家里被盗，预示要破财。女人梦见家里被盗，预示不久会与丈夫离异。梦见别人的家被盗，预示会与朋友争吵。梦见敌人家被盗，预示能击败敌人。梦见参与盗窃活动，会得到好处。商人梦见参与盗窃活动，要出国。但是梦见小偷或强盗，会受到惩处。

38. 强奸

未婚男子梦见强奸妇女，难以找到称心的工作。梦见强奸未婚妻，会遭受损失。病人梦见强奸妇女，会卧床不起。梦见指控自己犯了强奸罪，会远近闻名。女人梦见自己被强奸，会患病。女人梦见责骂强奸自己的男人，处境艰难。

39. 血

梦见血，自己的财产会有继承人。梦见血受损，预示着失败。梦见床铺或衣服上有血迹，会患重病，或受刑事案件牵连。梦见别人的床铺或衣服有血斑，仇人会被自己征服，并向自己求饶。梦见血流成河，预兆发财。女人做了上述的梦，居住的地区会出现流行病。

40. 幸福

梦见过上幸福的生活，意味着不幸和忧愁。梦见别人兴高采烈，会前途光明。老人梦见喜气洋洋，会卧病不起。梦见夙敌对自己的不幸幸灾乐祸，生意会赚大钱。梦见亲人心情愉快，家里要闹别扭。

41. 分离

梦见与人离别，意味着会有忧愁。男人梦见和妻子分离，健康会每况愈下，随时都可能离开人世。已婚女人梦见与丈夫分离，由于丈夫的收入减少，自己会为生活担忧受累。工作人员梦见与自己的同事、上司或下级分道扬镳，整天会为晋升或提薪坐卧不宁。病人梦见离开了医生，会对自己越来越糟糕的身体而长吁短叹。旅行者梦见分别，会为孩子的健康抑郁不安。梦见与仇人分道扬镳，工作上的障碍会消除，并且能顺利完成任务。犯人梦见分离，服刑期会延长，备受痛苦。

42. 原谅

梦见请求陌生人原谅，是悲伤的征兆。梦见恳求妻子饶恕，她会是一个好斗的女人。未婚男子梦见向恋人请求谅解，结婚前只好忍辱求全。梦见请仆人原谅，意味着生意或家产的管理方面一团糟。梦见恳求上司饶恕，会遭受人们的冷眼。梦见原谅了仇人，会与大家和睦相处。囚犯梦见监狱长原谅了自己，不久会被释放。

43. 自杀

梦见自己自杀，预示身体健康，无病无灾。梦见别人自杀，会忧虑重重。女人梦见丈夫自杀，夫妻之间的感情出现问题。梦见妻子自杀，意味着家庭中没有烦恼，能过上幸福的生活。梦见朋友自杀，意味着朋友不愿为做梦人的事情操心，在困难的时候得不到朋友的帮助。梦见仇人自杀，意味着仇人不再视做梦人为仇人，相互关系有望良性发展。商人梦见自杀，会得到好处。病人梦见自杀，身体很快能恢复健康。

44. 演讲

梦到向许多人发表演讲，会名声大噪。梦到向几个人发表演说，意味着降职名毁。梦到听大人物讲话，会成为国家的栋梁。衰弱的病人梦到发表演说，生命危险。

45. 谎言

梦见自己说谎话，会有好消息。梦见陌生人对自己说谎，要发财。梦见朋友说谎，会上当受骗。梦见妻子说谎，她会是一个负心人。商人梦见受到别人欺骗，会获得利益。

46. 眼泪

男人梦见自己流泪，意味着远离自己的妻子和亲戚正在思念着自己。离开丈夫的女人梦见流泪，丈夫很快想念自己。梦见别人流眼泪，很快要分家。女人梦见别人流泪，要与丈夫分离。梦见朋友淌眼泪，支持者会遗忘自己。梦见敌人流泪，要上当受损。病人梦见流泪，会长期卧床不起。被判了刑的犯人梦见流泪，不久要上断头台。

47. 大笑

梦见和家人捧腹大笑，会有痛苦。梦见和陌生人一起仰天大笑，会有不幸的消息。梦见和被打的人大笑，亲人会去世。梦见和敌人一块欢笑，会与朋友分离。病人梦见自己开心大笑，病体会痊愈。恋人梦见他们在一起嘻嘻哈哈，爱情会更深挚。

48. 音乐

梦见听音乐（乐器声或歌声），能交好运。梦见很多人在奏乐、歌唱，家里年长者要去世。梦见应邀出席音乐会，做梦人能得到人们的尊重。梦见自己吹奏乐器，听众却很伤心，意味着会得罪朋友。梦见聋人听音乐，痛苦要到来。梦见出席在仇人家举行的音乐会，会受到朋友欺骗。病人梦见听音乐，身体很快康复。青年男子梦见情侣奏乐，或用悦耳的歌喉歌唱，他会使自己一生都得到安宁，还能驱散自己的忧愁和烦恼。

49. 酒

梦见很多瓶装酒，生活会富裕。梦见喝了一杯酒，灾难会来临。男人梦见给妻子一杯酒，夫妻会恩爱如初。女人梦见给丈夫一杯酒，不久会怀孕。梦见和朋友在一起饮酒，生活幸福、安逸。

50. 盐

梦见吃盐，身体会强壮，生活幸福。已婚女人梦见吃盐，会生一个漂亮健壮的孩子。病人梦见吃了食盐，身体健壮有力。梦见制盐，忧愁和不幸会降临。梦见买盐，家里要增加人口。梦见卖盐，会受到人民的喜爱。梦见磨盐，会持家有方。梦见给食物里放盐，灾祸要降临。

51. 醋

男人梦见做醋，会生亲戚的气，或与朋友发生矛盾。女人梦见做醋，会成为一个好吵闹的女人，全家都会被她闹得不得安宁。病人梦见做醋，会成为一个性情暴躁的人，得不到很好的治疗，病情会恶化。商人梦见醋，会与顾客吵架，生意受损。梦见给别人醋，会声威大震。梦见收到别人送的醋，不久会有危险。

【小结】

自己解梦，首先要明确自己在梦中看到的图像、事情的经过、主要内容等，这些只有自己知道。梦文化简称“内语”、内图像、内故事。破译内故事，首先自己要有悟性，悟到梦的象征意义，这个梦是否与自己近期生活、工作计划有关联等。例如，偶然的象征与其代表的事物有内在的联系。假如某个人第一次向女友求爱时，是在一个大雪天，那么，下雪天也许以后对他来说，就是恋爱的象征。再如，一个人正在吃鸡肉时，听到了挚友死亡的消息，那么鸡肉对他来说，就是悲伤的象征。由于偶然的象征来源于某个人的经历，其他人是难以理解的。

普遍的象征与其代表的事情联系密切。例如，光明代表着善良、正义、成功等；火代表着热情、勇敢、力量、活力等；堕落代表着地位下降、道德腐败、犯错误、失败等。光明、火、堕落等都是普遍的象征，不论是什么人，也不论他处于什么时代，属于什么民族，都可以理解这些象征。

任何心理活动都会出现在梦里。清醒时人要面对外界，而睡眠时人却不必面对外界，不必行动，而只需要面对内心，这是梦与清醒时的心理活动不同的原因。例如，我认为一个人很微不足道，我在梦里就梦见他是蚂蚁，这在梦里是很合理的，它准确地反映了我对他的态度。但是清醒时，我们就不能把他真当成蚂蚁，因为清醒时我会有行动。如果我把他一脚踏死了，我就犯了杀人罪。

下面破译三个梦：

（1）有一个女孩结婚前三个月每天做同样的梦。梦中是上厕所，脱裤子，看到周围环境污水太肮脏，怕掉下茅坑，又穿上裤子走了。连续做了几十次这种相似的梦，醒后不解其意，结婚后才明白梦理。

（2）有一男孩子，结婚前十天老做一样的梦，梦中看到一个漂亮的花瓶，瞬间变成尿壶，反复变幻，梦中图像非常清楚，醒后不解梦意。当他结婚后一个多月，他才悟到梦中的意义。

（3）有个男人经过一个果园时，从一棵树上摘下一个苹果。一条大狗出现并扑过来，梦中恐惧万分，于是惊醒了，嘴里大喊救命。

解释：做梦者对一个已婚妇女产生了欲望，他想和她发生性关系，却有所恐惧。事实确是如此。

刚开始诠释梦境时，你可能觉得无从着手。慢慢来，没关系。睡梦之时，我们是用图像在诉说故事，这种思考方式，似乎不容易被现实导向的清醒心灵所理解。因此，在揭露梦境的影像寓言之前，平常我们就要多留心清醒时思想与感受中的重要视觉图像。所以说，诠释的第一步是先要辨识梦中的主要元素，然后再面谈梦境，请教做梦者问题，整合他对主要元素的描述。解析梦境意义就这么简单。

『第六章』

常见梦症信号调理

易医解奇梦

——透过梦境看健康

本章是讲最常见的几种与夜晚梦有关的病症，明确发梦病的原因、发病机制与典型特征。以整体观念分析病情，实施合理的、可靠的、安全的、科学的防治方法。

第一节　中医浅谈夜梦症

破译“梦兆”，分析“梦幻”，解说梦境，自古至今，说法不一。生理性的“梦”好与坏都有先兆，可是病理上的梦幻、梦遗、梦游、梦魇、遗尿、遗精、梦交、梦话、梦思等，解说简单，调理时也容易。但顽固性的病理梦幻、梦遗、梦交、梦魇、梦游，治疗可不是一个简单的事情。

一、遗尿

30%以上的人都有过遗尿。比如说，人们都记得12岁之前做过这种梦：睡得正香时，小便来了，这个时间正好是正相睡眠期与异相睡眠期交换时刻，在睡梦中小便憋急了，只有放下一切玩具或课本急急去找洗手间。越是急，越找不到合适的地方，跑呀跑，找呀找，刚好发现一个无人区，很安静，那就赶快撒尿吧。急急撒尿，刚刚完事梦醒了，感觉不对，被子湿了，还有热气呢！坏了，尿床了。这就是遗尿。人在一生中可能有1~2次或3~5次这种情况，这就是生理性的遗尿。病理性的遗尿是指从小到大几乎天天都尿床，十五六岁还是如此。还有的人甚至二十多岁了还是如此。最大年龄的遗尿症，尿一辈子床。

遗尿症的人大多都很聪明，就是一睡下就糊涂了。此症主要是肾精亏虚，肝血不足。其次是痰火扰乱心神。治愈很简单：练习内丹功，吃点中药，一个月就治好了。顽固性遗尿，疗程需要一百天左右。

二、说梦话

这个词在社会上常听到。说梦话的人实际上都很聪明，都有超前的思想，有开拓的精神。但是，常人并不理解说梦话的人。

说梦话的人天天在想的事都是大事情，在超前意识里形成了一套程序，白天想的事，全部放入大脑信息库里，夜里入睡后又大声说出来，心里想什么就说什么，所以被未沉睡的人和还没有入睡的人听到了，这就是说梦话。说梦话的人都是口快心直、内心不存秘密的人，但是对本人的事业与命运有危险，因为祸从口出。关于祸从口出大家都知道，一句话可以把僵局缓和，把没希望的事情办妥，也可以把好事变坏，置人于死地。古人云："酒后失言，大祸临头。""梦话出口成败在握。"所以，说梦话的人不可做秘密工作，更不能做坏事，特别是背叛家人的事迟早会暴露。

说梦话的病理，主要是心脾气虚、肝气旺盛、痰火扰心，练习正气运行法十天左右，配合中药治疗，以疏肝气、清心开窍化痰为主，治愈很简单。生理性梦话是"日有所思，夜有所梦"，心理学专家认为这句话有一定道理，它说明梦与自己的心理活动有一定的联系。忙于温课备课备考的人，梦中会出现喃喃背诵白天复习功课的片断，甚至在梦中经历一场成功或失败的考试。

生理性的梦话不需要治疗。把血型查一下，按照血型科学食疗，不吃有刺激的食品与辛香麻辣的食物，很快会有好转。

三、梦魇

梦魇是刚刚想入睡，又没有睡沉，冥冥之中恍惚梦寐状态，突然听到有人说话或有动物在叫，还没来得及辨清是什么东西，就感觉到突然被压住身体，好不容易才解脱，醒后累得气喘，感到心慌、无力。

这种情况是属于心脏部位受压，或循环系统受阻力，预示以后心脑血管会出毛病。还有一种梦魇，是似睡非睡状态，突然听到有人说话，或看到有人与动物走来，到了面前站住，或在做动作。也有的是突然看到非常清楚的物体或花草树木与青山绿水等。有的梦魇是有人来告诉什么事，有的是习武人要比武等，醒后自己觉得奇怪，好像自己就是没有睡着，像真事一样。

这类梦魇是生理性的梦魇，也是一种梦先兆，未事先知的兆头。很多未来的事情在梦魇里表现形式是有演变的。不管是生理性的还是病理性的梦魇，练习新医学正气运行法，可以有病治病，无病防病，对身体健康有好处。

四、梦游

梦游就是人体安静入睡后，自己什么都不知道了，大脑无意识，但身体却起床穿衣或不穿衣服，然后像正常生活一样去干活，去出游，去做家务事，或去帮助别人做事干活等。这种梦游是善意的梦游，做好事。另外一种梦游心存恶意，出行偷盗干坏事，严重的可以打人搞破坏，甚至杀人放火。

这类梦游的主要病因是痰火扰心，痰迷心窍，要及时用中药结合新医学正气运行法调理。如果不调理，发展下去，不睡觉时同样发狂发癫，做不正常的事情，这就是癫狂病（精神病）的先兆。

第二节　遗尿的原因与治疗方法

一、遗尿原因

遗尿就是在睡眠中的熟睡期间，发梦时有小便急需排掉，可越是急，越找不到合适的地方排尿，找啊找啊，好不容易找到一个僻静无人处，赶快脱裤子排尿，排解时心情特别爽，马上就要排完时，梦醒了。清醒后，发现麻烦了，被子湿了。凡是小时候尿过床的人都有这种体会，记忆特别清楚。这种做梦尿床，医学上称为遗尿。

婴幼儿尿床是个十分普遍的现象，若3岁以后仍白天不能控制排尿，或不能从睡觉中醒来自觉排尿，即称为原发性遗尿症。遗尿的确切原因，目前仍不完全清楚，一般认为与下列因素有关。

1. 遗传因素

30%遗尿孩子的爸爸和20%遗尿孩子的妈妈，在小时候也曾犯遗尿病。如果父母均有遗尿史，他们的儿子有40%会遗尿，他们的女儿有25%也患此病。另外，在双胞胎、单卵双胎兄弟同时遗尿的，要比双卵双胎高出2倍。可见，遗尿有遗传倾向。

2. 睡眠过深

睡眠过深，也是一个较为常见的因素。这类小儿常常在睡前玩得较疲乏，睡得很深，不易唤醒，多在梦境中尿床。若睡前饮水较多，则更易发生尿床。

3. 膀胱功能成熟延迟

有些患遗尿症的小儿，其膀胱较正常孩子的小。这些孩子平时排尿次数相对较多，但是尿量却不多。这是由于膀胱内的尿液没有多少，它就收缩排尿了。

4. 精神紧张

据临床统计，家庭不和、父母离异、失去双亲、惨遭虐待、升学考试前，孩子发生尿床的机会明显增多。但是，这种遗尿现象常是暂时的。过一段时间，精神情绪较好，就会逐渐消失。

5. 疾病因素

泌尿系统感染、畸形、脊柱膜膨出等器质性疾病，可引起遗尿。另外，无症状性细菌尿和高钙尿也会引起遗尿，应引起人们的注意。

二、遗尿治疗方法

治疗小儿遗尿，有两种方法。一是脐疗法，二是饮食调理法。

（一）脐疗法

脐疗法，将药物做成适宜剂型，如糊、散、丸、膏等，敷于脐部；或在脐部给予某些物理刺激，如艾灸、针刺、拔罐等。运用脐疗法治疗疾病，不仅简、便、廉、效，而且痛苦很小。适用于儿童遗尿的脐疗法有：

1. 葱白硫黄膏

老葱白（带须）3根，硫黄30克，共捣如泥，患儿睡前摊敷脐上，以纱布包裹固定，翌晨取下。每晚1次，7天为1个疗程。实践证明，本方对无器质因素所致的遗尿，一般一个疗程即可显效。

2. 黑胡椒粉

取黑胡椒适量，研粉后贮瓶内备用。患儿临睡前将药粉填肚脐窝中，以满为度，外以胶布或伤湿止痛膏固定，翌晨取下。每晚1次，7天为1个疗程。

3. 遗尿脐疗散

丁香、肉桂、五倍子、补骨脂各30克，共研极细末，贮瓶中备用。每次取适量，白酒敷肚脐，每晚1次。

4. 加味生姜膏

生姜30克，炮附子6克，补骨脂12克。将生姜捣泥状，余药研细末，合为膏状。贴敷肚脐，外以无菌纱布敷盖，胶布固定，5天换药1次。本方主要适用于下元虚寒型遗尿。

以上脐疗处方，使用安全，简便有效，患儿家长可灵活选用。

（二）饮食调理法

用饮食疗法治病已有数千年的历史，小儿遗尿症同样可以用食疗的方法治好。下面介绍几则治疗小儿遗尿的食疗方。

1. 猪脬粥

猪脬（猪膀胱）1只，烘干，桑螵蛸10克，黑豆30克，益智仁15克，共研细末，同糯米100克共煮成粥，调入调味品，1日内分数次食下，连用7天。

2. 韭菜籽粥

韭菜籽15克，炒后研末。糯米50克煮粥，待粥熟后调入韭菜籽末，稍炖即成。一次食下，每日1次，连用1周。

3. 芡实茯苓莲子粥

芡实、粳米各30克，茯苓10克，莲子15克。共研细末，以此糯米面调粥。每日1剂，连用10天为1个疗程。

4. 狗肉炖黑豆

狗肉50克，洗净切小块，黑豆30克洗净。共入砂锅中，加水适量，文火煨至极烂，加入调味品，食肉并喝汤。1日内用完，连服7~10天。

5. 乌梅茧枣汤

乌梅7枚，蚕茧壳1个，大枣10枚。水煎服，每日1剂，连用5~7天。

6. 母鸡白果汤

母鸡1只（约500克），洗净后切小块，白果30克，肉桂5克。加水适量，煮至烂熟，食肉喝汤。每周1只，连用半个月。

以上诸方，简便易行，有一定的疗效。若能配合理疗和服用中药等方法治疗，则收效更佳。

三、人体“生理”精细而复杂

人体每一个生理功能都是那么复杂而精细。如人体排毒的三大管道之一尿道，我常比喻成“下水道”，这样的比喻能提高学生学习的兴趣，牢记生理知识，同时也能让病人明白出问题地方的生理功能与病理变化，这样才能积极配合治疗，达到预期康复之目的。

下水道的生理功能：对一般人来说，上厕所、脱裤子、排尿，是与生俱来、简单而自然的生理本能，但中间蕴含着非常复杂的过程。

尿液在肾脏生成后，输尿管以收缩蠕动的方式，将尿液输送到膀胱，再经由尿道排出体外，整个尿液流通的管道就称为“尿路”。一般来说，肾脏、输尿管属于上尿路，膀胱和尿道属于下尿路。膀胱是一个大容器，负责膨胀，储存尿液。尿道是尿液经流的管道，它们分工合作，把守着人体“下水道”的开关。

尿液沿输尿管慢慢注入膀胱，开始时膀胱肌肉很松弛，身体也没什么感觉，慢慢地，膀胱逐渐胀大，到达一定量的时候，膀胱里的感觉神经就会向大脑发出讯号：我要满了，要排尿了。随着尿量持续增加，在接近膀胱容量上限时，其中的压力也开始升高，大脑会接收到“胀尿感”的指令，而且感觉会越来越强烈。但若没赶上排尿的“适当时机”，膀胱出口和尿道外括约肌会“站好岗”，好好地紧闭着，不让尿出来，当时间和地点合适时，大脑才会发号施令，解除对排尿的抑制，随后尿道外括约肌完全放松，膀胱开始强力收缩，一股热浪逼向尿道，同时，尿道就成了一条畅通无阻的水管，尿液如飞流直下的瀑布，短时间内就能排空。

如果下水道不畅，它可以表现为各种疼痛不适，像会阴痛、阴茎痛、腹股沟区不适、睾丸痛、尿道灼热等，但尿常规检查正常，前列腺液细菌培养也呈阴性，使用常规的抗感染治疗，往往效果不佳。有些“下水道”长期堵塞，就是找不到“脏东西”——无法明确病因。“慢性非细菌性前列腺炎”就是这样一种让患者心烦的病，让医生头疼。“下水道”发生疾病之前，多有“梦先兆”，也就是提前发梦，多为上洗手间的梦，或有与上洗手间有关的很多事情的梦，并且连续做梦。

第三节　夜游症的防治

夜游症是在正相睡眠状态中起床并做的很多下意识的动作，做完事情或出游后再回到床上睡觉，睡醒后本人什么都记不起来，根本没有留下任何印象。如果夜游症的人正在出游或做事情时把他喊醒，问他干什么去，到哪里去，他根本不知道。如果夜游症的人拿棒打人、打物或拿刀杀人、杀其他动物，把他喊醒，问他为什么要打人、杀人，他也不清楚。此类情况，就称为夜游症。

一、预防夜游症

夜游症是儿童时期多发的一种睡眠障碍，在各个年龄段都有可能发生。此症往往是由于学习和工作过度紧张、精神负担过重、电影电视中过于惊险刺激的镜头，或因为打电子游戏机等因素诱发，常表现为睡眠状态中起来无目的地做些下意识的动作，或在室内外行走后又回到床上睡觉，醒后记忆不清或仅有片段记忆。夜游症的病人易出现自伤或误伤。还有的在夜游中伤人，甚至杀人，应引起高度重视。

夜游症是可以预防的，其措施的制订要看具体情况。对于学生时期夜游症的预防，可以采取减轻学习负担、加强体育锻炼、在睡前不过度兴奋、不看过于惊险刺激的电视和电影、不打电子游戏和保证充足睡眠等措施加以防范。再者，在家庭中和居室内，尽量不要放置剧毒物品和锐利器具等，以防患者在夜游中自伤或误伤。

二、治疗夜游症

夜游症的发生主要是精神因素。

1. 情感所伤，肝失条达

情感所伤，肝失条达，故精神抑郁，情绪不宁，舌苔薄腻，脉弦。

治疗大法：疏肝理气解郁。再加上自然疗法，用内功点穴，主穴以足厥阴肝经的穴位为主，配以足阳明胃经的穴位。

2. 阴阳失调

历代医家认为阴阳的盛衰是癫狂的主要因素。如《素问·生气通天论》说："阴不胜其阳，则脉流薄疾，并乃狂。"《素问·宣明五气论》说："邪入于阳则狂，邪入于阴则痹，搏阳则为癫疾。"《难经》说："重阳者狂，重阴者癫。"《诸病源候论·风狂病候》说："气并于阳则为狂发。"这些都说明机体阴阳平衡失调，不能互相维系，以致阴虚于下，阳亢于上，心神被扰，神明逆乱而发癫狂。

治疗大法：调和阴阳，泻南补北。泻南，南方丙丁火，心属火；北方壬癸水，肾主水。也就是说，清心火，醒脑开窍，清气化痰，预防痰火扰心而蒙蔽清窍，补肾益肝。因肾藏精，主骨生髓，通于脑，达到补肾养脑之功能。肝藏血，体阴而用阳，达到肝肾互补之功效。方药：通窍活血汤加左归饮化裁，最好配合练习道家内丹功夫（正气运行法）。

3. 痰火上扰清窍

症状：夜游狂乱无知，逾墙上屋，不避亲疏或毁物伤人，气力逾常，舌头红绛，苔多黄腻，脉象弦大滑数。证候分析：性格内向，暴怒未泄，怒则伤肝，肝火暴胀，鼓动阴阳痰热上扰心神，故出现头晕、异相睡眠。如症状加重，蒙蔽清窍，则狂乱无知，不避亲疏。四肢为诸阳之本，阳盛则四肢实，实则能游去登高，气力逾常。肝火暴盛上扰清窍，故面赤目红、舌绛苔黄、脉弦大滑数，均属痰火旺盛、阳气独盛之象。火属阳，阳主动也。

治疗大法：镇心涤痰，泻肝清火。方药：生铁落饮。方中生铁重镇降逆，胆南星、贝母、橘红等清涤痰浊，石菖蒲宣窍，远志、茯神、辰砂安神，麦冬、天冬、玄参、连翘养阴清热。

如痰火壅盛而舌苔黄腻甚者，同时用礞石滚痰丸泻火逐痰，再用安宫牛黄丸清心开窍；肝胆火盛、脉弦实者，可改用当归龙荟丸泻肝火；如属阳明热结、大便燥结、舌苔焦黄、脉实大者，可加减承气汤，以荡涤秽浊，清泻胃肠实火；烦渴引饮者，则加石膏、知母以清热，甚者酌用龙虎丸以劫夺痰火，但本方服后，往往吐泻交作，只可暂用，不可多服，以免损伤肠胃；如神志较清、痰热未尽、心烦不寐者，可用温胆汤合朱砂安神丸，以化痰安神；若火势渐衰而痰浊留恋、神志不清、其状如癫者，可按癫证论治。

结语：夜游症，均属精神失常的疾患，主要病因病机为阴阳失调，情志抑郁，痰火上扰清窍。其病变在于肝、胆、心、脾。治疗时根据病人的症状、脉象并参考中医内科癫狂病的治疗法则。辨证要点：重阴者癫，重阳者狂。治疗与用药时，最好以加减变通为宜。

第四节　防治儿童睡眠时磨牙

磨牙是由于咀嚼肌的持续收缩引起的，而咀嚼肌的运动又是受三叉神经支配的，所以，凡是能影响到三叉神经和咀嚼肌的因素，都可以引起睡觉磨牙。本病多见于儿童，其发病原因一般认为与下列因素有关。

1. 小儿白天玩得太兴奋，过于激动或疲劳，或受了惊吓，或白天学习紧张，使其大脑皮层的兴奋和抑制过程失去平衡，诱发咀嚼肌发生一时性不规则的痉挛或收缩，产生了夜间磨牙。

2. 小儿肠道寄生虫病。目前认为肠道寄生虫是引起幼儿夜间磨牙的最主要原因。蛔虫最喜欢在孩子睡着了以后在肠道里活动，并且分泌多种毒素。这些毒素刺激肠壁，并通过神经系统的作用，会不断地刺激熟睡中孩子的大脑皮层，使之出现咀嚼肌的痉挛而磨牙。

3. 积食。比如睡前吃得过饱，大量食物充斥胃肠而刺激了消化道，神经把这些刺激传到大脑，使管理消化的脑细胞兴奋起来，通过反射作用而引起咀嚼。此时，由于嘴里没有食物，上牙和下牙就直接磨起来，产生了咯吱咯吱的咬牙声。

4. 儿童替牙期牙齿的咬合障碍、慢性牙周炎、精神运动性癫痫、癔症、做梦吃东西等多种情况，均可造成儿童在夜间磨牙。

夜间磨牙和白天吃饭咀嚼食物时牙齿的摩擦不一样。咀嚼食物时，牙齿间有食物垫的缓冲，并不断得到水分、唾液的润滑，从而可以减少其磨损。而夜间磨牙，一般是在熟睡后，这时口腔内既无食物，唾液分泌也很少，牙齿得不到润滑，使牙齿磨耗严重，可以使前牙变得短缺而影响美观。后牙咬合面磨成平板状，使牙齿的咀嚼功能降低，引起咀嚼肌疲劳。时间一长，还会引起牙周病、牙本质过敏症，严重的还可以引起牙髓炎、颞下颌关节病。而且日久天长，在大脑皮层一旦形成了固定的条件反射之后，治疗起来也比较困难。所以，必须抓紧治疗。

首先，要注意白天不要让小儿玩得过于疲劳、兴奋，指导他们玩得既愉快又轻松。尤其是在睡觉前1~2个小时，不要参加紧张剧烈的活动，以防造成精神过度紧张和情绪不稳定，应想方设法使其消除紧张情绪。

另外，注意调节好小儿的日常饮食，吃一些容易消化、营养丰富的食品，吃饭不要过饱。如发现有牙齿咬合障碍和患有慢性牙周炎等情况，应去口腔科检查治疗。对于顽固性的小儿磨牙症，可以特制一个夜磨牙矫治器，让小儿晚上睡觉时戴上，防止夜间磨牙，保护牙齿。

人往往认为熟睡时意识就完全丧失了，其实不然。睡眠并不是完全没有意识的。因为在醒来以后可以诉说梦境，而且有的人在做梦时还会提醒自己："这是不是在做梦？"所以说，睡眠时人的意识并不是完全丧失的。同时，睡眠也并不是完全处在休息静止状态的。有人在睡觉时可以起来走路，有的人出去梦游，这就说明了人在睡眠当中意识并没有全部消失。睡眠中也不是完全没有感觉，不是所有的感觉都变得迟钝。表面上看是睡着了，外面很大的声音都听不到，但是一个哺乳的母亲，身边的婴儿只要稍微动一下或哭一声，她就可以马上醒来。所以，就整个睡眠来说，并不是人们想象的那样大脑的神经细胞全部都处在休息静止状态。

第五节　阴吹症的梦先兆与诊治方法

阴吹症的病人多是在发病前十天左右连续做梦。梦境多为：腹胀难受，大便秘结，小便不通，上厕所频繁，很难排便。连续做梦，好像看电视剧一样。最后突然矢气或虚寒（放屁），然后大便与小便全通了，身体非常舒服。梦醒，此梦结束。

起床后走路快一点，阴道内就有气体排出，并发出响声（怪怪的声音）。此病发生时间越长，病情越重。有这种隐私症的人，不敢去医院体检。即使大着胆子去医院，医生也不明白，也检查不出病因，无治疗方法。

阴吹症是临床比较少见的妇科杂症，指妇女阴道中时时出气，或气出有声，似肛门放屁一样。其病名最早出现于《金匮要略·女人杂病脉证并治》，以后的医学典籍对本病的内容有所丰富与补充。《金匮心典》："阴吹，阴中出声，如大便矢气之状，连续不绝，故曰正喧，谷气实者，大便结而不通，是以阳明下行之气不得从其故道，而乃别走旁窍也。"

阴吹多见于身体虚弱或肠燥腑气不通的经产妇女。因为活动会使阴道气出有声，所以患者常常不敢走动，不敢告知别人，就诊者远较实际病患数少，故临床上极为少见。而实际上，越不运动，体内清气越不能上升，浊气更不能下降从正窍而出，清浊升降混乱，症状更为严重，而给患者造成很大的困扰。阴吹的症状比较典型，但需要排除阴道直肠瘘、会阴陈旧性裂伤等病，通过妇科检查和直肠检查即可鉴别。

笔者在多年的临床实践中，曾治疗 20 多例阴吹症，以中草药结合医学养生的正气运行法治疗，效果显著。

一、病因病机

阴吹发病虽然有脾胃虚弱、肠燥津亏、腑气不通等多种不同病因，但其病机都是胃气下泄，与肠气相冲，不循常道，而致阴吹。

1. 腑气不通

尤在泾注解《金匮要略》阴吹条言："大便结而不通，是以阳明下行之气，不得从其故道，而别走旁窍也。"认为胃气燥实，谷道不通，胃气下泄，别走下阴，而发为阴吹。

2. 气虚

脾胃虚弱，运化无权，中气下陷，腑气不循常道。《医宗金鉴·妇科心法》提出治疗意见："若气血大虚，中气下陷者，宜十全大补汤加升麻、柴胡以升提之。"

3. 痰湿

脾胃虚弱，水湿不运，湿聚而成痰，停滞于中，阻遏气机，使清气不升反降，或痰湿下注，气随湿下，而致阴吹。

二、治疗方法

总纲领

女性身心九弱点，七情内伤气紊乱。

痰气交阻气机窜，胃气冲出胸气散。

阴道排气怪声连，病发阴吹口难言。

风邪无孔它不钻，湿邪无缝不侵染。

少见之病为怪症，见怪不怪治奇验。

调理气血和谐法，清毒扶正再收敛。

释义：此病为“阴吹”症。病因为七情内伤气机紊乱，妇女身心九大弱点，易患灵魂邪气，导致肉体发病，邪毒上攻为“阳毒”，风邪、湿毒下注为“阴毒”。上面诗词说明了阴吹的病因病机与治疗方法。

阴吹症的辨证要点：观察大便是否秘结，并结合全身症状。若大便秘结，腹部胀满，为腑气不通证；大便通畅，体倦乏力，为气虚证；大便通畅，脘腹痞胀，痰多，为痰湿证。治疗上以调理脾胃为主，方药施用代表方“猪发膏煎”，需加减变通，分型论治。

1. 腑气不通

主要证候：阴道时有气排出，或气出有声，大便秘结，腹部胀满，口干咽燥，烦热，舌红，苔黄腻，脉细涩。

证候分析：腑气不通，逼走前阴，故见阴道时有气排出，或气出有声；胃腑燥结，燥热伤津，胃肠失濡润，故见大便秘结，口干咽燥，烦热；腑气不行，故见腹部胀满；舌脉皆是燥热的表现。

治法：润燥通便。

方药：麻仁丸（《产育宝庆集》）。组成：麻仁、炙枳壳、人参、大黄。

用法：麻仁研如泥，加炙枳壳、人参、大黄研为细末，炼蜜为丸，如梧桐子大。空腹时用温开水或温酒送下 20 丸。大便若未通可渐加数丸。

方义：麻仁润肠通便，枳壳、大黄泻热通便除满，人参益气扶正。

2. 气虚

主要证候：阴道时有气排出，时甚时微，或气出有声，头晕目眩，神疲乏力，面色苍白无华，或小腹坠胀，纳差，便溏，舌淡苔白，脉细弱。

证候分析：气虚，气陷于下阴，而见阴吹，故阴道时有气排出，时甚时微，或气出有声；气虚脾弱，生化乏源，清窍脏腑经络失养，故见头晕目眩，神疲乏力，面色苍白无华，纳差；气虚下陷，升举无力，故见小腹坠胀，便溏；舌脉皆为气虚的表现。

治法：补中益气举陷。

方药：补中益气汤（《内外伤辨惑论》）。组成：黄芪、人参、炙甘草、升麻、柴胡、当归、陈皮、白术。

方义：黄芪补中益气、升阳举陷，人参、白术、炙甘草健脾补中，当归养血和营，陈皮调理气机，升麻、柴胡升提下陷之气。

3. 痰湿

主要证候：阴道时有气排出，或气出有声，带下量多，色白质黏腻无臭，胸脘痞闷，口腻痰多，舌苔黄腻，脉细滑。

证候分析：痰湿下注，气随湿下，故见阴道时有气排出，或气出有声，带下量多，色白质黏腻无臭；痰饮壅盛，或上扰，或阻于中焦，故见口腻痰多，胸脘痞闷；舌脉皆是痰湿的表现。

治法：燥湿化痰，健脾和胃。

方药：桂枝、茯苓、生姜、橘皮、制半夏、枳实、白术、薏苡仁。

方义：桂枝、茯苓湿化痰饮，橘皮、制半夏燥湿化痰，生姜湿中散寒化痰，枳实降气化痰，白术、薏苡仁健脾利湿。诸药合用，可使脾胃健而痰饮化。若患者带下量多，色黄或黄白，质黏而臭，证属湿热，可予本方去桂枝、生姜，酌加黄柏、萆薢等清热祛湿之品。

第六节　人体排毒器官异常“梦兆”信号

人体是一个有机整体，也是一台活机器，更是一台计算机。中医学把人体喻为房子，那么一套楼房的内装修既简单也复杂，最基本设施，水、电、暖要全通，方可使用。楼房内必备有清除垃圾与排污的下水道。如果下水道异常，不能清除垃圾，可想而知，人住进去有太多的麻烦事。

如果人体内的排污管与下水道出了问题，有屁不能放，有屎不能拉，有尿排不了，还有女人的月经，男人的前列腺液等，都不能正常代谢，毒素很快聚结成毒垢，快速发展成毒瘤。

每当人体内一个器官与组织或一种细胞发生问题之前，它们都向上级汇报工作。当高级神经中枢发出指令，而下属单位不能及时执行时，人体内报警器会频频发出信号，这种信号就称为“梦先兆”与“病先兆”。

遗精先兆、尿异常信号、大便异常信号，这类信号都有梦先兆。梦先兆的情况很复杂，梦境、梦量与梦质都不同。所以，凡是人体某部位功能不正常，都是“异常信号”。

一、遗精信号与五脏相关

“精液”是男子的肾精液，精液里含精子，所以称精液。肾藏精，主生殖发育，女子精液为精浊、淫浊、白浊，色如鸭蛋清。古代医家把精液称为“天癸”“脂膏”“精虫”等。精液藏于精室，如出现滑精与遗精的症状，称为精关不固症。精关不固是由于五脏过劳，气虚固摄失调，或某种因素感染，引发相火妄动而扰乱精室，导致精关不固。遗精信号主要分为三类脏劳，即肾劳、肝劳、心劳。

1. 遗精是肾劳的信号

精液是肾脂，肾不仅为藏精之脏，亦为“作强之官，技巧出焉”。作强过度，肾精耗夺，致肾虚而封藏不固，皆可引起遗泄。因此，遗泄不独为房劳之警号，亦为肾劳之信号。如做精细操作之人，脑力劳动、劳累太过，肾精暗耗，致肾气虚而精关不固。因此，肾劳除房劳外，还有操作过劳的含义。属操作过劳的多为无梦而遗，而房劳者多为梦遗。

2. 遗泄是肝劳的信号

肝为罢极之本，肝经绕阴器，系宗筋，肝主疏泄，故精液的藏泄除与心、肾相关外，同样受肝的影响。如劳累过度，肝受耗夺，因肝肾同源，精血同源，故肾精必受累而致精窍滑脱。故临床上，遗泄常常共为肝肾虚损的信号。

3. 遗泄是心劳的信号

精液遗泄不仅与肾劳、肝劳相关，而且与心、脑、脾甚为密切。心藏神，劳神则伤心，心伤则失交于肾，心肾不交，精关失控而遗泄。精液虽为肾精，然脑之髓源于肾之精，精髓相生，故脑髓耗用太过，则肾精必然被耗夺，肾精暗耗，阴损及阳，必致肾虚精关失固。

脾与遗泄的关系也很密切，《黄帝内经》曰“脾藏意”，“脾藏营，营舍意”，意属于神的内容之一，劳神太过则伤脾，脾伤则运化不及，致脏腑失养而遗泄。临床上劳神导致心脾两亏，引精漏者甚为常见。此外，遗精也常为肺劳的标志。因肺金为肾水之母，肺主气，肺金耗亏必下汲于子，肾被耗夺，玉关失固而遗泄。正如傅青主所说：“盖肺经之气，夜必归于肾。”“肺金为心火所伤，必求救于子。”按五行说法，肺属金，肾主水，金可生水，我生者为子，虚则补其母，所以肺虚必求脾来补充。

总之，遗精是人体五脏与脑力过劳超负荷的重要信号之一，并非仅为房劳的警告，因此，遗泄对预报五脏虚损皆有一定的意义。

血精指精液夹血，且肉眼可见红色。色鲜红为肾阴虚相火过亢，扰动精室血络所致，往往提示房劳过度。如血呈暗红色则内有瘀之象。如血精兼痒则有湿热的征兆。而血精夹脓，则为热毒内蕴的标志。如有恶臭味，是内有癥瘕之恶兆。现代医学认为，血精是前列腺疾患（包括炎症及肿瘤）的前驱症状，前列腺癌生长缓慢，长期处于潜伏状态，待出现血精警示时，癌肿已属晚期。此外，血精亦为精囊炎和睾丸外伤的信号，脓精则为睾丸、附睾炎症的特征。

二、精液清冷的信号意义

精液冷而清稀又称“寒精”，如出现于中老年则为肾虚命门火衰的征兆。如青年时期即发现则为先天元气不足、无子的预兆。如性腺功能减退，肾上腺皮质或脑垂体功能减退，诸如睾丸炎后期、睾丸发育不良、隐睾等，其精液清冷皆为重要信号，常伴有阳痿、早泄等症。以上皆说明精液清冷是脏虚、痨证的标志。

【小结】

当今社会，自从改革开放以后，人们的工作压力、经济压力过重，特别是都市白领男性，身体就像“永动机”一样，不停地转动着，他们的健康正悄无声息地被一点点透支。所以，性功能亚健康、出现精液警告信号的男士们，要抓紧养护身心，提前调理，因为人有三宝，即气、血、精，是长寿宝，失精者夭也。

“固精”必修心、养阳气，应多做有氧运动，练习新医学养生之正气运行法。

中医药治疗，要明确病因与发病机制，明确诊断，运用整体观念，辨证论治，标本同治，双管齐下，才能从根本上解决问题。

三、尿异常信号的临床意义

尿液生成依赖脾、肺、肾三脏的功能，以三焦、膀胱的气化为主体。尿液为人体阴液之一，所以说，膀胱是人体排污水道。如果排污水道出了问题，污水乱泛妄行，人体整个功能就会紊乱，发生凶兆。如果脾、肺、肾三脏及三焦出现病症，膀胱排尿异常，尤其是出现血尿，往往为许多情况的不祥之兆，而尿失禁更为危急之变的凶讯号。

尿异常，在许多情况下是病情恶化的信号。如尿闭，为元气虚之尿闭，气无以化，最为凶险。如《杂病广要》载：“凡气虚而小便闭者，必以素多斫丧或年衰气竭者，方有此证，正以气有不化，最为危候，不易治也。”但是，尿多如注，同样为凶兆。如《素问·气厥论》曰：“心移寒于肺为肺消，肺消者饮一溲二，死不治。”《素问·脉要精微论》曰：“仓廪不藏者，是门户不要也，水泉不止者，是膀胱不藏也，得守者生，失守者死。”再如，气尿，即尿有大量气泡，古书记载为消渴病的凶兆。此外，尤应注意小便失禁为疾病入脏的凶兆，如中风、昏迷、厥证、脱证出现小便失禁者，为疾病严重的信号。如《赤水玄珠》说：“不通为热，不禁为寒，乃心肾气弱，阳道衰冷而传化失度。”尿少伴恶心、瘙痒、头眩为关格的征兆，是脾肾阳衰、浊毒不化、清浊相干的恶候，慢性肾炎尿毒症见之，预后不良。另外，如老年人出现无痛性血尿，往往为泌尿系肿瘤的信号。其他如尿出粪便，古人称为“交肠”，为尿道直肠瘘的恶讯。如《杂病源候犀烛》载：“丹溪曰，一妇人嗜酒，常痛饮，忽糟粕出前窍，溲尿出后窍，六脉皆沉涩……三月后必死，果然。”

尿质量异常如下：

1. 尿量多，是肾气虚，下元不固的标志。

2. 尿多而稠，味甜或脂尿，为消渴病的信号。

3. 尿少，为肺肾功能下降，如水肿病的信号，以及水、电解质紊乱等病。

4. 尿浊而浑，提示乳糜尿及淋病。

5. 尿白浊，为前列腺炎的征兆。

四、血便信号的临床意义

首先，要明确血便不仅为腹部疾患的外露，更为全身性疾病的恶兆。

便血常为癥瘕、脾虚不统血及瘀血的外兆。《灵枢·百病始生》中将“便血”称为“后血”。便血色暗而质清，主要对远端脏腑疾患，尤其是血液病具有重要的预兆意义，常为脾虚不统血、肾阳虚封藏失职的征兆，特点为先便后血，又称远血。现代医学认为，对有出血倾向的某些全身性疾病，如白血病、过敏性紫癜、血小板减少性紫癜、恶性贫血、血友病、皮肤瘀斑等常为有力的佐证。

色泽暗黑则提示内有瘀血。特点为大便反易行，如《伤寒论》蓄血证第237条说道：“阳明证，其人喜忘者，必有蓄血，所以然者，本有久瘀血，故令喜忘，屎虽硬，大便反易，其色必黑者，宜抵当汤下之。”现代医学认为，色少而暗红并伴有腹部剧痛及休克证者，常为内科急症、急腹症征兆。如腹部无痞块的应考虑肠系膜血栓形成，多见于心力衰竭、血管硬化及心内膜炎。如腹部有痞块，则为肠套叠、结肠癌、肠息肉、肠扭转等病的可能。

便血色鲜而质浊，则主要对近端脏腑具有预报意义，常为湿热内蕴、下注大肠的证候。此外，火毒客肠、阴络受损及风火迫肠等肠毒、肠风也常以便血为特征，便血特点为先血后便，又称近血，或伴有脓性黏液及腹痛、里急后重的痢疾。此外，40岁以上出现近血，如伴大便变细及大便习惯改变时，尤应注意直肠癌的警号。但直肠癌见便血，临床症状虽为早期，而病理进展已属中晚期了。

其他情况，无论是远血、近血、血滑不止，还是病久而滑或气虚而滑，皆属危候。如张景岳曰：“血滑不止者，或因病久而滑，或因年衰而滑，或因气虚而滑，或因误用攻系以致气陷而滑，凡动血之初，多由于火，及火邪即衰而仍有不能止者，非虚即滑也。”另外，“大便下紫黑败血者，此胃气大损，脾元脱竭，血无所绕，故注泄下行，阳败于阴，故色为灰黑，此危剧证也”（《景岳全书·杂证谟·血证》）。

关于便秘与滑泻之脏气虚实的标志信号，请参阅中医四诊合参里的问诊可知。

【小结】

中医诊断学与西医诊断学，这两门课程的理论体系很散，较难学习。如果熟练掌握中医基础理论与人体解剖知识，加上自然科学与社会大学知识，学习诊断与治疗就容易多了。

本书的主要内容是辨别真伪症状，解析潜病梦先兆与疾病梦凶兆，目的是：①让学习中医药的人员加深基础知识，明确人体同源器官，补充古今人体解剖知识的观点，明确一源二歧或一源多歧的同源关系，为诊断与临床治疗奠定良好的基础。②让医生们明确疾病的凶兆意义，认识疾病的真伪症状与正邪盛衰的转归，实施“既病防变，既变防逆”的治疗方法，救死扶伤，为人类健康多做贡献。③让健康人与亚健康人群学习后，读懂人体生理功能与病理变化的潜病梦先兆信号，学会未病先防的知识与方法，加深自我保护意识，达到自我防病、未病先防、有病早治、有备无患的目的。

『第七章』

破解梦病因与治疗方法

易医解奇梦

——透过梦境看健康

中医解梦、释梦疗法就是对患者所做的梦进行解释，由此辅助治疗某些心身疾病的方法。第一，要缓解病人的紧张心理；第二，要鼓励病人充分地讲述自己的梦境，越详细越好；第三，基本摸清病人的心理状态，掌握病人的梦想与追求的目标；第四，制订出释梦与治疗方案。一定要向病人说明白梦兆的病因病机和梦境的根由，让病人积极配合治疗。

第一节　中医学破解梦病之谜

关于梦先兆，在新医学养生书里，有关于梦的缘由与灵魂灰结节关系的论述。《类经》里讲到“梦寐恍惚，变幻游行之境，皆是魂”，说明梦游是灵魂在做功。气、血、精、神是互生互化的关系。功夫界人士都明白“练精化气，气御神，神还虚”。医古文记载人体的“元神”“阴魂”“阳神”等，都属于脑神经细胞与骨髓内细胞的氧气。所以说，魄门（肛门）亦为五脏始（吏）。总之，魂、魄都是脏腑之氧气，那么人在做梦就是人体之气盛衰时因受到外环境干扰出窍，是内气出窍。每一个时辰做的梦都与经络穴位关闭与开泄有一定的吻合性。汗孔穴位，都受经络的调解。经络外连皮毛，内通脏腑。经络与神经是同源器官，它们又接受脑内中枢神经的指挥。所以说，每一个人做的梦，都与每一个人的身体素质有关，与内气强弱有关，与每一个人的知识水平有关，更与每一个时辰的时间有关。

例如：身体有病做的梦是一个层次，心理素质差的人做的梦又是一个层次，文化知识水平不一样的人做的梦层次也不一样，白天与夜里做的梦也不一样，不同时辰做的梦也都不一样。为什么解梦的人要懂周易，因为解梦要了解时辰，也就是做梦人是什么时间做的梦，做梦时间不同，同样的梦也会有不同的解释。所以说，梦有正梦与反梦之分。举例来说，一个人在凌晨三点前做了一个高兴的梦，特别高兴，大笑，笑醒了。解梦人可能要告诉他不要高兴得太早，一定要小心有不愉快的事情发生。按照医学知识解释这个梦：凌晨三点前是丑时，这个时辰是阳气复生，也就是阳气上升之时。睡眠质量好的人，是阳气入阴，睡醒的时候是阳气出阴。在丑时阳气复生是正常的，在这个时间里做梦哈哈大笑，最后笑醒了。中医学认为，“心气实则笑不休”，这说明笑与心脏的阳气有关。人的一身诸阴肾藏之，一身诸阳心领之。当人睡眠时，肾阴精与心阳气是平衡的，如果做大笑的梦，说明肾阴弱不敛阳，阳气上冲心脏，所以人大笑不止。大笑后可以伤心，中医学认为“喜伤心”。所以，三点钟之前做大笑的梦不太好，是反梦，以后可能会有不高兴的事情出现。

按照中医理论解梦，亚健康人群做梦多，说明内脏气血紊乱，阳气不能正常入阴血。应及时用中药养生，以和谐脏腑、气血、阴阳。如果病人长期做梦，大脑耗氧量大，正气大量外耗，睡觉时间很长，醒后头晕、乏力，则要抓紧治病，以和谐脏腑、补气益气、固精补血、养心安神、收敛固摄为原则。如果一个人身体健康，心理素质健康，一般情况下是不会多梦的。有时偶尔做一次梦，那是精气，也就是正气与元神出窍。出窍后气聚则成形，气不散，像旅游一样，出去玩一圈就回来了，醒后对梦中情景记忆清晰。过一天或几天后，梦能得到验证，即梦中事与现实发生的事相吻合。

凡是病理性的梦，要运用中医学基础理论的特点，即“整体观念，辨证论治”为诊治依据，分析病机，追源病因，明确主要临床症状，确诊立案后，再实施治疗方案，让病人积极配合治疗，从而达到预期效果。

同时，还要增强病人的信心，练习正气运行法，做到“正气存内，邪不可干”。令免疫功能提升，一生都能健康快乐。总之，点亮病人的心灯，放飞病人的心灵，才是医生们要的效果，才是科学。

第二节　调梦病要先解除心理障碍

男发梦遗，女发梦交（漏淫浊、淫精、白浊、淫淋）症，实属于灵魂病之一。“灵魂病”是神经系统、内分泌系统与经络系统三大系统合并紊乱、变异而发出的病先兆信号，这种信号属于灵魂病显性病症。另外一种是“隐性病患”，又称“阴性病与潜病”。笔者认为，潜病不可怕，最可怕的就是隐私病恶化。隐私病怕恶化，内疚病怕扩大。

患梦遗与梦交症的病人，往往缺乏知识与文化。此类病人不十分明白爱的知识与性的生理知识，不理解爱情与婚姻的关系，总之缺乏方方面面的日常生活知识。

另外，此类患者性格多内向，不多说话。他们满脑子想的都是自己要做的事情，非常投入，特别专心，又怕别人知道自己的秘密。这种病人往往有贪欲淫欲，可以比喻为独脚虎，一开始自趣、自乐、自享，发病后自作自受。特别是梦交病人，绝对不会跟别人说此事。因为在睡梦中与她梦性交的人多为自己的尊辈，或者兄长、兄弟、情人，或是她梦想的爱人。有些影像、幻象都是从她本人大脑高级神经信息库调出来的。这些灵魂邪气属于心中的“情魔”，这种情魔是自己意念所造。中医学讲，“正气存内，邪不可干”，“邪之所凑，其气必虚”。她们没有立场，自己心中有情魔，就有病魔。这类病人三大系统紊乱，导致脏腑功能不和谐，引发血、精、气大量消耗，机体循环逐渐空虚，免疫功能下降，易合并感染其他病变。

阴精亏乏，阳气无主，所以梦交狂。部分病人想到自杀，部分病人并发血液病，部分病人心肾衰竭，各大医院查不出病因，医生只能对症治疗，但是病情逐步恶化，最后定于危症、不治之症。病人知道死期后，终于说出隐私之病，但是为时已晚。

近四十年来，笔者治疗此病上千例。当从眼神与脉象确诊后，就慢慢诱导病人。具体方法是：

（1）向病人说明内脏紊乱的病因，指出哪个脏腑虚空，需用中药调理，并向其讲解服药禁忌。这样说话，忠言不会逆耳，良药不会口苦。同时教病人练习简单的有氧运动，讲解正能量（元气）藏于肾脏，养生能提高正能量的知识。

（2）跟病人讲自古至今的一些事例和故事，说明不听家人的话最后会出现危险事情。这样的故事，病人家属听了也高兴，因为给家长解了忧。孩子听话、懂事，有孝心，病好得快。在诱导过程中，必要时可以讲几个传说，梦交就是与鬼交，最后鬼会掏心吸血，人会死掉。然后再讲科学的性知识：男女性生活是阴阳相交，激素分泌均衡，让免疫功能提升，是生理上的需要，是繁殖后代的必要。

中医学说，“孤阳不升，独阴不长”，“阴平阳秘，精神乃治”。

（3）除了诱导隐私公开，教其有氧运动外，必要时配合针灸治疗，以十三鬼门穴为主加减。如果配上科学食疗，恢复得更快。

这就是梦遗梦交的治疗方法，即心理疗法、药物疗法、科学食疗与自然疗法相结合。对于顽固性中晚期病人，以中医的特色治疗“整体观念，辨证论治”为基础，合理实施理、法、方、药，达到治愈目的。

第三节　梦遗与梦交病治疗方法

梦遗与滑精是有区分的，有梦而遗名为梦遗，无梦而泄为滑精。梦遗男女发病有别，男人为梦遗，女人为梦交。金元四大家之一的朱丹溪认为，梦遗与滑精，治法不二，故合一治也。

病因：初由手淫所致，或房事过度，单相思，梦思、梦幻、冥想、妙想而致病，发病后很难自控。特别是女性梦交越发越狂，无梦也痴狂。中晚期脏腑功能紊乱，气血精气内耗，机体功能衰竭，并发感染。大部分病人多死于血液病与心肾功能衰竭。

病机：梦泄精是肾气不能固摄与虚劳失精，多由情志失调或房劳过度、手淫所致，与饮食不节、湿热下注等因素有关。本病机大略有以下几种：

（1）相火妄动，心肾不交。《金匮要略》曰：“动于心者，神摇于上，则精遗于下也。”初起心火动越，肝火随动，久则肾阴亏耗，转为滑脱不禁。

（2）湿热下注，热扰精室。《古今医鉴·遗精》说：“梦遗精滑者，世人多作肾虚治，殊不知此证多属脾胃饮食厚味，痰火湿热之人多有之。”

（3）劳伤心脾，气不摄精。多由心、脾二经气虚下陷所致。

（4）肾虚精脱，精关不固。肾之阴虚则精不藏，肝之阳强则火不秘，以不秘之火加临不藏之精，有不梦，梦即泄。

总之，病因有两点，一是情志失调，酒色过度，伤及心、肝、脾、肾。二是肾主蛰，受五脏六腑之精而藏之，所以不论火旺、湿热、劳损、劳伤、色欲，不同病因侵袭，久则伤耗肾精。

一、相火妄动，心肾不交

症状：少寐多梦，梦则伴有心烦热，头晕，目眩，精神不振，体倦乏力，舌红，脉细数。

治法：清心安神，滋阴清热。

方药：益神封髓丹主之，可临时加减变通。如心火独亢，神浮扰精梦泄，可用黄连清心饮加减。黄连清心泻火，生地黄滋阴凉血，当归、枣仁和血安神，茯神、远志养心宁志，人参、甘草益气和中，莲子补益心脾，顺摄精气。若心肾不交，火灼心阴，予天王补心丹加石菖蒲、莲子滋阴安神。若相火妄动，水不济火，予三才封髓丹，三才、天冬、熟地黄养阴，人参宁心益气，黄柏坚阴泻火，砂仁行滞悦脾，甘草宁心益气。若肾阴虚火旺，予知柏地黄汤加大补阴丸加减，滋阴泻火。总之，重点在清心火、泻肝热、滋阴、固涩补精。

二、湿热下注，扰动精室

症状：梦遗频作，尿时有少量精液外流，热赤泻浊不爽，口苦，时渴，心烦少寐，口舌生疮，大便臭，后重不爽，或有脘腹痞闷，恶心，苔黄腻，脉濡数。

治法：清热利湿。

方药：萆薢分清饮加冬瓜炭为主。萆薢、黄柏、茯苓、车前子清利湿热，莲子心、丹参、石菖蒲清心安神，白术健脾利湿，冬瓜炭清阳化湿、利水排毒而补元气。若脾乏升清，湿注于下，予苍白二陈汤加升麻、黄柏、柴胡。若湿热流注肝脉而不泄，予封髓丹加龙胆泻肝汤化裁。重点是：治中焦以溶其源，利湿热以分其流，气化舒则湿自除，医学养生最为尚。

此外，本型久遗，亦可耗伤肾精，形成阴虚兼湿热，虚实掺杂，应标本兼顾，复方图治。

三、耗伤心脾，气不摄精

症状：梦寐恍惚，心悸健忘，面色萎黄，四肢困倦，少食便溏，劳则病重，舌淡，苔黄，脉弱。

治法：调补心脾，益气摄精。

方药：妙香散加纯西瓜炭主之。妙香山药与参芪，甘桔二茯远志随，少佐辰砂木香麝，惊悸郁结梦中遗。人参、黄芪益气生精，山药、茯苓、远志、辰砂清心调神，木香理气，桔梗升清。气充神守，遗精自愈。若中气不足，予补中益气汤加减。

注意：科学食疗，生活检点，修心练身，安神养心，补益心脾勿忘化湿升清、补肾固本之法，加练真气运行法恢复最佳。

四、肾虚滑脱，精关不固

症状：梦遗频作，甚至滑精虚脱，腰膝酸软，站立颤抖，咽干耳鸣，心烦低热颧赤，形瘦盗汗，发落步摇，舌红，少苔，脉细数。

治法：补益肾精，固涩止遗。

方药：六味地黄丸合左归饮加减。如阴损及阳，予右归丸加封髓丹加清骨散。若肾虚不藏，予金锁固精丸合水陆二仙丹。

方歌：金锁固精芡莲须，龙骨蒺藜牡蛎需，莲粉糊丸盐酒下，涩精秘气滑遗无。右归饮治命门衰，附桂山萸杜仲施，地草怀山枸杞子，便溏阳痿服之宜。左归饮主真阴虚，附桂当除易麦龟。

朱丹溪：因梦与鬼交、魔交、妖交，统称梦遗，不因梦感而自遗者为精滑，其治法无二，故合之。

治疗方法：上则清心安神，中则调其脾胃、升举阳气，下则益肾固精妥也。

气虚者，益气宁心安神。阴虚者，益阴养阴，清心安神。血虚者，养血补精，固精宁心安神。标本同治，同病异治，异病同治，配合自然疗法，加练新医学养生功（有氧运动），唱荷花歌，用神韵歌声唱出心中追求，让心灵永远放飞。

五、心虚胆怯

症状：少寐多梦，心悸，善惊易恐，坐卧不安，舌苔薄白，脉象动数或虚弦。

治法：镇惊定志，养心安神。

方药：安神定志丸合二仙丹加茯苓、茯神、远志、人参、石菖蒲、龙齿、琥珀、朱砂、磁石。若心悸、胆虚怯重，可加炙甘草补益心气。若心阴不足，加柏子仁、五味子、酸枣仁，以养心安神，收敛心气。若心悸而烦，善惊痰多，食少乏恶，舌苔黄腻，脉滑数，加用黄连温胆汤，清热痰者心自安宁，亦可加枣仁、远志以安神养心为佳。

梦遗、滑精之病进入中晚期后导致内脏功能紊乱，血气、精气、津液内耗亏虚，在治疗时多参考心悸、抑郁症、不寐（失眠）、眩晕等症的治疗，因为脏腑在生理功能上是互相支持，病理上互相影响的，连累临近脏器与组织，所以在治疗时多观察病势发展，有针对性地综合施方，运用多元化的治疗方法。

抑郁症、梦寐恍惚的失眠、心肾不交等病症，未发病前都有梦先兆与病先兆的出现，病到中期各系统都会出现临床症状。若郁闷症状重，首先要明确抑郁病因，郁怒不畅，肝失条达，气失疏泄，可致肝气郁结、情志不遂；肝郁抑脾，耗伤心气，营血渐耗，心失所养，神失所藏，即所谓忧郁伤神可致心神不安。《灵枢·口问》中说："悲哀愁忧则心动，心动则五脏六腑皆摇。"若六郁伤脾，饮食少，生化乏源，则气血不足，心脾两虚，郁久化火，易伤阴血，累及于肾，阴盛火旺，由此发展多种虚候。总病机为"升降失职，转化不运"。

治疗大法："木郁达之，火郁发之，土郁夺之，金郁泄之，水郁折之，此法调理五脏之法也。"肝气郁结，治以疏肝理气、调经解郁，方药予柴胡疏肝散加减。肝郁化火，治以清肝泻火、解郁和胃，方药予丹栀逍遥散合左金丸加减。忧郁伤神，表现为精神恍惚，心神不宁，悲忧善哭，时时欠伸，舌质淡，苔薄白，脉弦细，治以养心安神，方药予甘麦大枣汤加减。如多梦失眠，失眠又梦寐，久治不愈，导致心脾、肝、肾功能紊乱，气阴两虚，病理变化为阳盛阴衰，阴阳失交，故失眠多梦。

施方用药：①思虑劳倦太过，伤及心脾，方药予聚氧归脾汤。②阳不交阴，心肾不交，方药予新交泰丸。③阴虚火旺，肝阳内扰，方药予黄连阿胶汤合朱砂安神丸。④胃气不和，夜卧不安，治以健脾、疏肝和胃。⑤梦寐内耗，心血不足，治以补血养心、益气安神，方药予柏子养心汤合归脾汤化裁。⑥心阴内耗，阴虚火旺，治以滋阴清火、养心安神，方药予天王补心丹合朱砂安神丸加减变通。⑦心气不足，推动无力，引发心血瘀阻，治以益气、活血化瘀、理气通络，方药予人参养荣汤合桃仁红花加减变通。⑧肾阳虚衰导致心阳不振，治以温阳、补心气、安神定志，方药予桂枝甘草龙牡丹。⑨心阳不振，水饮凌心，治以振奋心阳、化气行水，方药予苓桂术甘汤或真武汤加减。

总之，治疗此病，上治痰火开窍安神，中治脾胃升降开郁为准，下治养肝柔肝、补肾固精妥也。

近年来临床实践证明：身体健康、精力充沛、聪明智慧之人，都是梦幻美景、山清水秀或在清水中游泳；右脑细胞发达之人，梦幻积极向上的事情或旅游等；左脑细胞发达之人，梦幻消极低沉的事情与悲观失望的情绪比较多；癌症病人，梦幻房子倒塌、断桥迷路及自然界变异的事情比较多；内分泌紊乱的人，性爱方面梦幻多；身体各部位疼痛的病人，梦幻意外伤害、外伤，梦幻后不久身体那个部位多会出现疼痛；月经不调或便秘之人，梦到下水道堵塞；气色不好的人，梦幻自己年经漂亮，这是反梦。

第四节　论汗证与盗汗的防治

一、关于人体出汗

我们知道，每个人都会出汗。汗是人体皮下汗腺而出。在正常情况下，天气炎热，蒸蒸而出汗，称“自汗”。自古有“一汗解百毒”之说，这种自汗确实有解毒与散热的作用。

如果在正常天气恒温下出汗，属于病理性汗或生理功能变异而汗。中医学有“汗为心之液”与“血汗同源”之说。西医学有“汗是细胞组织液”与“汗为血清”之说。病理性汗有很多种，如盗汗、红汗、白汗、黄汗、偏汗、多汗、战汗、大汗如流等。这些病理性汗代表着各种疾病的病因、病机、病种，以及各类病症的深浅度。

（一）睡眠中出汗为什么被称为盗汗

医学上将在醒觉状态下的出汗，称为“自汗”；将睡眠中出汗称为“盗汗”。盗汗是中医的一个病证名，是以入睡后汗出异常，醒后汗泄即止为特征的一种病证。“盗”有偷盗的意思，古代医家用盗贼每天在夜里鬼祟活动来形容该病证，意思是说，每当人们入睡或刚一闭眼而将入睡之时，汗液像盗贼一样偷偷地泄出来。

中医对盗汗很早就有比较深刻的认识。在春秋战国时期成书的《黄帝内经》将盗汗称为“寝汗”，指在睡觉的时候出汗。到了汉代，医学家张仲景在《金匮要略》一书中，形象地用“盗汗”来命名人们在睡梦中出汗这种病证。此后，历代医学家均沿用此名。

有的人一入睡即盗汗出，有的人入睡至半夜后盗汗出，有的人刚闭上眼睛一会儿即盗汗出。出的汗量，相差悬殊。根据盗汗病人的临床表现，可分为轻型、中型和重型三种。

轻型盗汗的病人，多数在入睡已深，或在清晨5时，或醒觉前1~2小时汗液易出，出汗量较少，仅在醒后觉得全身或身体某些部位稍有汗湿，醒后则无汗液再度泄出，一般不伴有不舒适的感觉。

中型盗汗的病人，多数入睡后不久汗液即可泄出，甚则使睡衣湿透，醒后汗即止，揩拭身上的汗液后，再入睡即不再出汗。这种类型的盗汗，病人常有烘热感，热作汗出，醒觉后有时出现口干咽燥的感觉。

重型盗汗的病人，汗液极易泄出。入睡后不久或刚闭上眼即将入睡时，即有汗液大量涌出，汗出后即可惊醒，醒后汗液即可霎时收敛。再入睡可再次汗出。出汗量大，汗液常带有淡咸味，或汗出同时混有汗臭。汗出甚者可使被褥浸湿，一夜非数次替换睡衣则无法安睡。有个别重症病人能使被褥湿透，被褥较薄或用席子时，汗液可在床板上印出汗迹。这些病人常伴有明显的烘热感，心情烦躁，汗后口干舌燥，喜欢喝凉水。平时伴有低热或潮热，五心烦热，颧红，头晕，消瘦，疲乏不堪，尿色深，尿量少，大便干燥。

轻型与中型盗汗，对身体损伤不会太大，但重型盗汗的病人，时间久了常会使病情恶化，向“脱证”发展，严重威胁着患者的健康与生命安全。

（二）生理性盗汗和病理性盗汗如何区分

盗汗有生理性和病理性之分，尤其是小孩生理性盗汗的发生率很高，有时弄得家长非常紧张，这就需要掌握如何区分生理性和病理性盗汗。

1. 生理性盗汗

小儿时期，皮肤十分幼嫩，所含水分较多，毛细血管丰富，新陈代谢旺盛，自主神经调节功能尚不健全，活动时容易出汗。若小儿在入睡前活动过多，机体内的各脏器功能代谢活跃，可使机体产热增加，在睡眠时，皮肤血管扩张，汗腺分泌增多，大汗淋漓，以利于散热。其次，睡前进食可使胃肠蠕动增强，胃液分泌增多，汗腺的分泌也随之增加，这可造成小儿入睡后出汗较多，尤其在入睡最初2小时内。此外，若室内温度过高，或被子盖得过厚，或使用电热毯时，均可引起睡眠时出大汗。

2. 病理性盗汗

有些小儿入睡后，出汗以上半夜为主，这往往是血钙偏低引起的。低钙容易使交感神经兴奋性增强，好比打开了汗腺的"水龙头"，这种情况在佝偻病患儿中尤为多见。但盗汗并非是佝偻病特有的表现，应根据小儿的喂养情况、室外活动情况等进行综合分析，还要查血钙、血磷及腕骨X线片等，以确定小儿是否有活动性佝偻病。

结核病患儿的盗汗以整夜出汗为特点。此外，还有面色潮红、低热消瘦、食欲不振、情绪发生改变等症状。检查血沉、抗结核抗体、胸片等，常可发现异常。有一点要注意，详细查颈部有无淋巴结肿大，这对小儿结核病的诊断极有价值。

综上所述，凡是影响人体体温调节中枢，以及使交感神经兴奋性增高的原因和疾病，都可引起小儿盗汗。作为家长，应仔细观察小儿，综合分析后再做出判断，不可盲目服药，以免引起不良后果。

（三）小儿盗汗的防治

小儿出现盗汗，首先要及时查明原因，并给予适当的处理。对于生理性盗汗一般不主张药物治疗，而是采取相应的措施，去除生活中导致高热的因素。比如，孩子睡前活动量过大，或饱餐高热量的食物，导致夜间出汗，就应该对小儿睡前活动量和进食量给予控制，这样也有利于睡眠和控制小儿肥胖，有益于小儿的身心健康。有的小儿夜间大汗，是由于室温过高，或是盖的被子过厚所致。冬季卧室温度以24~28℃为宜，被子的厚薄应随气温的变化而增减。一般说来，若家长注意到上述几种容易引起产热增多的诱因，并给予克服，出现盗汗的机会自然减少。即使小儿偶尔有一两次大盗汗，也不必过分担心，盗汗所丢失的主要是水分和盐分，通过每日的合理饮食是完全可以补充的。

对于病理性盗汗的小儿，应针对病因进行治疗。缺钙引起的盗汗，应适当补充钙、磷、维生素D等，并应做到以下几点：

（1）多接触日光，包括户外光线及反射的光线。可在户外活动，不要隔着玻璃晒太阳。

（2）大力提倡母奶喂养。

（3）早产儿、双胞胎、经常腹泻或有其他消化道疾病的小儿，应注意加用维生素D。

（4）北方农村或寒冷地区要按计划采取“夏天晒太阳，冬天吃D剂”的预防佝偻病措施。

对于结核病引起的盗汗，应在医生的指导下，进行正规的抗结核治疗。

无论是生理性还是病理性盗汗，护理工作是十分重要的。小儿盗汗以后，要及时用干毛巾擦干皮肤，及时换衣服，动作要轻快，避免小儿受凉感冒。注意及时补充水分和盐分，可以补充口服补液盐，简称“ORS”，或白开水加点食盐、糖，糖可以促进水和盐的吸收。被褥也要经常晾晒，日光的作用不仅在于加热干燥，还有消毒杀菌的作用。此外，对易于盗汗的小儿，应进行有计划的体质锻炼，如日光浴、冷水浴等，以增强体质，提高适应能力。体质增强了，盗汗随之而止，这将胜过任何灵丹妙药。

总之，盗汗是人在夜晚沉睡后出的汗，醒后汗即自止。“盗”是偷盗之义。盗汗属于阴虚证，一般情况下，属于肺肾两虚，因为肺主呼气，肾主纳气。笔者认为，这种病况缘于结核菌或其他菌感染，进而发生变异所致。发生盗汗，乃因细菌侵犯了人体细胞，人体细胞被破坏，细胞浆渗出等其他多种因素而形成。

二、汗信号

汗可示为阴阳变化的指示器。汗非独为心之液，五脏皆可致汗，汗信号常为体内诸多疾病的预兆，尤其是五色汗，具有独特的先兆价值。

（一）汗信号的理论基础

汗为心之液，心主血脉，血汗同源，故汗与心的关系最大，因此有夺血无汗、夺汗无血之说。心又主神明，故汗液的藏泄受神明的主宰。肺主气又敷布津液，血液又为津液所组成，“津液变化而赤是谓血”，因此汗与肺的关系也甚为密切。

加之，肺司开阖腠理，腠理、玄府为汗孔，汗孔亦为气窍，为气机升降出入之孔窍，气液运行之通道，因此，汗出的调节又取决于肺。另外，汗为心之液，在营则为血，在卫则为汗，汗液之有无，源于腠理之开阖；腠理之启闭，则因卫气之虚实，卫气行于皮毛，宣发于上焦，足见汗受心、肺的影响最大。

肾主水，肺主通调水道，二者一为水之高源，一为水之下源，肺开阖玄府主司汗孔，肾开阖膀胱主司溺孔，汗溺均同为水液，故人体水液的调节平衡取决于肺、肾。又肾主五液，“卫气出于下焦”，故汗病之根缘由肾。以上说明汗液与心、肺、肾的关系尤为密切，但脾主转输水液，肝主疏泄，故对津液的调节皆有一定的作用。汗为津液所化，因此，汗与五脏都有着不可分割的联系。

汗为水液，水液的运化与整个五脏六腑皆密切相关，故《素问·经脉别论》说：“饮入于胃，游溢精气，上输于脾，脾气散精，上归于肺，通调水道，下输膀胱，水精四布，五经并行，合于四时五脏阴阳，揆度以为常也。”

汗与脏腑在生理上密切相关，在病理上必然有着内在联系。《黄帝内经》早已注意到汗与五脏病理的关系，认为五脏病变皆可导致异常汗出，如《素问·经脉别论》说：“饮食饱甚，汗出于胃。惊而夺精，汗出于心。持重远行，汗出于肾。疾走恐惧，汗出于肝。摇体劳苦，汗出于脾。”《素问·水热穴论》说：“勇而劳甚则肾汗出。”

汗与津液也互为病理因果关系，汗多则津液竭，津液脱则汗大出。如《灵枢·决气》曰：“津脱者，腠理开，汗大泄。”以上说明，汗与五脏密切相关，因此，汗异常必然反映着五脏病理。

（二）汗信号的临床意义

出汗异常包括多汗症、无汗症、色汗症、汗出不均症、臭汗症及尿汗症六种，对疾病皆各有其特定意义。

1. 分部汗出的信号意义

“头为诸阳之会”，头部汗出可预兆体内湿热上蒸，因上蒸之湿热与头部之阳热、两阳相合，故蒸蒸汗出。头额出汗对疾病的预报意义，如《杂病源流犀烛·诸汗源流》所言：“苦头汗出，齐颈而还，则为血症，湿邪搏阳亦汗出头额，水结胸无大热，亦汗出头额，阳明胃实，亦汗出头额。”

另外，头部汗出也常为内有瘀血之征兆，如楼英的《医学纲目》说：“头汗出，剂颈而还，血证也。”其他情况，如关格不得尿，有头汗者死；有头汗，小便不利者死；元气下脱，有头汗如珠不流者死，都说明了头汗的预报价值。又如，额部汗出如油，多为虚脱、厥证之信号。

鼻汗多意味着水气停留，鼻汗与头汗同时并见，还常为关格、蓄血证、结胸之前兆。又鼻准内候于鼻，故鼻汗还常为脾胃湿热之外兆。

肩背汗出为肺病之征，因肩背为肺之外围，如《素问·脏气法时论》说：“肺病者……肩背痛、汗出。”而仅前胸两乳间汗出并气短心悸，又为心阳不足的信号。

此外，手足心、前胸出汗，即所谓五心汗出，常提示阴虚盗汗；大腿根部及阴部出汗，又常为湿热下注的征兆；阴部常出冷汗，为肾阳虚衰的先兆；半身出汗，常为中风先兆，因痰瘀脉阻、气血失运不能煦达周身，故致半身无汗。《黄帝内经》曰：“汗出偏沮，使人偏枯。”其他情况，如半边头汗，常为肾虚行房感寒的标志。

总之，头额汗出者，病在诸阳；手足汗出者，病在于胃；心窝汗出者，心脏亏虚；阴下汗出者，下焦湿热；汗出偏沮者，使人偏枯之先兆；汗不至足者，热病欬衄之危证。

2. 五色汗及异臭、味汗对疾病的信号意义

色为脏腑的外荣，五脏皆应于五色，正常情况下含而不露。如五色外露，无论见于面部或见于汗、尿、带等，皆为脏腑功能失常，精气不能摄纳，致精气外溢之兆。

(1) 黑汗

色黑属肾，汗见黑色，多为肾虚之征兆。如黑而清稀，则为心肾失调，当调补心肾，以敛精气。如黑而黏稠，则为肾阴虚湿热之象，当育阴，清利湿热。

病案 1：李某，1976 年就诊。因嗜酒，头部及五心出黑汗，汗黏而稠，伴头晕、梦多、心烦，舌质红，苔薄黄，脉细。治以交通心肾，清利湿热，予交泰丸合六味地黄汤加车前子、滑石、木通，叠进十余剂而愈。

病案 2：工人，28 岁，男性，1987 年 8 月 27 日就诊。自述 3 年来，每天头面部汗出黏稠如胶状，瞬即变黑。汗为心之液，气不摄纳，故汗多。汗出黏稠如胶

状，为阴虚，色黑属肾，故此系气阴两虚。治以滋补心肾，予六味地黄汤合生脉散。3剂后汗出减少，汗液稍黏，色淡黄，原方续进3剂，诸症全退。

（2）黄汗

黄汗者，湿热之征。色黄属脾，黄汗为脾色外露之兆，多为脾被湿热阻囿或脾虚失敛所致。如色清稀而黄为脾虚黄汗，而色黏稠而黄则为湿热黄汗。《金匮要略》即有历节黄汗的记载，如曰："寸口脉沉而弱，沉即主骨，弱即主筋，沉即为肾，弱即为肝。汗出入水中，如水伤心，历节黄汗出，故曰历节。"历节黄汗多伴脾失运化，故黄汗病多兼浮肿，与黄疸的鉴别为目睛不黄。

病案：马某，女，40岁，农民，1976年7月就诊。五心（即手足心、前胸）汗出黄染，自述曾有冒雨耕耘后周身疼痛，遂竟渐出黄汗。舌质红，苔黄腻，脉濡，此湿热素蕴。又感风寒，寒热交作，困阻中州，脾失健运，脏色外露之故。先予茵陈蒿汤6剂后，黄汗减轻，唯肢体痛，遂易金匮方"木防已汤"，8剂竟愈。

（3）白汗

白属肺，为肺色外露，多为心肺阳虚，宗气不足所致。见白汗出为不祥之兆，如《素问·经脉别论》曰："心气虚，厥气留薄，发为白汗。"指白汗可见于真心痛，说明白汗与心肺虚衰的关系。白汗有时也偶见于剧痛，如《金匮要略》曰："寒疝绕脐痛，若发则白汗出，手足厥冷，其脉沉紧者，大乌头煎主之。"

（4）红汗

红属心，心主血脉，心属火脏，心火重时可出肌衄自愈。红汗为汗出淡红色，《诸病源候论·血病诸候》称之为"血汗"，多为气虚之候，亦为心肝火旺之兆。林佩琴《类证治裁》关于红汗的记载："有红汗，色红染衣，黄芪建中汤，兼用妙香散、小麦煎汤调下。"此外，红汗与肌衄应有所区别，肌衄出现于急性热病、高热火盛时，因起到汗出而热解的作用，故曰"红汗"。然而，肌衄虽亦俗称"红汗"，但部位非出于玄府，而是出于汗孔，故并非真正的红汗。前贤认为，小儿出生汗出如血者，为不吉之兆，多夭寿。

血汗证的预报价值在于：常为人体其他部位出血的信号，发现红汗须对人体做进一步的检查。此外，服碘化钾等化学制剂，亦易出现药物性红汗。

病案：徐某，男，50岁。半年前因操劳恼怒，热汗出较多，自感乏力口干，一周前换衬衣时发现有片状淡红色血迹，继之心烦口苦，头晕眠差。取汗液镜检可见散在红细胞，面色微黄，色淡，脉弦细。处方用生脉散加白芍，5剂而愈。汗血又名肌衄或脉溢，临床少见。《诸病源候论》曰："汗血者，肝心二脏虚故也。"生脉散中，人参、麦冬益气生津，五味子敛阴止汗，又配白芍养血补肝，方与证合，乃显疗效。

（5）绿汗

绿汗为清绿色之汗液，清绿为肝胆之色，汗色青绿，提示肝胆精气外泄，临床上可见于"胆倒"一症（胆癌），乃大凶之兆。此外，消渴病严重期出现青绿色汗为酮症酸中毒的信号。其他情况，如注射亚甲蓝，亦可形成药物性蓝汗。

（6）战汗

久病或大病久治不愈的情况下突然大出汗，称"战汗"。此汗是正气与病气交争。战，有战斗之意。如果是大汗如流，汗出全身，不高热，心安脉静，说明病危转安，正气御邪气胜利了，病人该好了。有经验的临床医生这时候会特别高兴，会抓紧给病人补充能量，精心护理，病人很快康复。但是，如果战汗如油，持续高热或体温急降，是邪气胜正气，医生要抓紧急救，此类病人死亡率较高。

（7）异味、臭汗

①甜汗：汗甜而黏，甘为脾之味。汗甜为脾精外溢，乃湿热困阻中州，伤于脾所致，多伴有纳呆、呕恶和乏力。

病案：田某，女，57岁，1985年5月9日初诊。患者述前一年夏天发现自己周身汗出味甜，就诊这年汗甜更甚，时有乏力，怕热，口微干但不多饮，食纳较差。曾在多家医院做血、尿化验，均属正常范围。来诊时舌苔腻、脉濡缓，证属湿困脾土，胃阴亏损。治以健脾化湿，养阴清热。佩兰、薏苡仁、白蒺藜各15克，干荷叶、竹茹、通草各10克，生地黄、天冬、川石斛各12克，牡蛎30克，5剂。继服7剂遂愈。

本案甜汗为脾湿困阻、胃阴亏乏所致。方中佩兰化湿和中，生地黄、天冬、川石斛养阴固津，荷叶、薏苡仁、竹茹健脾醒胃除热，牡蛎固湿，通草通络，白蒺藜疏风，调节气化功能。复诊时足膝之汗尚甜，故去荷叶之轻物，加牛膝之下行，经治告愈。

②怪臭汗：如焦臭汗，这是一种罕见的臭汗证。其产生机制为肾虚肝郁，多由房劳、忍精，致败精瘀阻于内。近年来治愈3例，并询知发病，均有遗泄、房事

过度或频繁手淫史，常与遗精、排精有一定关系，发作常有间歇性。予柴胡胜湿汤（《兰室秘藏》）。柴胡10克，酒炒黄柏10克，升麻6克，泽泻10克，当归10克，羌活10克，麻黄根10克，汉防己10克，龙胆草9克，赤茯苓12克，红花6克，五味子5克，生甘草6~9克，水煎服，随症加减变通。

此外，关格病人出现尿臭汗，称为尿汗症，乃大凶之兆，提示尿毒症的存在。

综上所述，关于人体出汗有两种情况，一种属于生理性的特征，另一种属于病理性的特征，称为"病汗"。病汗症状不一，种类很多，诸如自汗、盗汗、黄汗、红汗、战汗、绿汗、偏汗、阴尸汗等。汗状不同，其病症不同，病因也比较复杂。在治疗时追求病因，紧扣病机，临床治疗不失大法，灵活选用治疗方药，防控并发症，以防逆转。至于凶兆汗证的战汗病，抢救时要争分夺秒，保一份汗，保一份津，又保一份生机。其次，善后调理不得延误。

3. 异常汗的信号意义

汗出异常，每为阴阳偏盛的征兆，如《黄帝内经》曰："阳加于阴谓之汗。"汗为精气所化，汗的状况反映着阴阳的协调。所谓"阳加于阴"，即阳气作用于阴精，指汗属阴液，汗的化生须赖阳气的正常作用。如阳气过亢逼阴液外出，阳气不固致阴液失于约束，以及虚阳散越致阴液外亡等，皆可导致汗出（临床上属阳盛汗出、阳虚自汗及阳亡汗出）。同样，阴加于阳亦可导致汗出，阴阳是互根的，阴虚则阳无以化，阳虚则阴无以生，阳作用于阴，阴亦同样作用于阳，所谓"阴虚者，阳必凑之"。汗虽发于阴而实出于阳，如阴虚不敛阳而盗汗自出，或阴盛阳虚而亡汗外泄。因此，汗的变化可示为阴阳协调的指示器。实践中，自汗多预报阳虚、气虚，盗汗则提示阴虚、血虚。

汗亦为营卫失调的标志，卫为阳，营为阴，卫司汗孔的开阖，营为汗液的化生基础，营卫的和调是汗液正常的前提。如《素问·经脉别论》曰："饮食饱甚，汗出于胃；惊而夺精，汗出于心；持重远行，汗出于肾；疾走恐惧，汗出于肝；摇体劳苦，汗出于脾。"

第五节　女性失眠多梦与身心九大弱点有关

现代女性常说的一句话："女人就应该对自己好一点。"但女性同胞是否知道自己身心存在的九大弱点呢？下面我们来一一介绍。

第一个弱点：免疫系统

中医学认为："正气存内，邪不可干，邪之所凑，其气必虚。"这里所说的"正气"，指现代医学所说的免疫功能不足或下降。免疫功能不足或下降，是防病抗病的防御功能系统受某种或多种病因的侵犯与内环境（脏腑）功能紊乱所致，继而引发各类病变。

女性为什么免疫功能容易下降呢？中医学认为，"女属阴，男属阳"，"女人以血为主，男人以气为主"。人体内有元气（真气）、宗气、营气、卫气。"卫气"之"卫"，是"保卫"的"卫"，卫气的虚弱主要是内脏紊乱所致。女人大部分心理素质较差，遇事容易思虑过度，忧思则伤脾。脾胃者为气血生化之源，气血者人之神也。神指精神之神，气血旺，神亦旺。脾又是免疫系统里最大的免疫器官，如果脾气虚、胃不和，则气血化生源泉匮乏，免疫功能就会下降。女性免疫功能下降，易多发红斑狼疮，古代医学称此病属于"阴阳毒"。此外，易发生类风湿及多发性硬皮病，以及病毒性病变，如感冒、咽喉炎、鼻炎、额窦炎、丙型病毒性肝炎、艾滋病等，且发病率高于男性。

第二个弱点：运动系统

女性骨质容易疏松，原因是：女性的髋骨（骨盆）比男性的髋骨要宽 2 厘米左右，所以承受的压力比较大。骨质按年龄段提前出现疏松，骨髓造血功能差，干细胞与免疫系统寿命短，特别是老龄女性骨骼严重萎缩。由于骨质疏松，骨骼会变得不再紧密，而且布满孔眼。其次，易出现膝关节韧带拉伤、膝关节积水、股骨头坏死、骨癌等病变。

第三个弱点：消化系统

女性的内分泌系统本来就没有男性的功能强，内分泌系统的总指挥是脑垂体，它指挥系统内的腺管与腺体，如甲状腺、乳腺、胸腺、肾上腺、消化腺、唾液腺、泪腺、汗腺等，特别是消化系统腺体。女性内分泌系统天生脆弱，如果受到某种因素（内、外环境）的影响，内分泌系统出现紊乱，导致唾液分泌过少或唾液内的微量元素不足，影响消化功能，引发胃肠疾病，如胃炎、十二指肠炎症及溃疡、结肠炎及结肠溃疡、大便稀溏或便秘。其次，胃下垂、脱肛、痔疮及慢性消化系统疾病较男性多发。

第四个弱点：神经系统

男女两性大脑对激素和脑内化学物质的反应不同，且女性体内产生的血清素对其浓度变化的反应更敏感、更剧烈，所以女性高发病为失眠、抑郁症、精神病、神经衰弱、神经官能症及多发性神经炎。

此外，进入更年期后的女性没有雌激素替代疗法，易患痴呆症与记忆力减退，家庭主妇精神病自杀率高。

第五个弱点：心脑血管疾病

青中年妇女，多发心脑血管疾病、神经性头痛、无名水肿、无名心悸、顽固性头晕、胸闷、乏力、多梦等病症。女性与男性相比较，在生理与心理上较脆弱，同时在此年龄段其生理功能易出现早衰。从中医学的角度上讲：喜伤心，怒伤肝，忧思伤脾，悲则伤肺、耗气。内伤七情病因是由于内环境紊乱、不和谐、心脑耗氧量大，多发气虚证。

总之，劳心思虑耗伤心气，心气虚的人悲不胜悲，心气实的人笑不休。心脏是一个血泵，血泵通过颈动脉上泵于脑，每分钟供脑血流量700~750毫升。大脑的耗氧量占人体的30%以上，心脏如果缺氧，血泵就会减弱。脑血流量慢，医学上称心脑血管缺氧或心脑血管供血不足，会出现头晕、头痛、失眠、多梦等症，中医学认为多因心气虚与肝血不足所致，故称“无虚不作眩也”。肝阴不足、肝阳上亢所致的以上临床症状，称“肝血不上荣也”。因肝体阴而用阳，所谓“心生血，肝藏血，脾统血”。在三脏器生理上共同完成心血管的循环过程中，如果有一脏出现功能紊乱或早衰，它们就会互相影响，导致出现种种问题。

第六个弱点：不定时排毒

人体是一台活机器，也是一座房子。机器可加油加水，当然必须有排废气的管道。那么，房子里清水使用后也由下水道排出。人体是一台活机器，当然有排毒管道。人体排毒管道有五个：一是肺，它可吸清气，排浊气（二氧化碳）；二是汗腺；三是膀胱，排尿液；四是直肠，排屁屎；五是女子宫胞，男子前列腺，排血液毒素。如果不破坏人体内环境生物钟，所有的毒素都按时排出，身心都是强点，无弱点。

第七个弱点：漏气与散气

漏气与散气，大部分是特异体质女性多见。特异体质的人体质好，奉献型性格，对自己的健康不在乎，月经期、流产期、大产期根本不休息，该干什么干什么，对自己不爱护。前文说过，女性盆骨比男性大，髋骨宽，所以会阴穴易漏气，子宫易脱垂，特别是干力气活时，用力大，猛力可使正气（中气）下陷，引发会阴体下沉漏气。轻则漏气，损伤阳气，导致性冷淡、下腹与腰冷痛。重则出现子宫脱垂、痔疮等。生气时更为严重。会阴穴位于会阴体，在阴道与肛门之间的软组织，包括皮肤、肌肉及筋膜，也是盆骨底的一部分，其中心部位的楔形组织为会阴体。会阴体长3~4 厘米，外长皮肤，皮下是脂肪，中层为会阴中心腱。会阴的收缩力与伸展性很大。

作为女性必须懂得的生理知识：特异体质的女性有一个散气的问题，一个自己从来不明白的特征，即每当大笑时太阳穴与膻中穴散气，每当高兴大笑一次后可能有两天心情都不好，所以古代老年人教育年轻女性不可以大笑，注意形象。中医学里所言，大笑者伤阳气。

第八个弱点：爱哭

爱哭的女性主要是差异体质多见，因为心气虚，则易悲伤。当然，哭泣有不好的一面，也有对身体好的一面。

哭泣流泪有利于健康。中医学认为："大悲大怒伤心，伤心则心动，心动则五脏六腑皆摇，摇则宗脉感，宗脉感则泪道开，泪道开故泪涕出焉……"首先，眼泪可使眼球保持湿润，从而保持角膜层光面的规则性而使视力增强。泪液中含有溶菌酶、免疫球蛋白等，可杀灭或抑制落在眼球表面的细菌及其他微生物。其次，人在伤心悲痛时体内会产生一些毒素，这些毒素可通过流泪排出体外。所以，哭泣流泪对人体是有益的，是有利于健康的。

笔者认为，"学古不要泥古，学佛不要泥佛"，"科学养生寻良法，治疗确实有效果"。总之，应以古代养生术为基础，吸收其精华，去除其糟粕。也就是说，那些死搬硬套、按强制规定时间去锻炼的耗氧运动一定要改掉。如战国时期名篇《韩非子·五蠹》里所讲的那样，采取守株待兔的方式，或是让高热的病人上山去背大石头，这是用过度劳累强行让其退热的愚蠢行为。所以，我们要改进养生保健的方法，提高养生保健的质量，以新科技养生方式为内容。要积极利用良好的自然环境与条件，让人们自觉、自愿、自然地抱着乐观的态度去进行体育锻炼。这样做，才是一种真正的增氧或灌氧运动的新疗法。坚持做好并切实运用好这一新疗法，才能达到扶正祛邪及防病治病的目的。

哭太久容易得胃病。人从一生下来就会哭，适当哭泣有益健康。然而，哭泣过度则有害身心，若悲伤和愤怒情绪得到发泄后仍哭泣，就会伤身。哭泣超过15分钟易导致胃病。胃肠消化功能对情绪极度反应特别敏感，哭泣太久会直接影响到胃肠功能，导致胃酸分泌减少，消化减慢，甚至诱发多种胃病。哭太久易伤五脏之气，上面说到哭泣流泪由心动、脏腑摇动而发，伤肝重则视力减退，所以爱哭的女性往往人未老，眼睛先老（老花眼）。

第九个弱点：易怒生气

不论男女，每当受到污辱与压抑时，特别是做好事反而得到的是恩将仇报时，她们都会说："气死我了！"大怒真能气死人。中医学认为，"大怒者浊气逆上，使人薄厥"。下面说一下"气死人"的原理。

古人云："气为百病之始。"大量的临床实践证明，大怒则伤肝，大怒使人晕厥。用现代医学的观点也可揭开"气死人"的奥秘。在人体大脑中有一个脑岛皮层，每当人的情绪变化、精神受到刺激的时候，便通过脑岛皮层把信息传递到心脏，使心脏肌体负担加重，心肌纤维发生颤动，严重者则会因心脏跳动停止而死亡。

既然生气会带来如此不良后果，那么学会控制自己的感情，懂得"制怒"，加强思想修养，则是完全必要的。

1. 尽量避免无事生非引发纠纷，不要自寻烦恼。

2. 要学会让步。遇到烦恼而又非原则问题，可做出退让。不要死钻牛角尖，老往坏处想。"这个人太讨厌了"或"我非得教训他一顿不可"，这种认识或想法会不能自控，使怒气上冲，引起烦恼。理智的让步不仅表现出自己的气量和大度，而且还能引起别人的理解与尊重。

3. 要会转移情感。遇到使你生气的事时，要赶快转变一下思路，闭目几秒钟，从冲突中逐渐解脱，使激动烦恼的情绪慢慢平静下来。若遇到烦恼之事不能马上解决时，最好能寻找一些其他事来冲淡它，如致力工作，或离开原来的环境出去散散心，或去做乐意做的事，以转移一下注意力。

4. 要向他人倾诉。有气不要憋在心里，应当找知心朋友尽情倾吐自己的苦衷和委屈，以得到他人的劝解和宽慰。

5. 要学会自我宽心。遇到不称心的事情，应极力向宽处想，进行自我安慰，不妨跟自己说：“我就不信毫无办法处理此事。”这样做可以缓解愤怒，设法找出解决问题的办法来，头脑自然也会冷静下来。

6. 说话时尽量讲得平缓一些。如此去做，自己就会变得轻松起来，气恼随之也会减少。

7. 自我按摩肩部或太阳穴 10 秒钟左右，有助于减少怒气和肌肉紧张。

8. 用冷水洗面，可让头脑冷静，利于消除怒气。

女性身心存在九大弱点的根本原因是：十大系统的生理功能异常发育（青中年时代）或退化（中老年时代），或某一脏生理功能退化早衰。总而言之，女性身心存在的九大弱点属于身体的差异与变异。

以上谈到女性的九大弱点，现代的男性也有弱点，但是按比例来讲，还是少一点。真诚希望女性朋友们能明白自己的生理和心理功能，自知者明，好好养护心灵，再次点亮心灯，放飞心灵，多练有氧运动及正气运行法，达到永远健美的目的。

第六节　顽固性失眠症治疗方法

医生常说“失眠多梦”这个名词，失眠在前，多梦在后，说明先有所思，在失眠后有多梦。人人皆知：睡个好觉，胜过护肤，好的睡眠是最好的补品。

生理解剖知识对睡眠的解说：人体内存在一种睡眠和觉醒的生物钟，生物钟根据大脑松果体的指令，调节人体各器官，以 24 小时为一周期发挥作用，保证人体健康、长寿、益智、欢愉。正常人的松果体对光亮和黑暗的信号敏感，夜幕降临时它就会指挥大脑，放松神经，向全身传送睡眠信息。如果大脑松果体功能衰退，生物钟就会紊乱，直接导致失眠、多梦、睡眠质量差，同时还会影响脑垂体功能，导致机体激素分泌减少或增多，使内分泌系统失衡，引发甲亢、糖尿病、乳腺增生、卵巢囊肿、无名水肿、脑瘤等。若松果体素分泌过多或过少，导致神经系统紊乱，可使情绪兴奋与激动或消极低沉，使免疫系统功能下降，诱发心脑血管病变，加速衰老的进程。

一、顽固性失眠少活多少年

在当今社会，由于来自工作和生活的压力以及爱情与婚姻生活的种种问题，使许多人不堪重负，罹患各种疾病，尤其是失眠症，近年来有逐步上升之势。据专家统计，失眠症的治愈率仅占 30%，其中顽固性失眠症患者占失眠症总人数的 55%，死亡率已达到 15%。

二、导致顽固性失眠的因素

导致顽固性失眠症的因素有很多，首先由于工作中的重大失误、失恋、婚姻生活等不幸因素，致使人们从失落逐步走向失望，最终跌进绝望的深渊而不能自拔，从而引发心理障碍与心理障碍并发症，导致失眠与顽固性失眠的发生。

因个人的身体素质与心理素质的差异，失眠的症状轻重不一。轻者入睡困难，即使入睡了也易醒，醒后很难再次入睡。也有时睡时醒，严重者彻夜不眠。大部分患者除失眠症状外，还伴有头痛、头晕、耳鸣、心悸、多梦，也有部分患者伴有健忘、腰痛背重、无名水肿、消化功能紊乱等。

现代医学治疗失眠症的方法与药物很多，但对顽固性失眠症却难以根治。大部分患者由于缺乏养生保健知识和对疾病本身的了解，没有引起患者本人的足够重视或治疗不当，导致五脏六腑功能紊乱与失调，甚至引发多脏器衰竭，也就提高了顽固性失眠症的死亡率。失眠同时也是导致抑郁症、精神病、神经官能症等精神疾病的根源。

三、导致顽固性失眠症患者死亡的几大因素

据专家统计，通常人不吃饭可以活 18~27 天，不喝水可以活 6~8 天，而不睡觉只可以活 5~7 天。由此可见，睡眠对人类生存质量具有重要意义，也同时说明了失眠症是威胁人类健康的一大隐形杀手。

导致顽固性失眠症患者死亡的几大因素：①因为某些不负责的医生滥用药物，使部分老年患者在睡眠中发生药物性死亡。②部分顽固性失眠症患者由于对生活的绝望而导致自杀。③部分顽固性失眠症患者缺乏养生保健知识，没有健康生活和饮食而导致死亡。

四、顽固性失眠症的治疗方法

中医称失眠症为“不寐”，也叫失眠、不得卧、目不瞑等。不寐一证可单独出现，也可与头痛、眩晕、心悸、健忘、耳鸣等症状同时出现。

失眠症的病因病机：思虑劳倦太过，伤及心脾；阳不入阴，心肾不交；阴虚火旺，肝阳扰动；心虚胆怯，心神不宁；胃气不和，夜卧不安。其主要病因与心、脾、肝、肾及阴血不足有关。病理变化是阴盛阳衰，阴阳失交。

在辨证施治上要分清虚实。虚证多见阴血不足，责在心、肝、脾、胃；实证多因肝郁化火、寒滞痰浊、胃腑不和。治疗上应以补虚泻实、调整阴阳为原则。

（一）实证

1. 肝郁化火

症状：不寐，性情急躁易怒，口苦，口渴，目赤，不思饮食，尿黄，便干秘结，舌红，苔黄，脉弦数。

治疗：疏肝泻热，佐以安神。

2. 痰热内扰

症状：不寐，头重，痰多胸闷，恶寒嗳气，吞酸恶心，心烦口苦，目眩，苔腻而黄，脉滑数。

治疗：化痰清热，和中安神。

（二）虚证

1. 阴虚火旺

症状：心烦不寐，心悸不安，头晕耳鸣，健忘，腰酸梦遗，五心烦热，口干少津，舌红，苔少，脉细数。

治疗：滋阴降火，养心安神。

2. 心脾两虚

症状：多寐易醒，心悸健忘，头晕耳鸣，肢倦神疲，饮食无味，面色少华，舌淡，苔薄，脉细弱。

治疗：补益心脾，养血，益气安神。

3. 心胆气虚

症状：不寐多梦，易惊醒，胆怯，心悸，怕事善惊，气短倦怠，小便清长，舌淡，脉弦细。

治疗：益气镇惊，安神定志。

失眠症的成因与人们身体素质和心理素质有关。①白领化与女性化（女人身心有九大弱点）。②与人的体质有一定的关系，分为差异体质、变异体质、特异体质。③脑垂体功能障碍与松果体素分泌不足。④身体素质差异与心灵养护不足，重感外因刺激，导致神经衰弱、自主神经功能紊乱、内分泌系统功能低下或亢进，引发各器官、组织、细胞缺氧，特别是神经细胞缺氧严重。轻者失眠、多梦、健忘，更可发展为精神分裂症、抑郁症、神经官能症等。严重者出现心悸、头痛、眩晕等心脑血管病变。

综合治疗方案：明确虚实，和谐阴阳。①整体观念，辨证论治；②和谐脏腑与阴阳气血；③养护心灵，提高灌氧量，提高各脏腑的生理功能。

药物疗法：①用药：偏中不偏西，用量宜小不宜大。中西医结合，标本同治。②指导病人：要有良好的生活习惯，按血型、体质、病种不同而科学饮食（药、食、医同源）。③睡前三不宜：不宜烟、酒、茶；不宜激动；不宜回忆过去，不考虑未来，只享受当下。

精神疗法：①让病人了解失眠症的养生保健知识。②了解自己的体质（差异、变异、特异），明白阴阳五行结合六气的变迁。③了解什么是情、爱、钱；举重与负重的含义；什么是人生烦恼、痛苦、苦涩；学习社会大学内容，深刻理解超前思想、种花得刺、忠言逆耳、恩将仇报等的意义，才能脱离痛苦环境。

自然疗法：增氧运动；科学养生疗法。

附：失眠并发症的治疗

1. 心悸

病理产物（痰、火、瘀、虚）因惊而悸。

2. 眩晕

眩指眼花，晕指头晕，合称眩晕（风、火、痰、虚）。《黄帝内经》中称“诸风掉眩，皆属于肝”。刘河间称此为“风、火”所致。朱丹溪称“无痰不作眩”。

张景岳称“无虚不作眩”。

3. **水肿**

水肿分阴阳、虚实。重调脾、肺、肾三脏。肺虚则气不化精而化水；脾虚则土不制水而反克；肾虚则水无所主而妄行。其次，瘀血阻滞，损伤三焦水道，往往可使水肿缠绵，顽固不愈。

4. **腰痛、背重**

腰为肾之府，肾虚则阳气不能入阴，督、任不能相交；气滞血瘀，“痛则不通”，应予补肾精、益元气。

5. **耳鸣**

鸣为聋之渐也。肾气通于耳，肾和则耳能听五音矣；反之则髓海不足，脑转耳鸣矣。精脱者，耳聋；液脱者，耳数鸣。

治疗：疏风散热，开郁宣窍，化痰，补益脾肾。

凡耳聋，必先调气开郁。肾开窍于耳，而能听声音。肺也，因肺主一身之气，上贯于耳故也。

6. **多梦**

梦分两类，五种梦应五脏也。梦分虚实，请参阅《人体奥秘与保健养生》一书。

第七节　神经系统紊乱先兆防治

一、心脏神经官能症（惊悸）先兆

惊悸为心脏神经官能症的主要征兆。由于发病与心、胆的关系较大，故先兆症也多首先披露于心、胆。

惊悸，是指由于七情不节，累及于心所致。以惊悸为主要外兆的心病，属于现代医学的心脏神经官能症。惊悸多由外因引起，怔忡则属内因所致，惊悸与心、胆的关系最为密切。因心为君主之官，主神明；胆为中正之官，决断出焉。惊者，因外有所触而动；悸者，无外触而自身惊悸之病。动也，筑筑然触动，如人将捕之是也，总因心神被触忤之故。如《素问·举痛论》曰："惊则心无所倚，神无所归，虑无所定，故气乱矣。"此外，惊悸虽然与水饮、瘀血、痰火等都有关系，但大多属心胆虚，如《金匮要略》中说："寸口脉动而弱，动即为惊，弱则为悸。"说明尽管惊悸有外忤因素，然必有内虚隐患。

本病多发生于年轻人，尤以女性为多。心脏神经官能症是一种非器质性心脏病，为一种病态，且发病率不低。因此，探索其先兆规律，争取截断心脏神经官能症的发生，仍具有和器质性心脏病同等重要的意义。

先兆潜证：由于心脏神经官能症与心、胆的关系较大，如清代罗国纲曰："惊悸者，肝胆怯也。"（《罗氏会约医镜·卷十·论怔忡、惊悸、恐惧、健忘》）故其先兆证多与心、胆有关。本病多见于木质人气质型。盖胆为乙木，肝为甲木，木性多秉风气，风性善变，故该气质型人平素敏感多疑，忧郁善嫉，遇事易惊，体型细长或小巧纤弱，舌质淡，苔薄，脉多弦细。

心脏神经官能症先兆证型常见下列三种：

1. 心胆虚

该型为心胆素虚，表现为怯弱胆小，优柔寡断，善惊易恐，多梦易醒。如《灵枢·四时气》曰："善呕，呕有苦，长太息，心中澹澹，恐人将捕之，邪在胆，逆在胃。"但尚未出现明显惊悸，以心惕惕而动为其报标症。

阻截治则：养心温胆，以阻断其发展。方用平补镇心丹（《局方》）：酸枣仁、五味子、天冬、麦冬、熟地黄、远志、人参、山药、肉桂、龙齿、朱砂、茯神、茯苓、车前子。

2. 肝郁痰扰

此型人平素忧郁寡欢，多愁善感，胸闷不舒，涎多善呕，苔腻，脉弦。报标症为时感胸闷、心悸、气短。

阻截治则：疏肝解郁，豁痰清胆。温胆汤（枳实、竹茹、茯苓、法半夏、陈皮、甘草）与逍遥散（柴胡、白芍、薄荷、茯苓、白术、当归、生姜、甘草）交替服用。或用甘麦大枣汤：甘草、麦冬、大枣。

3. 心肾阴虚

心肾水火互济则心宁神安，而心肾阴虚，水火不交，常为心烦惊悸产生的重要根源。如清代林佩琴所言："昔人论阳统于阴。心本于肾，上不安者由乎下，心气虚者因乎精，此精气互根，君相相资之理固然矣。”如心火素旺，灼伤心阴，或久病伤肾，耗夺肾阴，致肾水亏于下，心火炎于上，故时觉面赤足热，头晕耳鸣，心悸烦躁，失眠梦多，遗精腰酸，口干舌红，脉细数，报标症为心烦不安。

阻截治则：滋养心阴、清热除烦为主。方用灵芝养心方：灵芝、茯苓、柏子仁、百合、莲子、甘草。柏子养心丸：柏子仁、枸杞子、麦冬、当归、石菖蒲、茯神、玄参、熟地黄、甘草。天王补心丹：人参、玄参、生地黄、丹参、茯苓、五味子、远志、桔梗、当归身、天冬、麦冬、柏子仁、酸枣仁、朱砂。

上述三种先兆证型常为惊悸产生的潜证，如能及早治疗，可阻断其发展。一旦失治，任其发展，则易出现惊悸病证，症见心悸不安、焦虑紧张、心前区不适、胸闷气短等。其特点为：在受惊、情绪激动及睡眠前后明显加重，并自始至终有焦虑紧张感出现。心脏神经官能症虽为非器质性的心疾，但如反复发作，日久也可致心质受到损害而演变为器质性心脏病，故应引起警惕。

二、病毒性心肌病（怔忡）先兆

怔忡虽为多种心脏病的共症，但因心肌炎先兆多表现为不明原因的心悸怔忡，故特以怔忡概之。心肌炎的预兆复杂而多样，尤其常常被一些类似症所掩盖，因此早期发现心肌炎的关键，还在于尽早识破这些烟幕。

怔忡、心悸是许多心脏病的常见征兆，心悸常由怔忡发展而来。所谓怔忡，《医学纲目》曰：“怔忡，惕惕然心动而不宁，无时而作是也。”导致怔、悸的机制不外心脉失养，产生的原因总因气血不足或气血瘀阻，前者多由心阳虚宗气不足或心阴虚心血亏乏所致，后者则由心脉瘀痹而成。如《杂病源流犀烛·怔忡源流》曰：“怔忡，或由阳气内虚或由阴血内耗。”此外，怔、悸的产生和肾的关系也很密切，如《类证治裁·忡惊恐论》曰：“心本于肾，上不安者，由乎下。”“水衰火旺，心动不安。”临床上，肾水亏虚，真阴不足，或命门火衰，真阳不足，皆可导致怔、悸。其他情况，如饮邪凌心亦是导致怔、悸的常见因素之一。关于怔忡的征兆，中医已有许多论述，如《黄帝内经》提出了虚里搏动应衣、颈动脉搏动明显等。如《素问·平人气象论》曰：“胃之大络，名曰虚里，贯膈络肺，出于左乳下，其动应衣，宗气泄也。”

目前无论是心肌炎、心律失常、肺源性心脏病还是高血压性心脏病等，都易出现怔忡、心悸，上述心脏病都是发病率比较高、比较常见的心脏病。因此，探索其先兆规律，早期治疗原发病，对减少怔忡的发生有重要意义。

（一）病毒性心肌炎先兆

怔忡，属许多心病的共同证候，近代发病率极高，且对人类的危害较大。除心律失常外，怔忡为病毒性心肌炎（常无典型症状）的主要征兆。因此，有必要对导致怔、悸的主要疾病如病毒性心肌炎及其先兆进行探索，以求得早期治疗。

病毒性心肌炎是近30年来较为猖獗的心脏疾患，由于心肌和传导系统受到侵犯，因此遗留下长期的心律失常（包括心律不齐、心动过速或过缓），故为怔忡、心悸的主要产生根源。病毒性心肌炎近代发现为肠道柯萨奇病毒、肠病毒、流行性感冒病毒感染，引起自身免疫反应而侵害心肌，尤其是柯萨奇B组病毒及埃可病毒为最主要的病源菌，不但儿童易感，而且成人易罹率亦极高。早期无特异症状，亦无明显先兆症。一般为出现心肌损害及传导系统受损症状时，才能诊断为病毒性心肌炎，而此时已经失去了最佳治疗时间。因此，研究病毒性心肌炎的先兆症规律是十分紧迫的。

病毒性心肌炎多发生在有先兆潜证的基础上，心阴虚和心气不足常是病毒性心肌炎发病的土壤，所谓“邪之所凑，其气必虚”。其先兆潜证可分为下面三型：

1. 心阴虚型

该型患者由于多病损伤阴血，或因七情暗耗伤阴，致心阴素亏。呈现心烦，心神不宁，心常跳动不安，失眠健忘，舌红，脉偏数。一旦感受外邪而患心肌炎时，易向心阴虚型发展。症见心悸，心前区隐痛，头晕乏力，五心烦热，潮热盗汗，颧赤面白，舌红，脉细数无力。报标症为心动不安，脉细数无力。

阻截治则：祛邪解毒，益养心阴。方予抗心炎方化裁：人参、麦冬、五味子、苦参、丹参、玄参、野菊花、瓜蒌、板蓝根。尚在潜证阶段者，应服生脉散滋养心阴，以去除产生心肌炎的土壤。

2. 心气不足型

此为心悸的主要产生根源。该型病人因素体阳虚，禀赋不足，或由于久病伤气，年高失养等，致心气不足。可见心慌乏力，面白自汗，舌淡，脉数无力。报标症为心悸气短，言语努挣。

阻截治则：祛邪解毒，补气益心。方予抗心炎方：板蓝根、桂枝、瓜蒌。潜证阶段可服四君子汤或参芪汤等，强益心气，以抗邪防病。

3. 痰凝瘀阻型

此型病人多为中老年患者，由于素体肥腴，饮食不节，痰脂瘀阻心脉所致。常感胸闷不适，精神打击及劳累则潜证显露，舌质或见瘀点，脉偏涩。如患心肌炎，则易向心脉痹阻方向发展。症见胸闷，气短，心前区作痛，头晕乏力，烦躁不安，舌质暗滞，脉涩无力或结代。报标症为胸闷，心前区作痛。

阻截治则：益心祛邪，化瘀通脉。方予抗心炎方加炙甘草，畏寒肢冷加桂枝、附子，酌加生三七末。潜在阶段可服血府逐瘀汤，并酌加降血脂药物。

由于人体的免疫反应差异较大，所以心肌炎的症状可与原发病同时出现，亦可出现于恢复期。有的显著，有的不显著，缺少特异性，尤其隐匿性心肌炎更无典型症状出现，因此心肌炎的先兆症较为隐蔽而复杂，但仍有规律可循。

（1）类上呼吸道感染症状。病毒性心肌炎常以类上呼吸道感染症状为掩盖，但特点为：有发热、头痛、咽痛、身困乏力等类似感冒症状，却常无眼鼻卡他症状。

（2）类肠胃道感染症状。有的病毒性心肌炎由于为肠病毒所致，可以腹痛、腹泻等肠胃道症状为序幕，但心悸、乏力等心肌炎信号必然时隐时现。

（3）心率改变是心肌炎的重要信号，提示传导系统已受损害。如出现上呼吸道感染的同时，数天后出现心率增速与体温升高不相称（一般而言，体温升高1℃，心率应增加10次），或心率减慢，皆应警惕心肌炎的可能。此时做心电图检查，可出现心肌受损改变。

（4）胸闷。心前区隐痛，常为心肌炎的外兆，是心肌已受损害的警号。

（5）类似感冒却高热不退，虚软乏力，也应警惕心肌炎的可能。虚软空飘感可能和缺钾有一定的关系。

（6）言语努挣为病毒性心肌炎的重要信号。许多心肌炎患者在复发前，亦皆有言语努挣先兆。待出现惊悸、怔忡时，已提示心肌及传导系统有较重的损害。

（二）潜隐性心肌炎先兆

1~2 周前有上呼吸道或肠胃道感染史，如咽痛、咳嗽、四肢酸痛或腹痛、腹泻，以后逐渐出现虚软乏力，气短胸闷，言语努挣，则为心肌炎的信号，心电图可示正常，但心肌或传导系统已留下潜匿性改变。

总之，如不明原因发热数天后，渐现足软、全身明显软弱、乏力、心悸、气短，就应高度警惕隐匿性病毒性心肌炎的可能。

（三）病毒性心肌炎凶兆

心肌炎很容易发生厥脱，相当于心源性休克。当心肌受损严重时，心肌功能减弱，心脏排血量下降，有效循环量减少，导致大脑及全身脏器缺氧、缺血而致厥脱。临床上病人如出现烦躁不安，反应迟钝，昏厥，甚至昏迷，面色苍白，全身湿冷，心率增快，脉搏细数无力，血压下降（收缩压 80 毫米汞柱以下），则为心源性休克的凶兆，应立即抢救。如偏于阳脱，四肢厥冷，脉微欲绝，用参附龙牡汤（人参、制附片、龙骨、牡蛎）；偏于阴脱，唇干舌红，尿少，则用四逆生脉散去干姜（附子、甘草、人参、麦冬、五味子）。

（四）急性心力衰竭危象

急性心力衰竭多发生于重症弥漫性心肌炎，由于心肌大幅度受损而发生心脏泵衰竭，因心搏量急剧下降，排血量骤减，全身组织器官严重缺氧缺血。临床上以突然昏厥（心源性昏厥），甚至抽搐、发绀、呼吸暂停、脉微欲绝、冷汗肢厥等为征兆。如突然出现起坐喘息，面白唇紫，口吐大量粉红色泡沫痰，则为急性肺水肿的凶讯。严重者甚至可致心脏骤停，由于心脏排血突然消失，引起脑的不可逆性损坏，故常可导致死亡。用独参汤或参附汤（人参、附子）进行急救。

（五）心脏传导阻滞凶兆

心肌炎分两种类型，一类主要损害心肌，易发生急性心力衰竭；一类主要侵犯传导系统，易出现传导阻滞凶兆，属中医脏竭凶兆，导致心脏停搏而猝死。急救仍用独参汤或参附汤。

三、精神病先兆要根治潜证

1. 痰郁型

此型潜证多见于病理水型人或少阴之人，表现为类气郁痰结证。起因可以有精神因素，也可以无精神因素，以素有性格狭隘，或多疑、孤独为其典型潜证。此外，好哭喜悲，常有忧郁情绪，此型常为癫病、郁病潜证，可因逐渐发展或因精神打击而诱发癫病。症见郁忧冷漠，哭笑无常，甚至神识迷惘，出言无序，相当于西医的精神分裂症忧郁型及躁狂忧郁性精神病忧郁型、神经官能症、神经质和人格障碍（变态人格）等。

阻截治则：解郁化痰。方予解郁化痰汤：半夏、枳实、竹茹、生姜、石菖蒲、郁金、天竺黄、制胆南星、甘草。已发展为癫病，则予至宝丹、苏合香丸等以开窍护神，继服解郁化痰汤。痰郁重者可用礞石滚痰丸（大黄、黄芩、礞石、沉香），或控涎丹（甘遂、大戟、白芥子）。

2. 痰火型

此型潜证多见于病理木火型或太阳之人、少阳之人，表现为类火郁痰结型。即素有急躁易怒，抑制能力偏低，易兴奋激动，肝胆之气偏旺。此型常为狂病潜证，病情可逐渐显露或因精神打击诱发为狂病。症见面目红赤，精神错乱，狂言叫骂，不避亲疏，甚而逾垣上屋，打人砸物，相当于西医精神分裂症躁狂型及躁狂忧郁性精神病。

阻截治则：清火化痰。方予黄连温胆汤：黄连、茯苓、法半夏、枳实、竹茹、生姜、甘草，酌加石菖蒲、郁金、制白矾。如已发展为狂病，则急以安宫牛黄丸清心开窍，继服礞石滚痰丸加竹沥，或加减生铁落饮（石菖蒲、郁金、茯神）。便秘者酌加大黄，胃脘热甚者酌加生石膏。

3. 痰瘀型

此型潜证多见于病理土型人、太阴之人，表现为类痰瘀互结证，即素见虚浮面晦、目光呆滞、健忘。此型常为呆病、傻病的潜证，逐渐发展为痴呆、傻笑、智力低下及障碍。包括先天遗传呆傻病及后天性痴呆（脑动脉硬化性痴呆、老年性痴呆、外伤性痴呆）。此外，还包括假性痴呆（癔症性痴呆及反应性精神病痴呆）。

阻截治则：属先天性痴呆的予健脑开窍。方予醒脑汤：党参、石菖蒲、郁金、茯神、远志、胆南星、益智仁、法半夏、竹茹、甘草、灵芝。痴呆较甚者，予苏合香丸开窍。属后天性痴呆，予豁痰化瘀开窍，方予化瘀开窍方：石菖蒲、郁金、钩藤、地龙、茯苓、法半夏、山楂、竹沥、生姜、甘草。瘀重酌加桃仁，寒重加桂枝，并辅以消瘀散（三七、水蛭、地龙），以化瘀通络。

四、精神分裂症先兆

真正的精神分裂症，并非精神因素所导致，遗传因素及家族史具有重要意义。体质预报对本病具有独特的意义，即所谓分裂型气质，可以视为超早期先兆。

（一）概述

精神分裂症是一种较常见的精神病，主要从思维、情志、行为、知觉的分裂（障碍）为特征。常起病于青壮年，病因至今未明，与遗传因素有一定关系。临床分为青春型、紧张型、妄想型及单纯型四型。

中医称为癫、狂、呆病，如晋代葛洪的《肘后备急方》曰："女人与邪物交通，独言独笑，悲思恍惚。"

精神分裂症属内因性精神病，真正的精神分裂症，并非精神因素所导致，是有其生物学基础的，但并不排斥精神创伤和幼年不良遭遇的影响。

精神分裂症的病因与遗传因素的关系最大，血缘越亲，潜在罹发率越高。此外，和体质神经类型亦极有关，一般认为精神分裂症多发生于内向型、弱而不均衡型或弱型＋艺术型，或瘦长型，所谓分裂性气质。

另外，精神分裂症与性激素因素关系极大，多发生于春青性成熟期，并于月经期有波动，怀孕及分娩后急剧加重，新婚蜜月发病或更年期复发等。因上述时期皆存在性激素水平发生变化，从而导致精神分裂症的发生、发展和衰退。老年期性激素水平降低，精神病可有好转趋向，说明性激素水平增高与精神分裂症有密切关系。尤其是青春型，在精神分裂症中俗称"花癫"，即多发生于青春性成熟期性激素水平升高阶段，以及更年期性激素忽高忽低的时期。女性更年期的性疑心病即与雌激素水平偏高有关。

目前国外有学者提出自体中毒因素、代谢因素、病毒感染因素等，皆尚无定论。因此，精神分裂症的病因，至今仍是未知数。

精神分裂在中医属于癫狂之范畴，其病因病机主要为阴阳失调，如《素问·生气通天论》说："阴不胜其阳，则脉流薄疾并乃狂，阳不胜其阴，则五脏气争，九窍不通。"即《难经》所说的"重阴者癫，重阳者狂"，诱因为情志不节，耗伤津血，致心神不守舍，肝魂不藏宅。病理过程中痰迷心窍，瘀血阻脑及痰瘀互结等，皆不断促使病情加重。气郁→痰火→血瘀，为本病的主要发展环节，病位主要在肝、胆、心、脾。治疗癫病以解郁化痰、顺气开窍为主，狂证则以泻肝清火、涤痰镇心为要。久癫必耗伤心阴，当养心安神、益气疏郁为治。狂久火盛伤阴，当滋阴降火，柔肝定心。大凡久癫、久狂病程长者，皆应兼以逐瘀。

（二）精神分裂症先兆的临床意义

主要性格改变和表现与神经官能症相类似。

1. 单纯型精神分裂症先兆

多起病于青少年期，起病极缓，早期先兆潜证可达数年之久，主要特点为人格衰退。

（1）先兆潜证

①人格变异：特点为逐渐变得孤僻、懒散、冷漠和发呆，这一特征维持较长的时间，常被人们认为"怪"，而未意识到是精神病的早期潜兆。

②类神经官能症：初起可出现人格衰退伴类神经衰弱症，但亦可重点呈现神经衰弱的躯体症状，如失眠、疲劳、食欲不振、头昏、工作能力下降。

（2）鉴别

①与人格障碍相鉴别：单纯型精神分裂症应与人格障碍的分裂型相鉴别，后者同样有冷、孤、呆、静的特征，但无呆及思路障碍。

②与内向性格区分：此为人的体质差异，表现为沉静、少言、不露，但并不冷漠、孤僻。

（3）早期先兆

逐渐出现强迫性观念和较轻的思维障碍，该型最大的特征为冷漠、发呆，必须抓住这一特征才能早期发现病人。因为该型患者无幻听、幻视等感觉障碍，思维障碍也不明显，发病后的基本征兆在懒、孤、冷、呆日愈明显的基础上出现思维障碍、联想障碍和情志分裂等典型征兆。

阻截治则：单纯性精神分裂症相当于中医的癫证，应早期养心益脾、豁痰开窍。方予温胆汤加味：茯苓、法半夏、陈皮、枳实、竹茹、生姜、石菖蒲、远志、百合、莲子肉、辰砂，并辅以天王补心丹。典型发作则用涤痰汤化裁：茯苓、法半夏、陈皮、胆南星、枳实、竹茹、党参、石菖蒲、郁金、远志。

2. 青春型精神分裂先兆

（1）早期先兆

此型患者多以类神经衰弱症为早期潜兆，以孤僻、沉默、多疑、敏感为特征。表现为头昏、失眠、食欲不振、多疑、注意力不集中、喜与异性接近、好表现自己、想入非非等症。

阻截治则：该型类似中医的狂证，当以疏肝泻火、涤痰开窍为原则，辅以滋养心阴，使心神有所依。方予逍遥散加减：柴胡、白芍、茯苓、当归、白术、生姜、薄荷、石菖蒲、竹沥、龙齿、珍珠母，配服龙胆泻肝丸。

（2）典型征兆

青春型精神分裂症，发病较快，很快即出现思维分裂、情感错乱，多表现为狂型，并带有性的色彩，俗称“色疯花癫”。

（3）处理

清泻肝火，开窍镇神。方予龙胆泻肝汤加味：龙胆草、山栀、黄芩、柴胡、生地黄、车前子、泽泻、木通、大黄、甘草、石菖蒲、竹沥、生铁落、龙齿、珍珠母、磁朱丸，并辅以礞石滚痰丸（青礞石、大黄、沉香、黄芩、朴硝）及白金丸（白矾、郁金）。

3. 紧张型精神分裂症先兆

主要表现为紧张性兴奋及紧张性木僵，二者交替出现，以木僵状态时间最长，主要特征为在幻听、幻视支配下的运动障碍。

（1）早期先兆

起病于青年期，起病较急，故先兆潜证较短，为多疑敏感、抑郁，对事无兴趣，注意力不集中及失眠。继之则迅速演变为典型症状，以无原因的、进行性加重的突然孤僻、多疑、呆滞为先兆。

阻截治则：解郁化痰。方予逍遥散合温胆汤加减：柴胡、白芍、当归、茯苓、生姜、薄荷、白术、法半夏、陈皮、竹茹、枳实、石菖蒲、远志。

（2）典型征兆

①木僵状态：主要表现为强迫动作（运动障碍）、呆立、呆站、呆坐或持续于某一刻板动作，所谓“活尸”。

②兴奋状态：幻视、幻听、被害妄想等极为严重，因而常发生攻击性动作，凶暴冲动，呼叫打骂，口涎外流，以后渐转入木僵状态。

（3）处理

①木僵状态：中医称尸厥，属癫之范畴，治以豁痰开窍平肝。方予涤痰汤加味：茯苓、法半夏、陈皮、竹茹、枳实、生姜、胆南星、竹沥、石菖蒲、郁金、煅礞石、天竺黄，并配合服苏合香丸开窍。木僵状态持续日久，可酌加桃仁、红花破瘀开郁。

②兴奋状态：镇肝泻心豁痰。方予生铁落饮：生铁落、辰砂、钩藤、丹参、石菖蒲、茯苓、茯神、天冬、麦冬、贝母、胆南星、橘红、远志肉、玄参。控涎丹：甘遂、大戟、白芥子。磁朱丸：灵磁石、朱砂。

4. 偏执型（妄想型）精神分裂症先兆

本病起病较缓，多起于中年人（30 岁左右），以妄想症状为特征，故又称妄想型，是精神分裂症中最常见的一型，以被害妄想为最多，其次为系统妄想。

（1）早期先兆

多疑、敏感、孤僻仍为早发症状，不易发觉，人格变异不如上三型明显，但以无端怀疑为主要信号。

阻截治则：疏肝解郁、养心安神、涤痰为主。方予温胆汤加味：茯苓、法半夏、陈皮、竹茹、枳实、生姜、甘草、五味子、莲子肉、百合、石菖蒲、郁金、远志、丹参。

（2）典型征兆

出现明显的被害妄想及关系妄想，以致对周围的一切都怀疑，最后可发展为攻击冲动。

（3）处理

解郁豁痰，逐瘀开窍。方予涤痰汤加味合白金丸：茯苓、法半夏、陈皮、甘草、枳实、竹茹、胆南星、天竺黄、白矾、郁金。

五、躁狂抑郁性精神病先兆

躁狂抑郁性精神病为情感障碍性精神病。早期先兆为双向性性格变异，多呈循环特点，情感变化经常不明原因地“两极分化”。如发展为进行性的、典型性的情感两极分化，则宣告本病的序幕已经徐徐拉开。

（一）概述

本病是以躁狂或忧郁的反复发作和交替发作为特征的精神病，主要特征为情感障碍，故又称情感性精神病。发作可呈双向性，亦可呈单向性。躁狂型的特征是兴奋的、激动的、乐观的、情感高涨。抑郁型恰恰是另一极端，其特点是忧郁的、悲观的、沉静的、情感低落的。

因二者可交替发病，故该病又称循环性精神病。全程中，有的以躁狂型为主，有的以忧郁型为主，一个阶段化悲为喜，一个阶段又转喜为忧。本病以情感低落、思维迟缓和运动抑制为三大特征，并呈躁狂、抑郁交替发病。

（二）躁狂抑郁性精神病先兆的临床意义

1. 躁狂型先兆

病情性格多呈循环特点，即兴奋性病前性格与抑制性病前性格相交替。

（1）早期先兆

本病以失眠、头痛、烦躁、易兴奋激动、话多，以及无原因的、持续性的、高涨的兴奋激动为先兆。

阻截治则：以平肝解郁、养心涤痰为原则。方予龙胆泻肝汤合涤痰汤：龙胆草、山栀、黄芩、柴胡、生地黄、车前子、木通、泽泻、茯苓、法半夏、枳实、竹茹、胆南星、生姜、石菖蒲。

（2）典型征兆

以无原因的、持续的兴奋躁动、活跃乐观为典型征兆。即“情感高涨、思维奔逸、意志增强”为三主征，无幻觉、妄想，本能亢进（食欲、性欲）。

（3）处理

以平肝泻心、豁痰开窍为原则，凡邪壅上焦者以瓜蒂散或莱菔子涌吐痰涎。

服法：瓜蒂（炒黄）、赤小豆各等分，研细为末和匀，每服0.6~3克，不吐者以翎毛探喉，但只能用于实证。湖北省沙市精神病院，用莱菔子30~50克为末温水调服，比瓜蒂散平稳。邪阻下焦，皆可酌情选用泻心汤（大黄、黄连、黄芩），以及控涎丹、龙胆泻心汤、防风通圣散、涤痰汤、温胆汤、礞石滚痰丸、白金丸、朱砂白金丸。发作后及休止期，又须以养心阴、益心气、疏肝解郁为辅。

2. 抑郁型先兆

（1）早期先兆

无重大原因的进行性忧抑、悲伤、孤僻、消极迟钝，为该病早期的先兆症状。

阻截治则：疏郁豁痰，化瘀开窍。方予逍遥散：柴胡、白芍、当归、茯苓、白术、薄荷、生姜、甘草。或柴胡疏肝散：柴胡、白芍、川芎、香附、枳壳、陈皮、甘草，酌加化瘀开窍涤痰之品，如桃仁、丹皮、石菖蒲、郁金、竹沥、牙皂（一次量0.5克）。女性患者伴有经闭者，可用桃仁承气汤、大黄牡丹皮汤化瘀通经开郁。属阳虚者，可酌用壮阳刺激法，方用起抑饮（淫羊藿、仙茅、仙灵脾、甘草）。

（2）典型征兆

从忧郁、悲伤，发展至悲观失望，消极低落，自罪妄想，甚至自杀或木僵，即所谓“情感低落、思维迟缓、意志减退”三主症。

（3）处理

以涤痰疏郁、化瘀开窍、壮阳兴奋为原则。方予涤痰汤加味：茯苓、法半夏、橘红、枳实、竹茹、胆南星、石菖蒲、郁金、远志、牙皂、细辛。苏合香丸合三圣散：瓜蒂、防风、藜芦。控涎丹：甘遂、大戟、白芥子。阳气虚者用壮阳刺激法，予起抑饮化裁：附子、干姜、细辛、牙皂、石菖蒲、郁金、仙茅、仙灵脾、鹿角霜。壮阳汤：巴戟天、淫羊藿、陈皮、黄芪、附子、肉桂、干姜、党参、熟地黄、仙茅、龟甲、砂仁、甘草。有瘀象者，酌加活血化瘀之品，如丹参、桃仁、三棱、莪术等。

六、神经官能症先兆

神经官能症为大脑非器质性疾患，主要病理为兴奋与抑制失调。由于患者的自知力较强，愿意积极就医，因此客观上对本病的早期诊治有利。体质预报，所谓神经质，具有超早期先兆意义。本病的主要特点为躯体症状大于精神症状，故先兆信号首先来自躯体方面的不适。

神经官能症是一种大脑功能暂时失调的疾病，虽仍属于精神方面的疾患，但无精神错乱，尤其是对疾病的自知力较强，而不像真正的精神病人否认自已有精神病。该病共分为八型：神经衰弱、焦虑性神经官能症、癔症、强迫性神经官能症、恐怖性神经官能症、抑郁性神经官能症、疑病性神经官能症、人格解体性神经官能症。本文仅择发病率较高的三种类型进行叙述。

（一）神经衰弱症先兆

神经衰弱症是一种长期大脑超负荷（包括工作过度紧张和心理矛盾）之后，出现的大脑衰弱。主要为兴奋与抑制的失调，易于兴奋亦易于抑制，并且躯体症状较为明显，如乏力、失眠、头痛、食欲不振等。

神经衰弱症发病率很高，且精神症状与躯体症状常互为恶性循环，对生产力影响很大，因此早期发现及早期阻截治疗有极为重要的意义。

1. 早期先兆

患神经衰弱症的人常早期即有神经质的素质，弱型、强而不均衡型皆易得此症。易罹素质常为两类，一类为纤弱质倾向，怯弱、敏感、多疑、自卑；一类为不均衡质倾向，即易于激惹，自制力弱，易发脾气，主观，任性，易“冷热病”，一段时间热情，一段时间消极。

先兆症的类型在上述两种易罹质的基础上表现为兴奋型先兆及衰弱型先兆，前者以焦虑、敏感、易激动为特征，后者则以沮丧、萎靡、暗疑为征兆，二者都有自主神经功能症状，如出汗、食欲不振、睡眠不好、性功能减弱，以及头部的神经衰弱三主症，即头昏、头重、头痛。发病前早期信号集中表现在睡眠障碍方面，以失眠尤其入睡困难为特征（包括早醒、醒后不能入睡），其次为不易抑制，情绪不稳定、焦虑急躁为信号。

2. 神经衰弱与精神分裂症的早期先兆鉴别

由于精神病也有类神经衰弱症，因此二者必须进行鉴别。神经衰弱多有心理矛盾史，情绪焦虑，忧心忡忡，但生活兴趣浓厚，对疾病有自知力，积极治病。精神分裂症则精神创伤不明显，情感冷漠，对生活无兴趣，不承认自己有病。此外，某些患有慢性躯体疾患的人也可能出现症候性神经衰弱。其他情况，如脑力劳动过度同样也可出现一时性神经衰弱。

3. 阻截治则

（1）兴奋型

先兆阻截治疗，宜柔肝益心疏郁。方用一贯煎加减：柴胡、白芍、枸杞子、川楝子、沙参、生地黄、茯神、远志、炒枣仁、寸冬、龙齿、辰砂。

典型征兆：发病为易虚性兴奋、激动，紧张焦虑，旋即倦怠萎靡，神经过敏，多疑，注意力不集中，顽固性失眠，头昏、头痛、头重，食欲不振，即精神症状与躯体症状之间形成了恶性循环。

处理：必须打破精神症状与躯体症状之间的恶性循环，以突破失眠大关为第一要义。主要立法为交通心肾，佐以化瘀通窍。方予百合饮：诃子肉、丹皮、石菖蒲、远志、黄连、肉桂。

（2）衰弱型

阻截治疗宜益气养心、安神解郁。方予天王补心丹加味：人参、丹参、玄参、茯苓、五味子、远志、桔梗、当归、天冬、麦冬、柏子仁、酸枣仁、石菖蒲、郁金。另服朱砂安神丸。

典型征兆：忧郁寡欢，乏力自汗，失眠，食欲不振。在躯体症状与精神症状的相互作用下，逐渐由神经衰弱导致躯体衰弱。

处理：关键在于阻止向躯体衰弱的发展。立法为补肾扶阳。属肾阳虚者，用壮阳兴奋法，方予起抑饮：附子、干姜、细辛、牙皂、石菖蒲、郁金、仙茅、鹿角霜。久郁多夹瘀，则当服鸡血藤饮：鸡血藤、丹参、党参、麦冬、五味子。

（二）癔症先兆

癔症即歇斯底里，多发生于青年女子，包括精神、神经、躯体三方面的病症。中医称为脏躁、梅核气、奔豚、暴瘫、暴喑、暴盲、暴聋等。如《金匮要略·妇人杂病脉证》曰：“妇人脏躁，喜悲伤欲哭，如神灵所作，数欠伸。”其病机系心血虚肝郁，神魂无所依所致。临床特点为情感性强烈（包括富于幻想），易接受暗示，高度自我为中心，症状千姿百态、变幻万端等。

癔症病机的最大特点为心理性，心理因素占很重要的地位，因此心理治疗及暗示治疗作用较好，比药物治疗有效。

1. 早期先兆

癔症大多出现于弱型神经类型兼有艺术型的人。早期多感情丰富、脆弱、敏感、多疑、自尊心强，且躯体症状较明显。其中，尤以自主神经失调为明显，如恶心、食欲不振等。

阻截治疗以滋润五脏之阴为主，予甘麦大枣汤合地黄汤：甘草、小麦、大枣、百合、生地黄。

2. 典型症状

癔症症状的特点为突然性、暂时性和可恢复性。如突然丧失某种感觉，包括失嗅、失听、失明；突然丧失某种运动能力，如单瘫、偏瘫、截瘫；突然出现震颤、惊厥；突然精神出现障碍，如意识丧失、痴呆、精神错乱等；突然出现躯体内脏功能紊乱，如忽然出现气喘、厌食、咽堵、抽搐、扑倒、吐白沫等，但都可经心理暗示或药物暗示而得以缓解。

3. 处理

除加强心理治疗之外，应根据不同的临床表现进行辨证立法。

（1）症状表现为抑制性的，如突然失听、失明、失语的，以豁痰开窍为治则；突然丧失运动能力的，以解郁通络为治则；突然意识丧失的，以疏肝开心窍为原则。

（2）症状表现为兴奋性的，如突然痉挛抽搐或哭笑奔走，怒视叫骂或腹如豚奔，当以平肝泻火、养心敛神为治。在发作间歇阶段则须侧重养阴解郁、豁痰逐瘀，防止复发。临床可酌情选用甘麦大枣汤、温胆汤、涤痰汤、天王补心丹、龙胆泻肝汤、礞石滚痰丸、朱砂安神丸等。

（三）强迫性神经官能症先兆

主要症状是存在强迫观念、强迫动作。其与精神病的区别在于，对病有自知力，但无法摆脱，在疲劳、静止、疾病后加重。此类疾病，其病机主要为肝胆虚，肝主藏魂，胆主决断，肝胆虚则逐渐胆怯多疑，不能决断而成病。

1. 早期先兆

患者多为内向型，但过于谨细认真，发病前优柔寡断没有主见，多疑善虑，伴犹豫不决进行性加重。

阻截治则：此型多呈肝胆虚先兆，治疗当补益肝胆，方予滋肝益胆汤：龙眼肉、石菖蒲、远志、郁金、大枣、小麦、甘草。

2. 典型征兆

强迫性神经官能症的特点是强迫观念，即被迫思维、强迫心理，主要为惊恐综合征及强迫行为，如做一些无聊的动作。其与精神分裂症的区别为：前者为对疾病的不知性，本病为可知性，但不能自制，前者淡漠，不愿治病，本病则疑病，愿意治病。

3. 处理

宜滋肝益胆、养心宁神。方予滋肝益胆汤合生脉饮加味：当归、白芍、柴胡、枣仁、百合、合欢皮、龙眼肉、石菖蒲、远志、郁金、党参、麦冬、五味子、龙齿、辰砂。

总之，此类病症的发生与精神因素有关。在治疗时，首先明白病人的梦想与追求，看破人体说明书，结合社会大学的知识内容，先调整病人的心态，运用同病异治的方法，中西医结合，配合自然疗法，方显奇效。

第八章 典型梦病医案

易医解奇梦

——透过梦境看健康

我们知道，很多疑难绝症与疑难杂症，等到病症全部暴露出来后，再到医院去检查，已经是中晚期。到那时，不管病人与医院条件再好，想治愈难度就非常大了。

如果人们能懂得梦病先兆知识与病先兆信号，追根求源，找到身体内部的潜病与隐患，早期防控，早期治疗，早日康复，那该多好啊！

第一节 癌症梦先兆及早期防治

破解精神先兆梦，早防早治早防控。
治恶病先治心病，斗绝症先斗心魔。
修复心灵的创伤，根除精神的疤痕。
快乐谈笑风生中，癌烟升散无影踪。

患绝症的病人，在生病之前都工作在商场、情场、政坛及高智商的战场上，他们在病前做的梦各有特色，梦兆千变万化。

近几十年我在临床实践中，最喜欢治两种病，一是未病（无名病），二是末病（疑难病症）。凡是医生都明白，世上有两种难治的病，即所谓“有名恶疮无名病”。前几章内容大部分都是关于梦病、梦先兆对未病、心理病的分析与防治。其实，躯体上的疑难绝症，在未发生之前，即潜病期与发病期都有先兆，大部分病人也有梦先兆。下面我举几个癌症的实例与大家分享。

一、肺癌先兆与防治

（一）肺癌梦先兆

肺癌病人发病前两年左右，多梦到自己或家人患皮肤病、大肠病，或感冒、头痛、咳嗽，或胸腔、胸椎疼痛难忍，时常连续做此类梦。

梦先兆常比肺部症状出现得早，甚至提前1~3年，主要为内分泌激素的异常改变，但多数无规律性。如肺癌切除后，肺外症状即随之消失。肺癌的肺外症状主要表现为内分泌的异常，尤以性激素及肾上腺皮质激素水平的偏高为特点，即出现乳腺发育、性欲偏亢及其他肾上腺皮质功能亢进症，如库欣综合征。此外，关节疼痛主要为长骨刺及四肢关节疼痛最为突出，尤其对于以往没有关节炎史，40岁以后突然出现的应引起警惕。有的人出现皮肤改变，如瘙痒、黑棘皮病、带状疱疹、皮肌炎和某些神经精神症状表现，如周围神经炎、肌无力综合征，以及一些精神异常现象，也常为肺癌的早期肺部先兆。

肺癌占恶性肿瘤的第二位，外源性浊气是致癌的主要因素。其超早期先兆为肺外先兆，有的甚至在肺部症状出现前1~3年即已有所披露。

（二）肺部先兆

1. 常见先兆表现

（1）呛咳：40岁以上，无原因的、顽固性的刺激性呛咳，常为肺癌的早期先兆，尤以中心型更为重要，因大气管受癌瘤的刺激发生痉挛性收缩所致，故中心性肺癌较周围型肺癌其先兆信号的披露要早得多。

（2）胸痛：胸部刺痛亦为较早信号，性质呈尖锐刺痛，多较早出现于未分化型肺癌。

（3）咯血：为中央型肺癌的较早信号，因气管黏膜血管分布丰富，但血丝为极少量，周围型肺癌因离气管较远，咯血一般出现较晚。

（4）低热：出现不明原因的低热，尤其是间歇热（据报道占70%），并兼以上症状者，应引起重视。

2. 报标症状

刺激性呛咳，原发性气管炎的咳嗽规律改变，或经久不愈的顽固性咳嗽（治疗3周以上无效），皆有可能为本病的报标信号，应做进一步检查。

肺癌先兆信号出现的早晚，取决于癌的位置。一般而言，中心型肺癌由于靠近较大气管，故症状出现较早；而周围型肺癌由于距较大气管较远，因此症状出现较晚，尤其直径在2厘米以内者，更无症状表现。

要注意肺癌早期先兆的反常现象，即出现肺内症状（如咳嗽、胸部不适），X线检查反而为阴性（亦可为隐性癌或其他原因误诊）。而肺部X线检查为阳性的，病人却无肺内症状而多出现肺外症状，如骨关节痛，或其他内分泌失调症状为首见。

3. 典型征兆

顽固性、刺激性呛咳，痰带血点或少量血丝，胸部隐隐刺痛，或有胸闷痰多（气管被阻）。肿瘤较大可出现压迫症状，如同侧膈肌麻痹（压迫膈神经），胸膜气促（侵犯胸膜），头面浮肿、静脉怒张（压迫上腔静脉），肢麻、面部无汗、浮肿、眼睑下垂（臂丛神经受压）。

（三）鉴别诊断

1. 肺癌与肺结核

咳嗽、咳血及胸痛三大症状，为肺癌及肺结核的共同症状。但肺癌多为中老年人，上述三大症状一般多突然出现，而肺结核则多为年轻人，且上述症状有较长历史。此外，肺结核的表现如盗汗、低热、颧赤（痨红）也比较典型，X线阴影边缘较为模糊，不如肺癌清晰，尤其细胞学检查有结核杆菌，无癌细胞发现。

2. 肺癌与肺炎

老年性支气管肺炎，如多次反复发作于同一部位，也易与肺癌相混，但细胞学检查及纤维光导支气管镜检查即可鉴别。

3. 肺癌与支气管炎

由于许多肺癌以类支气管炎的形式表现出来，故易被掩盖误诊。鉴别诊断的办法有：气管炎史及痰细胞学检查、纤维光导支气管镜检查（活体组织、癌细胞检查）。

（四）肺癌防治方法

1. 及早根治肺癌前病

包括慢性支气管炎、肺结核及支气管肺炎，改善气管黏膜的营养功能，恢复黏膜的屏障作用，铲除癌症产生的土壤。

2. 提高肺部免疫机制

加强免疫监视能力，肺气虚可用玉屏风散（黄芪、白术、防风、大枣、甘草）；肺阴不足用百合固金汤加减（百合、生地黄、熟地黄、玄参、当归、杏仁、麦冬）。二方皆可酌加抗癌药，如白花蛇舌草、半枝莲、鱼腥草、土茯苓、龙葵、八月札、山慈菇、薏苡仁、海藻、壁虎等。

3. 通利肺气

以宣肺豁痰调气法，通利肺气，调畅血行，使邪毒不能滞留，对防癌有一定意义。

4. 减轻肺负荷

去除不利的环境因素，如脱离产生矽肺的环境，避免肺纤维化，以减轻肺泡气管负荷，对保护肺气有一定意义。

5. 定期普查

中老年人加强定期X线普查，早期发现，早期治疗。

（五）一位肺癌病人治愈后的梦先兆

1993年9月3日，我接诊治疗一位肺癌病人刘某，干部。病人家属代诉："病人咳嗽咯脓痰，早晨咳痰带血。到安徽省省立医院治疗一个多月无效，又转到上海肿瘤医院治疗3个多月，久治不愈，定为肺癌晚期，肺部大面积溃疡空洞，医院下病危通知。所以我们只有回家，临终后事已准备。这几天有好多朋友来看望，有两个朋友建议，中医医院有一个杨医生医好很多癌症，所以我们今天就来找您给看看，需要怎样治疗您大胆治。治好了我们一定重谢，治不好您无责任，杨医生您就看着治吧，该用什么药物就给他开方，我们不怕花钱。"

我诊断后计划了一套治疗方案，以科学的食疗方法，科学的有氧运动，中西医结合治疗。一周后病情好转，一个月后病人无咳嗽，吃饭、饭量正常，可以自由自在地去外面走路运动了。五个月后去上海肿瘤医院复检，肺癌痊愈，肿瘤医院的专家们都说是奇迹，全家人都为他高兴。

病愈一个多月的一天，病人打电话给我，让我下午下班后一定到他家吃饭。我问他："有事吗？"刘某说："杨医生，您一定要来我家吃饭，我有一个奇怪的梦要告诉您，太奇怪了，我今天一天都想不通，很想跟你讲一下。"我说："我很忙，到你家吃就免了，我晚饭后可能晚些时候去看你。"

我晚上十点多才骑自行车到了他家。他与家人都没睡，在等我。我进屋刚坐下，刘某就笑着对我说他做的一个奇怪的梦。

“昨天我们单位开会，晚上大家一起吃饭，领导与骨干会餐。吃完饭我们都各自回家了。我是按时睡觉的。我被梦惊醒的时间是凌晨1点零5分。我梦中是外出旅游，去了湖海也去了高山，风景特别美，从没有见过那么好的地方。正玩得高兴，有一个神仙坐在一片祥云上，向下看着我笑。我对神仙说：能不能带我上去，也享受一下坐在云端的感觉？神仙笑着向我招一下手，就把我带上去了。我坐在神仙的左边，我一看神仙右边还有一个人坐着，我们在空中特别高兴。就在这时神仙说话了，他问：你们两个谁愿意去下界当一个官员？我看一下右边的那个人，他没有说话，我心想我现在这个局长位子都不想要了，不当官多自由呀。所以我大胆地说：我不想当官，我不去。当时我就看着神仙手一动，就把他右边的那个人打下云端。我一惊，梦就结束了。我醒后起床排个小便，可回想这个梦，一直不能入睡，就在凌晨1点35分的时候，电话响了，我爱人接到电话，对方说我们单位一把手死了。我很惊奇：晚上我们还一块吃饭，为什么突然死了呢？他平时身体很健康，年龄还不到五十岁呀！”

“我接到这个消息后，只有起床去安排工作，因为他是第一领导，我是第二领导。今天一天我都很忙，单位事与他后事。我下午打电话给您，就是想和您说这个梦很奇怪。”他说到这里，又开玩笑地说：“杨医生，他去下界当官，如果三年一任，三年后又该轮到我去了。”我对他说：“你应该说三十年一任才对。”他说：“按正常时间应该是三年。”

后来整整三年时间，多一天都没有，刘某的梦验证了。他治好后存活期是三年。

二、宫颈癌先兆与防治

（一）宫颈癌梦先兆

宫颈癌病人多在发病前一年左右做梦，梦兆是性欲强，生活不检点。梦中的男人多是体形高大、能吃能喝、吃肉酗酒、吃喝嫖赌、抽烟吸毒之人，还有一部分是外国人。每次梦中的性交都达到自己满意的效果。性交结束后感觉小腹痛，阴道出血，白带较多。此类梦基本上是连接做，梦兆半年后可出现病先兆。

（二）宫颈癌早期先兆

宫颈癌共分为四期，0期为原位癌，为宫颈癌的潜病，尚未超出基底膜，早期症状出现较晚，即使1期宫颈癌也有40%可无症状出现。由于宫颈癌的早期治愈率较高，而临床症状又出现较晚，故掌握其先兆规律具有重要的实践意义。

1. 常见先兆症状

（1）白带增多：主要为宫颈腺体受到一定刺激所致，早期信号为清稀水样带，或有异味，或为浆液样白带增多，但往往被忽视。

（2）阴道出血：主要特点为接触性出血，应引起警觉，多为性交后出血，特点为少量、点状出血，或大便后有少许血带，或剧烈劳动之后及检查刺激后出血，经绝后妇女"见红"更为重要警号。

（3）不适感：主要为房事后不适，因局部受到刺激的缘故。如出现隐痛则已非早期，多提示盆腔等邻近组织已有转移侵蚀。

2. 典型征兆

（1）白带异常：包括量和质的变化，白带由增多→水样带→浆液性带→息肉水样带（血带）→恶臭脓血带（五色带），提示宫颈癌由早期到中、晚期的发展。

（2）阴道出血：由接触性点状出血（性交、检查、剧烈劳动）发展为血带，如自行出血、大出血，则为癌恶化至晚期的标志。

（3）疼痛：宫颈癌一旦出现疼痛，则象征已进入晚期，为盆腔转移的标志。

（4）恶病质：渐见消瘦、羸弱、乏力、面色萎黄、发热，则已近濒危。

宫颈癌占妇科恶性肿瘤的首位，发生机制与淫毒内伏密切相关。此癌多在宫颈慢性损伤、黏膜屏障被破坏的基础上发生，故宫颈糜烂、宫颈炎症、宫颈息肉为发生宫颈癌的三大隐患。因此，宫颈癌的早期先兆常和这三种癌前潜病有关。

（三）病因病机

宫颈癌对妇女的危害相当大，发病常在35岁以上，以35~55岁最多，约8.5/10万人，在女性生殖器恶性肿瘤中占58.5%~93.1%。

中医学归类于"五色带下""崩漏""带下""交肠""白崩"等，论述皆较多。如《素问·骨空论》曰："任脉为病……女子带下，瘕聚。"强调了其与任脉的关系。又如《金匮要略》曰："妇人之病，因虚积冷结气，为诸经水断绝，至有历年，血寒积结，胞门寒伤，经络凝坚。"《诸病源候论》曰："带下病者，由劳伤血气，损动冲脉任脉，致令其血与秽液相兼带而下也。"皆论述了本病的成因与冲任受损及外邪六淫客入的关系。《备急千金要方》曰："崩中漏下，赤白青黑，腐臭不可近，令人面黑无颜色，皮骨相连，月经失度，往来无常，小腹弦急，或苦绞痛上至心……"提出了宫颈癌多发生在绝经期后，以及五色带下为宫颈癌的重要特征。

（四）癌前潜病

宫颈慢性炎症、宫颈息肉、宫颈糜烂等是宫颈癌发生的三大隐患。此外，宫颈白斑、瘢痕、疱疹、角化病、尖头湿疣、宫颈结核、子宫颈乳头状瘤、宫颈裂伤等，与宫颈癌也有一定关系。

1. 宫颈不典型增生

此为宫颈癌前期，应及早治疗，癌变率为12.5%，癌变率与增生程度成正比。

2. 宫颈慢性炎症

患宫颈慢性炎症的人，由于长期劣性刺激，宫颈黏膜的营养机制被破坏，故易在此基础上发生癌变。宫颈慢性炎症既可以是一个独立的疾患，也可以是宫颈癌的潜病，有些宫颈癌以宫颈慢性炎症的形式隐伏存在，故应提高警惕。

3. 宫颈糜烂

宫颈糜烂破坏了宫颈黏膜的正常屏障，故容易被淫邪客入，比正常宫颈生癌率高出6倍，有人统计为20%~35%的癌变率。

4. 宫颈息肉

尤其是多发性宫颈息肉，极易发生癌变。

5. 宫颈白斑

宫颈白斑有一定的癌变率，有人认为宫颈白斑本身就是宫颈癌的癌前潜病，白斑下面可能潜匿着癌种，但也并非皆如此。

6. 宫颈瘢痕

宫颈因产伤、房事损伤所致的瘢痕，由于营养机制遭到破坏，故在瘢痕修复过程中有癌变的可能。

（五）鉴别诊断

1. 宫颈慢性炎症

鉴别要点为病程较长，有较久的白带增多史，较少出血，可做阴道细胞学检查，必要时做活体组织检查可确诊。

2. 宫颈息肉

有接触性出血，因息肉血管分布较多，但白带变化不明显，阴道镜检可以识别，必要时做活体组织检查可诊断。

3. 子宫肌瘤

有白带增多及月经过多史，但无性交接触性出血情况，阴道窥镜检查示宫颈光滑可以鉴别。

（六）现代检查手段

1. 阴道窥镜检查，包括可放大数百倍的阴道显微镜，可观察宫颈外状况。

2. 阴道细胞涂片检查。取刮片做细胞涂片检查，主要刮宫颈片或后穹窿吸片，可适于普查及窥镜检查可疑者，阳性率达95%。

3. 子宫颈活体组织检查。在宫颈做一锥形切取，上述检查为阳性者，用此法可确诊。

4. 阴道双合或三合诊，以检查癌转移浸润盆腔组织情况。

（七）宫颈癌防治方法

1. 根治癌前潜病。彻底治愈慢性宫颈炎，切除息肉，用激光、冷冻、中药治愈宫颈糜烂、白斑，铲除癌变的土壤。

2. 调整冲任，平衡相火过亢，更年期尤应节制房事，并予泻相火方药。

3. 防止早婚、早育、多产，节制房事，注意性生活及经期卫生，男性包皮过长应切除。

4. 酌服抗宫颈癌中草药，除临床辨证论治选方外，可辅以败酱草、黄柏、土茯苓、半枝莲、薏苡仁、龙葵。

三、卵巢癌先兆与防治

（一）一位卵巢癌病人的先兆梦

李某，山西太原人，2005 年 8 月来诊。主诉：“我患卵巢癌，在北京 301 医院手术了，化疗 6 个月后，转移到腹腔淋巴，西医无助今来求医，只有您杨医生才能救我的命。”我笑着问她：“你怎么知道我能治好你的病呢？”她当时眼泪就流下来了，说：“从年轻时我做梦就特别灵验，如果做一个不好的梦就有一个不好的事。不管家里大人、小孩有什么事情，我都能提前发梦知道。所以我爱人每次工作上有什么问题，我都能提前告诉他。”

“这次生病前一年，做了几次凶梦，都是过难关的事情。后来就发生了此病。十天前到 301 医院复查，之前夜里又做了一个梦，梦到我掉进一个土井里，想什么办法都上不来了。突然有一个神仙路过此地，听到我在喊救命，就用一根气一样的亮亮的绳子轻轻把我拉上来了，还对我说要注意三年后千万别走这条路了，不然不小心再掉下去，说完这位神仙就飞走了。我醒后回想这个梦，非常清楚。三天前我爱人的姐姐说想请一个明中医给我治病。因为西医的刀子与化疗已经无效了，我只有同意求助中医药。他们告诉我，这位明医 2000 年之前已治愈了不少癌症，2000 年之后一直研究治疗艾滋病，有好几个发明专利，其中就有治疗艾滋病的专利号，国家知识产权局证书都有。我就想起我做梦有一个神仙救我，所以我就信心百倍地急着见您。当我见到您，感觉就像又见到梦中的那个神仙一样，尤其是您笑的时候。我想问一个问题，如果接受您的治疗方法，我会积极配合，那么三年后我会怎样呢？”我笑了：“现在未治病之前，你能这样信任我，我只能告诉你，我们见面，你接受治疗，是一种缘分。我会尽心尽力为你采取最有效、最科学的治病方法，先治好再说。关于三年五年后的事情，全靠你自己努力，希望你多学习养生保健知识，认识你自己的体质。”

五年后，我验证了李某的梦先兆，她治好后存活期是五年。在此基础上，我总结了治疗卵巢癌的经验。

卵巢癌占女性肿瘤的第三位，是女性生殖系肿瘤的祸根，性激素失调是其主要腹外征兆。由于卵巢深居腹部盆腔，腹部症状出现较晚，一旦出现已非早期，因此应及时观察腹外预兆。

（二）癌前潜病

1. 卵巢交界性瘤（潜在恶性）

此病界于良、恶性之间，易恶化。可与恶性同时存在一个肿瘤内，包括交界性上皮瘤、交界性黏液瘤和交界性内膜样瘤等。

2. 卵巢囊肿

此病发生率较高，以浆液性囊肿为多，易恶变为卵巢癌。此外，乳头瘤也极易发生恶变，应注意复查。

3. 卵巢畸胎瘤

此病较为常见，分为良性囊性成熟畸胎瘤，有一定癌变率，恶变多发生于绝经后妇女，如肿块突然迅速增大，则为不祥之兆。

（三）病因病机

卵巢癌占女性全部恶性肿瘤的5%~10%，近年来发病率有升高趋势。卵巢癌的发生率与工业的发达有一定关系，说明有些化工物质可能与卵巢癌的发生有某种联系。

中医学称为“肠覃”“癥瘕”，如《灵枢·水胀》曰：“寒气客于肠外，与卫气相搏，气不得荣，因有所系，癖而内着，恶气乃起，息肉乃生。其始生也，大如鸡卵，稍以益大，至其成，如怀子之状，久者离岁，按之则坚，推之则移，月事以时下，此其候也。”描述了肠覃的典型症状。

（四）早期先兆

由于卵巢癌局部症状出现较晚，一旦出现腹部症状时已非早期，因此，先兆症应抓住腹部外征兆。

1. 常见先兆症状

（1）少腹不适：多见于月经周期排卵期，即渐感少腹不适，包括腹胀、隐痛，或热感、酸坠感，并有逐渐加重的趋势。

（2）月经紊乱：有一部分卵巢癌患者可有月经紊乱，尤其是颗粒细胞癌，易引起月经频发或稀发改变。

（3）类内分泌综合征（非妇科症状）：卵巢癌的早期先兆，可表现为内分泌综合征及副激素综合征。主要特征为性欲亢进、乳溢，甚至出现肾上腺皮质亢进及甲状腺功能亢进症，原因为卵巢分泌促性腺激素、促肾上腺皮质激素、促甲状腺激素、催乳素等。

2. 报标症状

女性更年期，突然出现不明原因的少腹不适（隐痛、坠胀、热灼感）及月经紊乱，应为卵巢癌的报标信号。

3. 典型征兆

（1）少腹痛：一侧性少腹胀痛，并逐渐加重。

（2）少腹包块：少腹一侧触到包块，并逐渐长大。

（3）阴道出血：1/4~1/3 的患者可出现应激性出血，绝经期后出血尤应注意，见阴道出血已非早期。

（4）月经紊乱：月经紊乱是卵巢癌的一个主要特征，颗粒细胞癌尤其明显。

（5）淋巴结转移：盆腔及腹腔淋巴结转移，是卵巢癌的晚期征兆，甚至还可有胸腔、骨、脑转移。

（6）腹水及血腹水：多出现于晚期（受压症状）。

（五）早期诊断

1. 鉴别诊断

（1）卵巢囊肿：属卵巢良性肿瘤，发病率很高，多为浆液性囊肿，双侧或仅单侧发病，病程较长，有蒂，易发生扭转而引起剧痛。病程较长者，甚至达数十年，与卵巢癌的发展快、肿块迅速增大迥异。可根据病史、增长较慢及 X 线进行鉴别。乳头状囊腺瘤者，X 线下可显示钙化物——砂样粒，如出现迅速增大及疼痛，压迫症状，不规则阴道出血，即提示有恶变可能。

（2）卵巢纤维瘤：属良性，罕见，有蒂，X 线可鉴别，常有钙化区，很少恶变。

（3）卵巢畸胎瘤：分为囊性及实性两种，有良、恶性之分，X 线下有牙、骨。此外，病理切片可证实，如迅速增长，则为癌变恶兆。

（4）卵巢结核：有全身其他部位结核史，病程较长，少腹经常疼痛，月经量渐少或愆期。并可有全身结核毒素中毒症状，消瘦、潮热、盗汗。也易并发卵巢周围炎及卵巢深部形成结节、干酪样坏死性脓肿。

（5）卵巢炎症：多为淋菌感染，以起病急、疼痛及发热显著、白细胞增高为鉴别要点。慢性者以病程长、疼痛明显、白细胞增高为特点。

2. 现代早期诊断手段

（1）妇科三合诊：可以触知包块位置、大小及活动度。

（2）X线检查：摄平片可基本确定肿瘤的良、恶性质。

（3）超声波或B超断层扫描：可以基本做出判断。

（4）剖腹探查：取病理组织活检，则可确诊。

（5）腹腔镜检查：可代替剖腹探查，能区别良性、恶性肿瘤。

（6）免疫学诊断（特异性血清试验）：包括癌胎盘抗原、胚胎抗原升高等测定。

（7）血腹水脱落细胞学检查：发现癌细胞可以助诊。

（8）卵巢功能测定：做阴道涂片，发现雌激素升高。

（六）卵巢癌防治方法

1. 治疗癌前潜病，如卵巢囊肿、畸胎瘤、纤维瘤。

2. 治愈卵巢结核及慢性炎症，以维护激素平衡。

3. 调整更年期内分泌，清抑相火，节制性欲。

4. 治则为调理冲任，滋肾阴清相火。予泻相火方药：生地黄、女贞子、丹皮、知母、黄柏，酌加抗癌中草药及化痰药。

四、胰腺癌先兆与防治

（一）一位胰腺癌病人的主诉

20世纪90年代初，有一个病人来就诊。我给他诊脉看舌后，发现脉象是标准的牢脉。我又询问病情，他对我说："杨医生我说实话，我的病自己早都知道，我的病不是小毛病。我不愿意来治病，可是家人都说您治好了很多的大病、绝症，强行让我来，所以我就来了。”

我问他为什么不想来治病，他说：“我一年前一直在做梦，一开始是梦见被一帮人抓走了，去的地方是大雪漫天，雾气太大，根本就看不清方向。最后到了一个大城市，非常繁华，人山人海，干什么的都有。他们把我与一大群人赶到一块，让我们去抬金砖，修一个很大的楼房。在那里干活很累，吃不饱饭，还得挨打，我就想着如何偷着跑掉。结果有三个人帮助我跑了出来，路上跑呀跑呀，累得我实在跑不动了，突然梦醒了。我醒后还在喘气，出一身的汗，像雨淋一样，周身疼痛。我虽然梦醒了，可是梦里的事情记得特别清楚。帮我偷跑的三个人都是过世的人了，他们都是我年轻时的好朋友，其中两人是我的同学。从那以后，经常梦里与死过的人打交道。我今天向您说这些，感觉您杨医生就是神仙，可能会救我，不然我是死定了。我心里知道我不会活得太长了。近期身体时好时坏，不能吃饭，好的时候没有坏的时候多，身上越来越难受。”

（二）中医辨证

胰腺癌是一种极凶险的消化道恶性肿瘤。早期虽然无特异性先兆，但由于本病的致癌因素为“过享口福”（过食肥甘美酒所致），因此早期预兆也必然最先反映于对食味的厌恶。

中医学属“伏梁”“癥积”“痞块”“黄疸”“脾风”范畴。《黄帝内经》早已认识到本病与饮食肥甘及黄疸的关系，如《素问・通评虚实论》曰：“消瘅仆击，偏枯痿厥，气满发逆，甘肥贵人，则膏粱之疾也。”

此外，还应注意腹痛为本病的典型症状及不良预后，如《素问・腹中论》曰：“伏梁何因而得之……裹大脓血，居肠胃之外，不可治，治之每切按之致死。”“环脐而痛，是为何病……病名伏梁，此风根也。”这些症状与胰腺癌晚期剧痛放射至腹腰背近似。

（三）癌前潜病

1. 慢性胰腺炎

长期饮酒及营养不良（缺蛋白质）所致，是一种反复发作的慢性胰腺纤维化病变，有恶化的隐患。

2. 胰腺腺瘤

指胰腺囊腺瘤，较少见，特点为多发性，癌变率不高，如恶变则为胰腺囊腺癌。

3. 胰腺囊肿

主要指假性胰腺囊肿，不常见，偶有癌变可能，多继发于胰腺炎症之后。

（四）早期先兆

胰腺癌是一种恶性极高、发展极为迅速、病势凶险的恶性肿瘤，病程 1~6 个月，一般仅 3 个月左右，但早期却无特异性先兆，因此不易发现。初起不明原因的顽固性厌食、恶心、腹胀、消化不良等胃滞纳呆先兆潜证，应予以警惕。

1. 常见先兆症状

（1）食欲减退：突然出现不明原因的厌食、腹胀，常为胰腺癌的首发症状。

（2）上腹部隐痛：伴随消化功能紊乱而出现的轻度腹胀及饱食后上腹隐痛，常为胰腺癌的信号之一。

（3）不明原因的背痛和腰痛，应引起警惕。

（4）突然消瘦、乏力伴有上述症状者，应高度怀疑此病。

2. 报标症状

40 岁以上，如突然出现进行性的、不明原因的轻度消化紊乱症，包括轻度腹胀、厌食，伴有偶发性的饱餐后上腹隐痛，常为本病的报标信号。

3. 典型征兆

（1）上腹痛：约 3/4 以上的人有上腹痛，持续性上腹疼痛，范围可从胃脘部到脐部，饱餐及夜晚尤为剧烈。

（2）黄疸：约 70% 的人出现黄疸，以胰腺顶端部出现黄疸为多且较早。

（3）心窝部触到硬块。

（4）食欲不振、消瘦，90% 的人迅速出现体重下降，甚至恶病质、恶心、发热、消瘦、乏力。

（5）骨、肺等远期转移，可出现骨剧痛及胸痛、咳嗽、呼吸困难等症。

（五）早期诊断

1. 鉴别诊断

（1）肝癌：肝癌和胰腺癌皆有共同症状——黄疸及心窝部痛，尤其胰头癌更与肝癌酷似。鉴别要点为肝癌无血清淀粉酶改变，但有血清甲胎蛋白阳性，超声波和放射性核素扫描可以发现肝占位性病变。

（2）胆囊或胆管癌：亦都有黄疸共同症，但胆管和胆囊癌必先有高热，而胰腺癌则先出现黄疸，可以不发热或后发热。

（3）胆石症：以典型的胆绞痛及高热寒战、白细胞增多为区别。

（4）胃癌：疼痛部位近似，但胃癌无黄疸。

（5）慢性胰腺炎：其腺囊肿块和黄疸与胰腺癌相似，但 X 线（胰腺钙化点）及活检便可诊断。

（6）糖尿病：糖尿病一般是逐渐出现的，胰腺癌可以并发糖尿病，但特点为突然出现糖尿病症状。因此，凡出现这种情况应怀疑有隐潜胰腺癌的可能。

2. 现代早期诊查手段

胰腺癌的早期确诊相当困难，且缺乏特异性诊查手段，但可采取以下方法：

（1）X 线检查：X 线检查对胰头癌的诊断帮助较大，而常规钡餐检查只有在癌症晚期才易显示出来，因此必须配合十二指肠注钡、注气双重对比造影进行检查。

（2）纤维十二指肠镜逆行胰管造影：对 X 线检查、血清淀粉酶检查及 B 超、同位素胰扫描可疑者，可行此术以帮助确诊。此法比钡剂检查更为可靠，能直接显示胰腺病变，但也不能进行早期诊断。

（3）超声显像术：只能发现直径在 3 厘米以上的癌，阳性率达 80%。

（4）电子计算机断层描述（CT）：准确率达 80% 以上，胜过 B 超。

（5）用胰腺癌诊断标记物 PCA 检查：第二军医大学附属长海医院（上海）试验成功，抽少量血就能检查胰癌，阳性率达 62%。

（六）抗癌措施

1. 彻底治疗癌前病，如慢性胰腺炎，切除胰腺肿瘤。

2. 调整内分泌，调整肝脾，保持心情愉快，避免工作过度紧张。

3. 调整饮食结构，少食膏粱厚味，少饮酒，戒烟。

4. 抗胰腺癌中草药，如天花粉、石斛、七叶一枝花、半枝莲、黄药子、八月札、山药、鲜藕、鲜梨、黄连。

五、胃癌先兆与防治

（一）胃癌梦先兆

胃癌病人在发病前3~5年常有梦先兆，主要表现有：

1. 家庭不和与外务不和，内部矛盾多，单位烦事多，经常吵架纠纷。

2. 梦到饥饿或饱食，或经常和死过的人一块做事，一起吃饭。

3. 与土地有关的梦也不少。还有一部分人梦到动物伤心哭泣。20世纪80年代，我治疗的胃癌病人中有三个人向我说，他们经常梦到家里宠物狗在哭泣，特别是狗大哭或上房。

胃癌列为诸癌之首，其发生与营养机制障碍有密切关系，就像毒蕈往往生长在坏土壤上一样。难怪萎缩性胃炎、胃溃疡、慢性胃炎，常是胃癌的前身。因此，早期先兆也与上述疾病的表现难以分辨。

（二）癌前潜病

胃溃疡、慢性胃炎、胃窦炎、肠上皮化生，尤以萎缩性胃炎、胃窦炎为主，这些病常是胃癌的前身。

胃癌是一个独立的恶性疾病，常发生在慢性的良性病变基础上，但也可以在良好的组织上突然发生。日本专家研究认为，胃溃疡与萎缩性胃炎的发病率、癌变率高，演化时间约6年，如伴有恶性贫血，则癌变率更大。这些胃疾之所以与恶性肿瘤有一定的关系，是由于黏膜屏障减弱，营养功能障碍之故。

胃癌常同时伴随有萎缩性胃炎，其癌变率为53%~97%。萎缩性胃炎的主要病理为胃黏膜腺体萎缩，症状特点为胃酸减少，食欲减退，腹胀不适，主要潜兆为胃黏膜高度肠上皮化。

多数观察证实，萎缩性胃炎发生胃癌约占10%（主要指病史10年以上的重度萎缩性胃炎），这是因为胃壁营养障碍为癌变创造了条件。

一般认为，胃溃疡有5%~10%的癌变率，慢性胃炎的癌变率约为10%，胃息肉的癌变率不超过10%。胃癌也可以胃溃疡的形式进行发展。有的胃溃疡本身就是胃癌的前病阶段。

胃息肉（超过2厘米）、恶性贫血、胃大部分切除术后（瘢痕）也与胃癌的发生密切相关。研究发现，残胃的癌发率比常人高2~3倍。因此可以说，部分胃溃疡和部分慢性胃炎是胃癌的癌前潜病，同时也体现了癌的发生机制为“邪之所凑，其气必虚”的精神。

（三）病因病机

胃癌是人类最常见的恶性肿瘤之一，其发病率之高，被列为诸癌之首，占全部恶性肿瘤的10%~30%，在消化系统中居于首位。

中医学称胃癌为“膈中”“反胃”，《黄帝内经》记载较多，如《灵枢·四时气》曰：“饮食不下，膈塞不通，邪在胃脘，在上脘则刺抑而下之，在下脘则散而去之。”《灵枢·邪气脏腑病形》曰：“膈中，食饮入而还出，后沃沫。”张仲景《金匮要略》曰：“朝食暮吐，暮食朝吐，宿谷不化，名曰胃反。”皆指出了晚期胃癌的临床症状。

（四）早期先兆

早期胃癌并无特殊临床表现，即便有也缺少特异性，但并非毫无“发露”可查。如年四十以上，平素无胃病的人，出现不明原因的纳呆症，上腹饱胀，偶有恶心或厌食肉类，乏力，时隐时现的不适（界于疼与胀之间），疼痛不规则，应引起警惕。

有胃溃疡史的病人，逐渐发生一反常态的变化，原有规律发生改变，如胃脘部不适感不为进食缓解，亦不为制酸剂等其他常用药而减轻，或食欲不振加重者，更应引起注意。

其他情况，如慢性胃炎、胃息肉等，亦有常规逐渐发生改变的情况，或症状逐渐加重而不能为其他原因解释者，皆应考虑到胃癌的可能。待出现呕吐、便血、剧痛时，已宣告进入晚期。

总之，有长期胃病史，突然加重，规律改变者，尤其中老年人突然出现胃病，或久治胃病无效者，都应引起警惕。

事实上，早期胃癌（浅表型胃癌）的临床症状出现较慢，就医者往往发病已超过半年。首发症状为厌食或无胃口，上腹部饱胀，胃脘不适的胃滞纳呆症。如癌发生在幽门部，即使最小的原位癌亦会较早出现不同程度的阻塞现象，虽然从形态学的观点来看，这么小的癌是不足以引起梗阻的，这也许是人体的一种保护性反应现象。首发症状可以在3个月至10年之间。

胃癌的早期先兆出现时间及性质，依发生部位的不同而异，幽门窦部癌的首发症状为上腹隐痛，但亦发生较晚。据国外报道，胃癌能分泌一种物质，能麻痹神经末梢，使痛阈增加。阈，指门槛、界线，也就是说，疼痛加深了才能感觉到。癌发生在胃贲门部者，易最先出现进食哽噎感，而发生在胃底部（静区）则可无不适感觉，或最初先出现食欲减退、上腹不适。有的胃癌病人在颞额部出现强硬黑毛，有的胃癌病人颈部出现黑棘皮病，这些皆可为胃癌的报标信号。

1. 报标症状

上腹饱胀及过去喜吃的东西突然变得乏味，或老觉得“口淡”。据报道，早期胃癌约80%以上者可出现胃气滞症。

2. 典型征兆

胃部触到肿块，胃脘疼痛，饱胀厌食，呕吐呕血，便血贫血，消瘦乏力，右锁骨上淋巴结转移肿大。注意呕吐特点为隔餐食，所谓“朝食暮吐”（胃幽门梗阻）；或进食不利，食物反流，出现“食入即吐”（癌致贲门梗阻）。

（五）早期诊断

1. 早期鉴别诊断

（1）胃癌与胃溃疡鉴别：胃癌发病者年龄较大，多在四十岁以上，疼痛无节律性，病程为进行性，可有厌食。而胃溃疡患者则年龄相对较年轻，病程缓慢，疼痛有规律性，进食可缓解，无厌食。溃疡型胃癌与胃溃疡早期仅凭临床症状无法鉴别，应尽早接受特异性检查。

（2）胃癌与萎缩性胃炎鉴别：胃体部的浅表型胃癌常与慢性胃炎症状相似，

难以区分，尤其应与萎缩性胃炎相鉴别。萎缩性胃炎，病程多较长，常伴有舌炎、舌萎缩，胃酸缺乏症状较明显，贫血、消瘦等营养不良症状出现较早，而胃癌则病程较短，消瘦、贫血等恶病质多在后期出现。

2. 早期现代诊断

（1）胃镜检查：近代胃镜是一种纤维胃镜光源系统，既有摄像装置，又有活检设备，并且为高功率冷光源，可使胃黏膜全部暴露无遗，基本上没有盲区，管子可灵活变曲、滑润，易被患者接受。可发现黏膜形态及色泽的异常，包括色泽异常和表面的变形，如凸凹不平、渗出、糜烂，除摄像分析外，可取活组织检查即可确诊。

（2）辅助检查

①X 线检查：做胃钡餐造影，龛影的异常变化，如黏膜皱襞影，呈小结节状突起，常提示正常黏膜已被破坏，可作为辅助诊断。近年来用气钡双重对比法，提高了早期胃壁微小病变的发现率。

②B 超、CT 也是重要的辅助检查手段（电子计算机化轴向横断体层 X 线扫描摄影）。X 线检查有怀疑的，可用 B 超、CT 做进一步检查。

③唾液癌胚抗癌检查法：用唾液检查诊断胃癌适于大面积普查。福建省中医药研究所首创唾液癌胚抗原检测法诊断胃癌，发现唾液癌胚抗原含量特别高，胃癌的阳性诊断符合率达 90%，唾液优于胃液及血液，可互补。

④胃酸检查：胃癌患者约 50% 以上有泌酸减少现象，注射组织胺后，pH 值下降不到 0.5，可作为诊断参考。

⑤胃液及粪便隐血试验：常呈阳性，可以助诊。

⑥胃脱落细胞学检查：也为胃癌的确诊手段。方法是：取胃壁冲洗液，经离心沉淀后，染色涂片，在显微镜下找癌细胞。

（六）抗癌措施

1. 及早根治原发病。如治愈萎缩性胃炎，注意以健脾及活血化瘀原则，改善胃的营养机制，以消除内源性癌产生的土壤。及早治愈胃溃疡，以恢复胃黏膜的防御屏障，对抵御外来致癌物的刺激，防止癌变有重要意义。

2. 提高抵抗力，以加强免疫监视系统，即注重扶正，可服用六君子汤一类药：

党参或西洋参、白术、茯苓、法半夏、陈皮、甘草，酌加黄芪。

3. 减轻消化系统负荷，以利抗御癌邪，如服用山楂、神曲、砂仁之类的助消化药。

4. 加强饮食管理，对有癌前病变可能的患者，应少食腌、咸、熏、腐、煎食物，忌食霉变食物及含亚硝酸多的食物。主张薄味，少食厚味及膏粱美酒，多食含维生素C高的食物，如蔬菜、水果、鲜肉、鲜蛋。

5. 食疗抗癌。有胃癌可疑的人宜多食蘑菇、竹笋、薏米、海带、猴头菌、乌蛇肉、螃蟹、螺蛳、灵芝等食物及药物。

6. 有癌变可疑的人，应适当服用抗癌中草药，如黄药子、蛇类、壁虎、全蝎、蜈蚣、露蜂房、白花蛇舌草等。可配服六君子汤：党参、白术、茯苓、法半夏、陈皮、甘草。或四君子汤：党参、白术、茯苓、甘草。

六、食管癌先兆与防治

食管癌占人体恶性肿瘤的第四位，食管癌同样存在人体免疫监视系统失控。因此，最忌讳食管上皮不典型增生，食管癌先兆并不太隐蔽，因为即使很小的原位癌，也仍有不同程度的通过障碍感，这些信号甚至可提早数年出现。

中医学称为“噎膈”“膈中”，文献记载颇多。如《素问·至真要大论》曰：“饮食不下，膈噎不通，食则呕。”《灵枢·邪气脏腑病形》曰：“膈中，食欲入而还出，后沃沫。”《医门法律》曰：“过饮滚酒，多成膈症，人皆知之。”上述症状属当今之食管癌、贲门癌。

（一）发生机制

食管癌的发生机制为“膈”。所谓“膈”，《素问·阴阳别论》指出：“三阳结，谓之膈。”指“结”可导致“膈”。形成“结”的原因有：痰气交阻、痰火内郁或痰湿阻凝，后期则为痰瘀互结，总与痰密切相关。

1. 痰气交阻

由于七情不畅，郁而生痰，痰气交阻，搏结于上而成。如《素问·通评虚实论》说：“膈塞闭结，上下不通，暴忧之病也。”《诸病源候论》亦说：“忧患则气结，气结则不宣流，使噎。噎者，噎塞不通也。”

2. 痰火内郁

如恣食膏粱美酒，饮食厚味，则易酿痰生热，热郁伤阴，致津枯气燥而成膈。如《景岳全书》曰：“噎膈一症……或酒色过度则阴伤，阴伤则津血枯，涸气不行则噎膈。”朱丹溪亦曰：“食味过厚，偏助阳气，积成膈热。”

3. 痰湿阻凝

年老体弱，免疫力低下，或素体脾肾亏虚，则水湿运化不力，痰湿凝结，阻于食道而成。如《医贯》曰：“唯年高者有之，少无噎膈反胃者。”

4. 痰瘀互结

初瘀必痰，久膈定瘀，痰瘀互结为噎膈的后期阶段。如徐灵胎曰：“噎膈之症，必有瘀血、顽痰逆气，阻膈胃气。”

此外，食管癌的发生还与霉变饮食及亚硝酸食物有关。现代医学认为受水土锌、钼、氟、硅等微量元素的影响。其他情况，如饮食过热、口腔不洁及维生素A、维生素C缺乏，均与本病有一定的关系。

（二）癌前潜病

食管上皮增生、食管溃疡、慢性食管炎症、食管黏膜白斑等。

（三）早期先兆

1. 常见先兆症状

（1）吞咽干燥感：吞咽干燥感或吞咽时有刺激性咳嗽，常是高位食管癌的警号（多出现于食道上段）。吞咽干燥食品时尤其明显，少数可有吞咽紧缩感。

（2）胸骨后隐痛感：即吞咽食物时，偶感胸骨后不适，包括刺痛、烧灼或隐痛，尤以吞咽刺激性食物为明显，此为中位食管癌的信号（食管中段）。食管癌多发生于食管中段，约占一半以上。

（3）吞咽滞留感：即吞咽食物有滞留感觉，近似气阻现象，常为低位性食管癌的首发先露（癌位于食管下端）。吞咽粗硬食物时尤为明显，即存在第一口哽噎感，正如《古今医镜》曰：“食下有碍，觉屈曲而下微作痛。”

（4）食道异物感：总觉得食管内有未咽尽的食物碎片，黏附或嵌入食管上。

上述感觉时轻时重，时隐时现，最初可为偶发。

此外，早期先兆的特点与癌病理学基础也密切相关。如属乳头型者，可出现哽噎感；糜烂型者，则常以胸骨后深沉隐痛为信号；隐伏型者，则先兆症出现较缓慢，且仅为咽下干燥感或发紧感。

2. 报标症状

进食滞留感及食道异物感，常为食管癌的首发信号，因为食管扩张度差，即使很小的癌肿，也会影响食管的蠕动。

3. 典型征兆

（1）早期征兆：咽下障碍，包括偶发性吞咽哽噎感，胸骨后隐痛感，食道异物感，并随着情绪变化及饮食不当而加重。

（2）中期征兆：为进行性吞咽困难，锁骨上淋巴结有转移。

（3）晚期征兆：胸骨疼痛，癌肿已侵犯邻近组织，呛咳（穿破气管），声音嘶哑（侵犯喉返神经），并出现恶病质（贫血、消瘦），甚至向远部组织如肝、脑、骨转移。

（四）抗癌措施

1. 治疗癌前潜病，如食管溃疡、食管炎症及食管黏膜白斑等病，以防癌变。

2. 不食过烫及刺激性食品、过硬食物，以保护食管黏膜屏障。

3. 不食霉变及含亚硝酸胺食品，如酸菜、霉烂蔬菜、霉变谷类（含黄曲霉菌）。

4. 酌服维生素 A，以加强食道黏膜细胞的代谢。

5. 有怀疑信号者，可酌服抗食管癌中草药：黄药子、半枝莲、山慈菇、山豆根、薏苡仁、土茯苓、夏枯草、板蓝根等。

（五）食管癌先兆梦之谈

根据食管癌病人的梦先兆主诉，大部分病人病前 3 年左右发梦，梦兆各不相同。有一位食管癌病人李某，食道癌晚期前来就诊。他问我：“杨医生，我的病还有救吗？我已经喝水都呛逆了。”我笑着说：“你别怕，我会想办法让你明天可以吃饭。”我采用了三种治疗方法，中药、西药和自然疗法。第二天，李某真的先喝了一碗粥，一小时后又吃了一碗面。

他高兴地拉着我的手说："不管您有多忙，我都想和您聊一会我的心里话。我生病之前头三年，老做一个梦，梦到我是杀人犯。我们一批犯人被赶向大西北，走到沙漠地区，还一直向前走，又走了15天，我们就被扔到那了。没有人烟，没有食物。到最后七八天，饿得没感觉了，就觉得口渴得难受，口干得像树皮一样。感觉快要死的时候，梦就醒了。这是其一。像这样的梦连续做多次。近一年来，又做一种梦，梦里有很多很多的人，都是不认识的人，男女老少都涌向一个海岸码头，拥挤着上一只大船。然后船开向远方，很远很远。到了对岸，下了船，又向前走了很远，看到一个大城市，走近才看到城门上写着四个字"阴曹地府"。我一看到这四个字，心里明白这不能进，进去就麻烦了。我就找机会跑，一直跑，无方向地跑呀跑，不知跑了多远，又累又渴又饿，必须找点吃的，也要休息一下了。好容易找到一个街道，也有几家饭馆，可是饭馆卖的全是馍馍与炒面，就是没汤，也没有水，吃干了也喝不上口汤水。实在吃不下去，再换一家饭馆，都是同样的条件。后来梦醒了，梦醒后就去喝了好多的水，感觉还是口干渴。最奇怪的事，就是连续做这种梦，都是相似的梦，不是口干口渴，就是劳累加饥饿。"

他说完了，我告诉他："这些就是你病之前的梦先兆，这些梦很早就告诉你，你的身体内组织细胞缺水、缺氧，中医叫气阴两虚。如果你能明白你的体质，多练有氧运动，多吃补阴滋阴的食品，你就不会得这种病了。实际上，你体内的报警器三年前就开始报警了。正因为你无知，缺乏这方面的知识，所以没有很好地注意，才最终得了这个病。"

七、肝癌先兆与防治

（一）肝癌梦先兆

肝癌病人的梦先兆多发生在发病前1~5年，甚至更早。大部分病人的梦境包括以下几种：

1. 梦里有台风、暴雨、地震、海啸等气象变异。

2. 梦里受压抑，总是受别人欺负，没有反抗、抗争的机会。

3. 梦里做好事、善事，不管付出多少，总得不到回报，得不到表扬，还有的人对他恩将仇报。

4. 梦里时常见到山林、树木、花草、庄稼等被破坏、被烧毁、遭践踏。

5. 梦里有时见到湖、河、海等与水有关的梦，但是水已被污染。或者梦到发大水，河水上涨，想什么办法都无法过河。

（二）肝癌先兆

肝癌占恶性肿瘤的第三位，是最凶恶的癌之一，号称“癌王”。肝脏是人体最重要的解毒器官，一旦肝脏不能正常解毒时，其浊毒便成为致癌的因素，难怪慢性肝炎被责为导致肝癌的祸根。因此，也意味着肝癌先兆与慢性肝炎、肝硬化症状有着惊人的相似之处。由于肝为人体功能最多的器官，约有1000个功能，一旦出现肝功能障碍，对全身的影响必然较多，因此，肝癌的肝外先兆常常早于肝内先兆。

中医学对肝癌的记载，皆分别属于“脾积”“肝著”“痞积”“癖黄”“鼓胀”等范畴。如《灵枢·邪气脏腑病形》曰：“肝脉……微急为肥气，在胁下，若覆杯。”

1. 肝癌的发生机制

肝癌的发生机制，主要是热毒蕴积或痰湿凝结，主要与肝胆湿热和六淫邪毒客入有关。由于肝主疏泄，因此七情郁结导致气血遏郁，是肝癌的主要诱因，痰瘀互结是肝癌的发展结果，而正虚（免疫系统功能低下）是肝癌发生的内在基础。

2. 癌前潜病

（1）慢性肝炎（尤其是肝硬化）

实践中常见慢性肝炎—肝硬化—肝癌的发展公式（又称“肝病三部曲”），但亦有看法认为肝炎与肝癌并无直接联系，而是某些肝癌开始即以肝炎的形式潜匿进行。实践中，长期、反复的慢性炎症，易形成增生性结节，增生的肝细胞即有癌变的可能。

至今，大多数学者仍倾向于肝硬化、迁延性肝炎与肝癌有一定联系。据台湾研究证实，乙型肝炎的患者比正常人易发生肝癌，而且高达200倍以上。大结节性肝硬化尤易在此基础上增生为肝癌，但肝癌大部分合并肝硬化，而肝硬化则只有极小部分合并肝癌。

（2）乙型肝炎

乙型肝炎与肝癌的关系尤为密切。乙型肝炎病毒究竟是致癌因素还是促癌因素，还有待今后研究证实。至少现在可以证实“澳抗”（HB_3Ag 乙型肝炎表面抗原）与乙型肝炎、肝癌有着密切的联系。肝癌病人约80%呈“澳抗”阳性结果，但乙型肝炎是否能发展为肝癌，还要看人体免疫因素，即免疫监视系统的完备和能力。

3. 早期先兆

肝癌早期先兆，包括肝外先兆及肝内先兆，通常肝外征兆出现时间要早得多，但并非大部分患者皆具有。肝内先兆虽然大部分患者均可出现，然而却披露得较晚，因此，肝内、外先兆都应合参。

（1）肝外先兆

肝外先兆主要为无原因的内分泌异常，导致激素水平的紊乱（偏高或偏低），形成“异位激素综合征”。这一征兆往往是肝癌的最早信号，主要表现为促性腺激素及促生长激素水平增高，而有性欲亢进及类库欣综合征等表现，或由于雌激素水平增高而有男性乳房发育、性欲减退等症。

有些病人还可出现类白血病反应、低血糖、高血钙、高纤维蛋白原血症、红细胞增多症等现象。肝硬化严重者还可出现肝硬化的一系列症状，如肝肿大、肝痛、腹水、黄疸、出血、嗜睡、恶心、乏力、消瘦、厌食、皮肤瘙痒、少尿、便臭……

（2）肝内先兆

①肝郁证：包括无原因的精神不畅，胁肋不舒，有时觉隐痛等肝郁气滞证，常为肝癌最早的先兆潜证。

②肝区痛：据统计，肝痛是原发性肝癌的首发症状，占31.3%~74%，肝癌几乎都在硬化的中心发生，很少长在肝的外面，因此疼痛症状不明显，为一种时隐时现的深部钝痛。

③厌食、腹胀、乏力：厌食、腹胀为肝癌的次发症状，早期常以上腹不适、食欲减退、乏力等胃滞纳呆症的形式出现，与消化道癌，如胃癌、大肠癌、胰腺癌等早期先兆症相似而无特异性。因此，靠临床症状较难发现，但可在突然出现无原因的脾虚证、胃滞纳呆和肝郁气滞证的情况下引起警觉。如素有慢性肝炎、

肝硬化，年在四十岁以上，突然出现上述先兆症时，应立即做进一步检查。

4. 报标症状

时隐时作的深部钝痛、厌食、恶心，是肝癌的最早报标信号。

5. 典型征兆

（1）肝区疼痛，并呈持续性隐痛、胀痛或刺痛，劳累后加重。

（2）肝进行性肿大，且不能以其他原因为解释。

（3）顽固性不明原因的厌食、腹胀、恶心。

（4）乏力、消瘦、羸弱，为癌恶病质标志。

（5）发热，呈弛张热，予抗生素不能控制。

（6）黄疸，多出现于晚期。

（7）腹水，多出现于晚期。

（三）抗癌措施

1. 彻底治愈癌前病，如肝炎、肝硬化，尤其是乙型肝炎，杜绝肝癌产生的土壤。

2. 不吃霉变食物，尤其是被黄曲霉菌污染的花生、玉米、谷类。

3. 多吃新鲜蔬菜、水果及鲜肉、鲜鱼。

4. 提高免疫力，加强免疫监视系统，使癌细胞及早被消灭，可服人参、云苓、灵芝、猴头菌、香菇、螺蛳、竹笋、海带、墨鱼。

5. 保持上进的、乐观的精神心态，使肝脉舒畅，气血流通，则邪毒无法滞留生癌。

6. 适当服抗肝癌中草药，如予柴胡疏肝散：柴胡、白芍、川芎、陈皮、香附、枳壳、甘草。或逍遥散：柴胡、白芍、茯苓、当归、白术、薄荷、生姜、甘草。酌加具有抗癌性能的中草药，如白花蛇舌草、山海螺、半枝莲、龙葵、蜂房、夏枯草、地鳖虫、虎杖、土茯苓、土贝母。

八、乳腺癌先兆与防治

（一）乳腺癌梦先兆

乳腺癌病人在发病前 3 年就有梦兆，大部分病人的梦境有如下几种：

1. 梦兆里全是与亲人吵架、打架，骂得很凶，有时打得死去活来，分居离婚，再谈恋爱，再分居离婚。

2. 梦里与外人纠纷，官司一直不能了结，长期如此。

3. 梦到自家或别人家的狗大哭，又向她的房子上跳，或自家的羊上房。还梦到牛用角顶她，时常被惊醒。或者是猫跳到她身上，把她压得不能喘气。总之，都是些失恋纠纷、受压、生气、心情不好、长期不开心的梦。

（二）乳腺癌先兆

乳腺癌居我国恶性肿瘤第九位，占全身恶性肿瘤的 7%~ 10%，是女性的高发恶性肿瘤之一，近年来发病率已超过宫颈癌，占女性恶性肿瘤的首位，经绝期前后的妇女为高发期。其危害性在于早期即有淋巴及血行转移，而且常转移至内脏深处，如肺、肝、脑等，因此也属比较凶恶的癌瘤。99% 发生于女性，占女性 23/10 万人口，可合并发生宫颈癌、卵巢癌、子宫癌等。40~ 59 岁占全部患者的 75%。

中医学记载为“乳岩”“乳石痈”“乳核”“乳痈坚”。《黄帝内经》称为“石瘕”。我国最早的病机专著《诸病源候论》称为“石痈”，并有较为形象的描述。如曰：“石痈者……亦是寒气客于肌肉，折于血气，结聚而成，其肿结痈实，至牢有根，核皮相亲，不甚热，微痛，热时自歇，此寒多热少，如石，故谓之石痈也。”

1. 发生机制

乳腺癌发生的主要机制，与内体肝肾阴阳失调、相火亢盛、冲任失调密切相关，尤与肾阴虚阳亢、相火旺盛相关。女子性事姿欲或寡居欲火内伏，皆可致相火过旺，刺激乳房而致癌。此外，乳癌与阳明胃经痰火内伏亦有关系，因乳房属阳明胃经之故。因此，膏粱厚味致痰热内蕴于阳明，结核于乳络，是导致乳腺癌的因素之一。西医也认为乳腺癌与进食高脂饮食有关。

2. 早期警号及早期诊断

（1）癌前潜病

①乳腺增生病：多出现于中年妇女，其患乳腺癌的发病率比一般人高 2~ 3 倍，仅限量的增生不足以成为癌前潜病，必须有质的改变，且须有细胞形态结构异常，即所谓不典型增生才能有演变为乳腺癌的可能。癌变率为 2% 左右。患乳腺增生病

者，雌激素水平皆偏高，排卵期后不下降，年龄越大，癌变率越高。45 岁以上可高达 39.9%，55 岁以上的癌变率为 56.7%。尤其是出现数量较多的大小增生结节，更应高度警惕。

②乳腺纤维瘤：少数可成为癌前潜病，其特点是圆形，边缘清楚，表面光滑，无压痛，活动性好，并多发生于青春期妇女，质中，有弹性。

③大导管乳头状瘤：多位于乳房中心部位靠近乳头，在乳管开口至壶腹部一段。因为肿瘤刺激乳腺致乳头溢液，故乳头溢液是早期最重要的信号。乳腺癌出现乳头溢液者为 1.3%~7%，而双侧溢液者可疑性较小。

（2）早期先兆

①触到肿块：乳腺位于体表，因此癌肿较易发现，早期以偶发刺痛为先兆，此时若发现肿块，亦在 1 厘米以上，表明癌肿已超出乳腺腺管。隐匿癌肿在肿块被察觉前，已有肺、骨等深处转移，出现腋窝淋巴结转移已非早期，呈橘皮样改变或“酒窝样变”则更非初起。

中医学对乳腺癌的早期先兆已有记述，如《医宗金鉴》曰：“乳腺初结核隐痛。”提出了乳腺隐痛的早期信号意义。《外科正宗》曰：“初如豆大，渐如棋子，半年一年，二载三载，不痛不痒，渐之而痛，始生痛痒……名曰乳岩。”论述了乳房出现无痛性肿块是乳癌的早期警号，相当于现代医学的单纯癌。《外科大成》曰：“乳癌亦乳中结核，不红热，不肿痛，年月久之，始生疼痛。”强调了乳癌早期多为无痛肿块的先兆特点。《外科正宗》还记述了一病案：“一妇人左乳结核，三年方生肿痛，诊之脉紧数而有力，此阳有余而阴不足也。况结肿如石，皮肉紫色不泽，此乳岩症也，辞不治……辞后果俱死。”同样反映了无痛性坚硬肿块，是乳癌早期的重要信号。

乳岩多为硬癌（70%），部位以外上象限（即乳房的外上 1/4 处）为多。乳腺癌肿块约 2/3 是无痛性的，仅 1/3 有不同程度的刺痛、隐痛、钝痛或牵扯痛，可为偶发、阵发或持续性痛。癌瘤初发于腺管上皮（相当于原位癌），直径 1 厘米以上始能触知。临床能触到的乳腺直径多达 1 厘米左右，硬度大，有的移动良好，和良性纤维瘤鉴别须做活体切片检查始能确诊，常为单纯癌的首发症状，肿块增长较快，常为乳腺癌的信号。

男性乳腺癌多位于乳晕下（中央区）或乳晕旁（近中央区），无痛性肿块最为多见，与雌激素诱发的关系尚无明确根据。由于男性乳腺较薄，故肿块较易发现，但由于肿块多长在乳头周围，故较早转移到胸壁，应予注意。

②乳头溢液：多见于导管内肿瘤，在乳晕周围可触到小结节（绿豆大小），常为导管内乳头状癌的首发症状。中医学已有记载，如《备急千金要方》曰："妇人女子乳头生小浅热疮，痒搔之，黄汁出，浸淫为长，百种治疗不瘥者，动经年月，名为妒乳。"其中，乳头小疮、乳溢液及乳头瘙痒，相当于现代医学乳头湿疹样癌及导管内乳头状癌的首发外露。

③腋下淋巴结肿大：无痛性肿块是乳腺癌的首发症状，占95%~98%，直径1厘米时方可触及，隐性乳腺癌虽未能触及肿块，但淋巴转移较早，可于腋窝淋巴结触及，但也有1/3的人可出现早期隐痛、牵拉痛、刺痛。早期乳腺癌极易发生腋下淋巴结转移，即使极微小的肿瘤亦易发生早期转移，亦有隐性乳腺癌仅有腋下淋巴结肿大的信号。

④乳房皮肤异常改变：乳腺癌的早期先兆，有的还可表现为皮肤异常，如出现皮肤瘙痒、皮疹或带状疱疹、黑棘皮病、皮肌炎、周围神经炎等。一般而言，乳头瘙痒、湿疹，为乳头湿疹样癌的早期先兆。乳房皮肤变色、晦暗或发紫，或橘皮样改变，或皮肤凹陷、水肿等，常为硬癌的首发症状，因硬癌常侵犯皮肤，呈现广泛的皮肤粘连。《灵枢·痈疽》提出"牛领之皮"，类似于乳腺癌的橘皮样水肿变化。

3. 报标症状

乳房单个的、无痛性肿块（部位在外上1/4处）为报标信号。乳头溢液常是导管内乳癌的信号，而血性者又常是大导管内乳头状瘤的首发症状。皮肤变色、发暗，则为硬癌的最早外露。腋下淋巴结肿大，常是隐性乳癌的信号。因此，经常按触乳房（尤其是外上象限）及腋下检查有无肿块，以及观察乳房皮肤变化及乳头溢液，是早期发现乳腺癌的重要措施。

4. 典型征兆

（1）早期征兆：可触到逐渐增大、质硬的肿块，不易推动，无痛或偶有刺痛（癌肿3厘米以下）。

（2）中期征兆：腋下淋巴结肿大，可被推动，乳房可出现增大（乳腺癌）或缩小（硬癌）的变化（癌肿在5厘米以内）。

（3）晚期征兆：肿块增大与皮肤粘连、牵拉，呈“橘皮样改变”，甚至出现溃烂，有胸骨旁淋巴结转移，锁骨上淋巴结甚至远期淋巴结转移（癌肿超过5厘米），并伴有发热、消瘦、贫血等恶病质。

（三）乳腺癌防治方法

1. 及早治疗乳腺增生病

乳腺增生病虽然与乳腺癌并非有肯定联系，但也不能否认二者的并存性。因此，治愈乳腺增生病，尤其是经绝期后乳腺增生病更具有重要价值。乳腺增生病，传统认为由肝气不舒、痰核内结所致，治以疏肝化痰。其实，乳腺增生为相火过亢所致，治疗应以抑相火为大法，辅以疏肝化痰方可击中要害。方药予抑相火汤化裁，加橘核、川楝子。

2. 调整更年期内分泌

乳腺是全身病的局部表现，更年期内分泌紊乱，尤其卵巢功能过激，雌激素水平偏高者，中医认为多属冲任失调、相火偏亢，表现为更年期性欲亢进、乳房胀痛者，宜调冲任、抑相火。酌服泻相火汤：生地黄、女贞子、丹皮、知母、黄柏以平伏。口鼻或外阴生疖、生热者，加重丹皮，注意节制欲火房事。

3. 注意调节情志

避免忧郁、焦虑。肝气不舒者，可酌服疏肝达木、理气化痰之品。方用逍遥散或柴胡疏肝散之类，酌加橘核、香附、川楝子。但乳腺癌的关键是相火偏亢（雌激素水平过高），七情不舒只是诱因而已，因此，调冲任、抑相火才是第一要义。

4. 酌服抗癌中草药

有乳癌可疑的人，可在上述调整冲任和疏肝化痰的前提下，酌加服抗乳癌中草药，如土贝母、川楝子、龙葵、半枝莲、山慈菇、蜂房、白花蛇舌草、瓜蒌、守宫、胆南星、半夏、漏芦、全蝎之类。

【小结】

癌症发生发展的病因有三个方面：一是先天遗传为基因；二是后天不足再次感染为主因；三是气血紊乱为诱因。

总结近年来的临床实践：第一，很多人不是死于病，而是死于无知。第二，癌的发生是一个字——毒，毒素过度为毒垢，毒垢进展为毒瘤，毒瘤再致癌就很简单了。第三，“气为百病之始”，人体气血紊乱会导致多种病变。

例如，肝癌病人的起源多是受别人欺压后未能有反抗的机会，还有做好事心太善反被恩将仇报，肝气郁结，这些都是诱因。再比如，乳癌病人多是与亲朋好友、单位同事、同学等发生纠纷、生气，引发肝气郁结，气郁化火所致。胃与食道癌病人多是因为与长辈家长或单位领导长期闹矛盾，天天有烦心事，或者长期伤心哭泣导致。肺癌病人对死亡特别恐惧，所以不建议对其实说病情。宫颈癌与卵巢癌病人，发病原因多是本人生活不检点，或其丈夫或情人生活不检点，烟酒好嗜，吃带毒素的食品，造成对女性污染，最终使其罹患癌症。

中医治癌大法：一是让病人了解癌症的发生发展症状与趋向；二是让病人学会抗癌方法；三是让病人积极配合治疗，提高心理素质，多练习有氧运动，提升正能量；四是运用西医对症治疗与支持疗法；五是运用中医治疗大法，清热解毒，活血化瘀，扶正祛邪。用药时明确阴毒与阳毒，也就是毒瘤的分类、分型、分化、分层，以及病毒的种类及成分，方可灵活运用中医药的正治法、反治法与标本同治法，达到治愈与存活之目的。

总之，要大力宣传防控知识，明确癌症先兆病苗，细审隐患之根，未病早防、早治，以既病防变、既变防逆为原则。

第二节　奇梦治愈有缘人

一、梦兆收获治疗肺扩张咯血方法

1980年2月15日，收治一位年轻人孙某，男，35岁，家住板集乡孙湾村。他是肺扩张咳嗽咯血，在淮南市医院住院确诊为肺结核空洞。因为咳嗽严重并发肺扩张出血，医院让他去上海肺外科手术治疗。因家中经济困难，他只有回家等死。在那个年代，慢性病、疑难病没钱治病的人太多了。他家人听别人说我用中草药的单验方治好了他邻村的农民李某肺癌咳痰咯血病，就认为我肯定能治好他的病。

他是肺扩张咳嗽咯血，咯的全是鲜血。没钱手术，只能药物治疗。虽是保守治疗，但说实话，医务人员都明白肺扩张病症用药物治疗，难度很大。我观察他每天早晚出血量越来越多，想尽办法给他治，也想办法说服他家人把他转到大医院去。但不管怎样说，他就是不走。他家人说："杨医生，你放心大胆给他治疗，好坏你都无责任。"

我为此病非常紧张，眼看着病人一天比一天身体虚弱下来。我所在医院又没有输血的条件，想让他到大医院输血，他家人又没有钱。治疗无效，又推之不去，怎么办？那天夜里三点多钟，我实在太累了，准备先睡一会，再起来找资料。古医书关于治疗血证的方药我都找了。闭目前，我又想到了我的爷爷。我默念："爷爷，如果您老人家不走有多好，您可以给我指导呀！"想着想着就睡着了。

这时我看到我的爷爷来了。他来到我面前拿起棍子就打我，边打边说："病人吐血快死了，你还睡！快去用百合固金汤加大剂量的生白术，就可止咳止血，勿忘治咳大法！"我突然惊醒。啊！原来是做梦了。我看了看时间，总的才睡了十八分钟。我马上起来去药房，亲自抓了药，并立即让病人的妈妈起床煮药。到天明喝了两次。第二天晚上咳嗽大大减轻，咯血量也少多了。我明白了，健脾补肾可化痰，化痰才能止咳，无咳才能止血，这就是治本。之前的治疗方法是镇咳止血，为治标。

病人接受治疗后好转。一周后，无咳嗽、咯血，出院回家调养。

二、梦兆提示治疗胃大出血病人有难度

1978年10月8日晚上10点左右，李某，男，38岁，家住胡集镇李赵村一队。胃出血两次后，家人用板车拉来让我治疗。我看后用常规止血治疗，并立即让他转院到上级医院。可是他的两个哥哥不愿意转院，一定要我来治。那时候乡村卫生所条件差，只有止血、扩容的西药止血敏、安络血、低分子右旋糖酐及补水消炎等药物。夜里一点多，病人情况稳定，安静地睡着了，他二哥让我休息一下，让他大哥看守病人。我也松了一口气，准备睡一会儿。我刚睡着，就做了一个梦，梦中一个大力武士一定要与我比赛武功。我跟他客气，说好话，他根本不听，非要比武，我只有与他打了起来。开始我担心把他打坏了，没用全力。可他却往死里打，专用绝招。我看他太狠，也就不客气了，也出了绝招，他被我打倒了。梦

醒了，醒后我身上出了点汗，并没有感觉累。起来看看病人情况很稳定。病人也对我说："杨医生您睡吧，我没有事了，就是口干，能不能喝点水?"我说："不行，因为胃出血的伤口还没愈合，喝水与吃东西后胃蠕动快，伤口易破会再出血。"他听了点点头。我告诉他，口干可以用白开水漱口，千万不能喝水。

治疗三天，每天都补上足够的糖盐水，按常规治疗。第三天的夜里，我刚睡着，又接着做三天前夜里的那个梦，一直打了三十个回合，没有分胜负，我也累了。这时，患者的哥哥把我喊醒，说患者要吃饭，我身上出了很多汗。我说："现在不能吃饭，这种胃部大出血一周后才能喝米汤，现在不能吃。"他走后，我一直回想这个梦。中午，他们不愿继续治疗了，一定要回家，我也没办法留。当然，他们一是不懂医学，看弟弟没事了，为什么还一直给他打点滴，不让吃饭，不太理解；同时也感觉老是花钱，他们有想法。我只能告诫他们，再出问题就麻烦了。他们说："不会有事，有事也不怪您，因为您已经给我们治好了。"他们一家人都要回家。

他回家后的第二天上午，吃饭后病情复发，急来求我治疗。我给他用上止血药，护送他去区级中心医院。这里条件不足，无输血条件，中心医院用救护车把他送往县城医院去治疗了。

从那时开始，我每次做类似的出力气的梦都说明要有难治的病人了。而且凡是梦到事情困难，往往有贵人相助或自己想办法最后解决。

三、梦兆启示治愈化脓性阑尾炎

李某，男，37 岁，1982 年 8 月 25 日来诊。主诉：他在淮南市建筑公司上班，夜间开始发病，肚子痛，天亮后才到医院就医。医院检查确诊为阑尾炎，已经化脓。医院建议立即手术，他本人害怕手术，坚持保守治疗。住院十多天，病情没有好转。医生会诊让他转院。两个弟弟建议回老家来找我治疗。

我检查后感到很难治愈。他右下腹有一个包块，约 6 厘米大，体温 38.7℃，查血象白细胞计数超于正常值 2 倍。我劝他去大医院手术，他就是不去。他弟弟一再说："我们邻村赵某的儿子多发性脓肿（脓毒败血症），大医院没治好，来找您，您都能治好，我哥的病跟他比轻多了，你一定给治吧！要用好药，尽管用，钱没有问题。"他们就是不走。我只有想办法开始用药治疗。还让他们签字，明确如有危险我不负责任。中西药结合治疗三天后无效果，我心里感到没有底气。

夜里，我打开家传治外科病的方药，都看了，反复琢磨。如果用托里攻脓的中药，最怕的是脓攻破腹内膜，脓流腹腔，麻烦就更大了。一直研究到夜里两点多钟，实在太累了，靠着椅子不知不觉睡着了。然后就梦到了爷爷。梦中爷爷告诉我，内服药用大黄牡丹皮汤，加重红藤的量，外用药用大黄粉，用醋调外敷。我醒后，爷爷的教导历历在目。天亮前我就把药物全备齐了，并研制好，开始施用。西药按常规治疗，静脉点滴注药，又加一瓶新砷凡纳明。

第一天效果就出来了：上午排大便三次，下午又排两次。到下午五点钟后，体温恢复正常，肚子自感舒服多了，也想吃米粥了，吃饭感到香了。三天后，右下腹包块全无，西药停用，中药巩固一周治愈。他弟弟说："一开始你推脱，让我们去大医院。我们心里清楚，你治这样的病，就这么简单。"他们走时非常感谢我。

其实，我内心也是非常感谢他们的。是他们又给了我一个学习考试的机会，逼我学会新的一招。我曾说过，疑难病人都是我的老师，只有老师能出考题来考我。

四、梦兆得到治疗膀胱癌方法

1995 年，我收治了一位膀胱癌病人杨某，男，75 岁，家住利辛县闫集村。这位老人心很诚，积极配合治疗。教他练新医学养生法，他一有空就练。通过吃中草药治疗，加练功四个多月，临床症状减轻了，小便顺利了，血尿时有时无。B 超复查，肿块没小，也没长大，就是说控制住了，没有发展。

有一天夜间我做了一个梦。有一位老师给我上课，他说："你收治的这位老人，他的膀胱病主要是瘀血出血，你用的抗癌中药要减量，把丹参、坤草、毛根量加大，同时再加一味红景天，用量 9 克，既有活血化瘀又有止血的作用。注意别让他吃肉，红景天的叶子煮水再放绿皮鸭蛋，可治瘀血性心肌病。"这些内容他连讲了 3 次，让我一定要记住。

第二天我上班时，我的学生对我说，昨晚做梦时有人教用"红叶煮水放鸭蛋治心脏病"。他们说："我们不懂中药，这红叶是什么？请老师解梦。"我笑着说："我也做了一个同样的梦，不过梦中事情有区别。红叶是什么药物，以后学习中药，讲到这味药物才告诉你们，这样能对这味药加深记忆。”

五、睡梦中结识病人在先，现实中治愈幻影在后

1983 年 3 月 15 日夜里子时，我做了一个梦，梦见像平时白天坐诊看病一样，看完三十多个病人后，有点累，也饿了，准备吃饭后再接着看。这时过来一位 60 多岁的老太太，求我一定先给她看完再去吃饭。我有点不耐烦地对她说：“你自己说病情吧，要从头到尾仔细说。”她就开始讲她从十八岁开始得病，原原本本，说得很详细。醒来后，梦中她的身材、长相我记得特别清楚。

第二天早上起来，我查完病房，把住院的几个病人安排好，刚坐门诊看病，就见一个男士拉着板车来了，上面坐着一个女的，年龄 60 多岁。看她的长相，就是昨晚梦里的那个老太太。等他们坐下，我问那个男士：“你们家住哪里?”他回答说，家住老庙东边的仇小庄。我又问他叫什么名字，他说：“我姓仇，这是我老伴，今天来主要是想请您给她看病。她病几十年了，自从她嫁到我家来就有病，这几十年我除了干农活，就是带她看病。很多医院的医生都说她没有病，也就是仪器也测不着她的病。但她自己就是感觉有病。”我心想，这正与她梦里所言相合。于是我对他们说：“今天我给你细细诊病，找到病根就好治了。你的病也该好了。不过现在您二位先到外边去坐着，我把这屋里的病人都看完了，再喊你们来好吗?”他们很听话，到外边等着去了。

这天的病人还真不少，一直到中午一点多钟，才处理完所有的门诊病人。我喊他们，他们赶忙走进来。我告诉仇某到外边再站一会，我要单独问一下他老婆的病因。仇某出去了。我就把在梦里听女病人讲的事全部对她讲了一遍：她十八岁时，有个男孩子是她的情人，自杀了，她一直忘不掉，一闭上眼，那个男孩子的影像就浮现在她的眼前。她这几十年过得很痛苦。她边听边点头，哭得泣不成声。我说：“你别哭了，我现在给你治疗，治好了以后不要再想他了，没有那个必要了。再想你还会有病，还会痛苦。你看你爱人忠诚老实，又能干，也爱你，多好呀!”她说：“是的。但你千万别向他说这些事。”我对她说：“我只说你做噩梦，治好就没事了。”她点点头。

我把仇某喊到屋里对他说：“你老婆的病很简单，我给她扎两针，吃点中药就好了。”他很高兴，说：“只要能治好，我全家人都来感谢您!”

我选用针灸疗法，第一针刺印堂穴，直刺。第二针选耳针的神门穴，用的是胶布固定埋针法。扎针后我让她闭上眼睛静一会，然后问她是不是看不到也想不起那个死人影像了。她说："是的，现在闭上眼看到的全是白光。"我说："行了，从现在开始你的病全好了，身体就健康了，不过这两根针现在不能起掉，你们可以回家了，一周后来我才能取下。"我给她开了三剂草药，以调气、活血、养心、安神为主。他们高高兴兴地走了。一周后他们来复诊，我比他们还高兴：她面色不黄了，红红润润的。仇某为了报答我，还带来了土特产品。

六、梦兆有缘人，非药治大病

有一次天快亮时我做了一个梦，梦中出现一位男子，长得很漂亮，白白的皮肤，四方脸，大眼睛，中等身材，年龄六十岁左右。他一见到我就下跪。我问他有何事相求，他的眼泪就下来了。他哭着说有一个女魔鬼要杀害他女儿，请求我一定要救他女儿。我告诉他："只要我们有缘分，我一定会救你们，帮助你们。"梦还未结束，闹铃响了，我清醒过来，起床了。

早饭后我去单位上班，病人很多，加之带教中医学生们实习，科室人很多。我开始忙起来。上午十一点多钟，有一位男子挤到我面前，问我能不能先给他女儿看看，因为她排队两个多小时了，心慌难受，实在等不及了。当我眼光看到他时，突然想起来早上梦幻中的他，一模一样。没错，就是他。当我问病人怎么不好时，病人回答声音很低，而且说话气喘。男子代她说："这孩子是我女儿，病几个月了，医院仪器检查找不到病。问她怎么了，她说没事。就是吃饭少，睡不着觉。以前我女儿很胖，这几个月来日趋消瘦，憔悴，又找不着病，吃安眠药也无效。现在精神失常。尽管已经加大了安眠药的剂量，但还是睡不着觉，在床上辗转反侧，有时双眼圆睁，定定地望着天花板，叹息，抓挠。她说总感到头晕头痛，浑身无力。"

我给病人诊脉，看了舌苔，一切正常。只有两手关脉弦细，左手尺脉与寸脉一弱一强。我为她长叹一口气，说："中医辨证有一句话，气为百病之始。很多小事，想不开，生气，后来气滞血瘀，很多肿瘤就是这么来的。"我的一席话触动了她的内心。她把几个月前发生的事全部讲出来了。

黄女士住利辛县黄桥乡，几个月前的一个晚上，带着两个孩子去商场买东西，突然看到她爱人拉着一个女孩的手逛街。当时她不敢相信自己的眼睛，让十一岁的大女儿上前去看是不是她爸爸。大女儿看后说就是的。黄女士当时精神就崩溃了。

她父亲听了也大吃一惊，批评她为啥不早说。然后问我这病怎么治。我说："一剂养神平胃散，二种和谐二陈汤。"她父亲不知我说的什么意思。我笑着对他俩说："传一单验方吧。"他们静听我传的验方："先学会'举重'，对情爱拿得起，放得下。如果举起来不放下，叫'负重'。单验方具体操作方法：回家后多拿点钱，到美容院美容，然后再买些名贵衣物，打扮得漂漂亮亮。等老公做生意回家来，对他说：'你在家看好孩子，看好家，我有约会，出去吃饭、跳舞。'老公越不让去越要去。表情要沉稳，说话要认真，不要嬉皮笑脸，像真的一样。如果老公真的怕了，求你了，你就不要真去了，吓吓他而已，这样他以后对你一定会好起来。"我没开方，他们父女俩也不用抓药，就这样满面春风、乐呵呵地走了。

十天后，病人，即黄女士，精神焕发，笑容满面，给我送来了水果与好酒各一箱，以示感谢。她病痊愈了。

中医治疗大法，有正治法与反治法，反治法就是以热治热，以塞治塞，以毒攻毒。上述所谓的"单验方"就属于反治法。这就叫"顺天之道未必吉，逆天之道未必凶；同气相求毒攻毒，无形之药医失眠"。

七、治愈梦幻影病人之谈

2005 年 7 月，我在北京。家乡一位邻居打电话于我，说："我一个亲戚小孩，十六岁，得了一个奇怪的病，每天到夜里就被惊梦吓醒，醒后睁眼就能看到梦里的可怕幻影。去了几家医院检查，都查不到是什么病，医生也无法开药。只好去求农村巫医。那巫婆说了很多带迷信色彩的东西，孩子听了更害怕。现在孩子吓得整夜不能入睡。家人也非常担心，到处求医，求医也无法解决问题。亲朋好友也都为这孩子发愁。我想到您当年治愈了很多'梦遗病'，肯定有办法治疗这种怪病，所以打电话给您。您什么时候回来，我让他家人带去，您看看好吗?"我告诉他我回阜阳的时间，和给孩子看病的时间。

星期天的早晨一大早，他们都到了阜阳，找到我。我看到这个男孩长得很漂亮，但眼神发直，一脸惊恐。我问他叫什么名字，从什么时间开始发病的。他的妈妈代诉："我姓闫，他是我儿子，在县城上高中，学习成绩优秀，从不与同学朋友出去瞎闹，天天就是认真学习，所以我安排他自己吃住。今年春节后，学习成绩开始下降。他自己说天天睡不好觉，入睡就做梦。一个多月前，有天夜间打电话给我，说他做梦惊醒，睁眼也能看到奇怪的影像。我们聊了会儿，他说看不到了，又睡了。从那以后，不睡觉，睁着眼也能看到。看到可怕的影像他会吓得大哭。到今天为止，找了很多医生，治哪方面的病的都有，谁也说不明白这是一种什么病。"

听了闫女士的话，我给孩子诊脉看舌。舌质红，苔黄腻，脉象弦、大、滑、数。我告诉他们说："这个病中医学诊断为痰火扰心。不用怕，一周后可控制症状，不会再出现幻影，用药一个月后基本上就没有问题了。"

闫女士激动地说："到哪个医院，医生都说没有病。今天您能明确诊断，说出病名，还说能治好，我就放心了。只要病能治好，不管花多少钱，我都按照您的方法用药。"

我开的处方：①安宫牛黄丸（同仁堂出产的）7 粒；知柏地黄丸 2 瓶；两种中成药，按说明服。②当归 20 克，胆南星 2 克，贝母 9 克，橘红 9 克，石菖蒲 6 克，远志 9 克，茯神 10 克，朱砂 0.3 克，麦冬 15 克，天冬 15 克，玄参 15 克，连翘 10 克，山药 40 克。7 剂，1 天 1 剂，水煎 100 毫升，早、晚分服。

7 天后复诊。主诉：有时还做梦，但都是生活上的事情。近三天夜里看不到幻影。很想睡觉，吃饭也香了，身体也有劲了，精神也好转。

我望舌诊脉后告诉他妈妈："首先不能耽误孩子上学，为了孩子服药方便，把中药煮后浓缩，做成快餐式，服用方便。需服用一个月的中药，重点是'补其肾，健脾胃，疏其肝，清其心'，达到醒脑开窍的目的，这样可以把病根治好，以后孩子学习成绩不会下降。"闫女士高兴地接受了这个治疗方案。

一个月后的星期天，闫女士把孩子带来复诊，孩子一切正常，无须再用药，结束了幻影症生涯。

八、治愈顽固性遗尿症

蔡某，女，20 岁，1994 年 11 月 11 日就诊。妈妈代诉："女儿从小到大一直尿床（遗尿），从未间断。女儿有三怕，第一怕晚上喝多了水尿得多，所以不敢多喝水；第二怕天冷了尿床，被子少，换不过来；第三怕出门在外夜里把被子尿湿不敢公开晒被子，怕别人知道丢人，所以不敢出远门。其次，她最担心的是下一步的结婚生活，尿床怎么办？所以为结婚的事天天发愁。请杨医生想办法给治治，治好了我们会衷心感谢的。”

望诊：形体中等稍偏胖，面色微黄，舌胖大，无苔。脉象：弦弱，兼细数。

诊断：遗尿症，属肾气精亏、肝肾两虚、肝气郁结。

病理分析：①肾气虚，肾不纳气，故偏尿多，肾藏精，肝藏血，在生理上它们是精血互生互化的。②肾精匮乏，互相影响，在五行上肝属于木，肾主水，所以水不涵木，木可生火，火曰炎上，扰乱心神。③因本人先天不足，长期尿床，这种隐私毛病使自己长期心理上受压抑，心情不好，肝气不舒，气有余便是火，火曰炎上，扰乱心神。④肝肾阴虚，阴虚可生内热，日久未愈，也可发生阴虚火旺，火曰炎上，干扰神明，所以神志迷糊，蒙蔽清窍，在静止时（睡眠后）阻止脑细胞灌氧，脑组织临时缺氧缺血，引发脑神经细胞紊乱或一过性失调，故发生“梦兆遗尿症”。

此类病人多有先梦后尿，属阴虚火旺，中医学认为“有梦治心肝”。一部分病人则无梦兆，很快入眠，睡眠时间长，睡眠质量高，唤之不醒，醒后被子早尿湿了，屁股早受凉了，这类人主要是肾精不足，肾气虚弱，肾不纳气，中医学认为“无梦治肾关”。

蔡某的遗尿症是三种因素所致：①肾气虚，肾不纳气，夜尿多。②肝气郁结，气郁化火，胸胁郁闷，情绪易波动，易怒心烦。③肝肾阴虚火旺，火曰炎上，蒙蔽清窍，因此有梦无梦都尿床，久治不愈，二十岁了还是尿床。

治疗大法：补其肾，益肝养肝柔肝，清其心，开窍醒脑，方可治愈。

方药：①丹参 20 克，川芎 9 克，川黄连 12 克，肉桂 3 克，木香 9 克，炒小茴香 9 克，益智仁 12 克，柏子仁 10 克，知母 20 克，黄柏 20 克，熟地黄 24 克，砂仁 9 克。15 剂，1 天 1 剂，水煎至 200 毫升，分两次服。②益神封髓丹（家传）300 克，一次 5 克（烊入），1 天 3 次。

12 月 27 日复诊。主诉：近三天未发生尿床，昨夜刚尿一半即醒。

诊断：舌质淡，舌体偏胖，苔薄，脉象细弱。

方药：①当归身 24 克，川芎 9 克，郁金 12 克，栀子 15 克，益智仁 30 克，熟地黄30克，阳春砂仁10克，怀山药40克，川黄连9克，肉桂3克，坤草20克。15剂，1天1剂，煎至150毫升，分两次，早、晚温服。②纯冬瓜炭加益神封髓丹（家传方特殊炮制而成）。

半个月后来复诊。她高兴地说："这半个月只有一次，是在吃药的第五天，而且是刚尿就有感觉，就醒了。从那以后，夜里有小便自动就醒。为了彻底治好，今天特来让您再调方。"

诊后，我没有开药方，只给她设定了一个食疗方案：①山药40克，核桃仁50克，糯米100克，每天早餐煮粥一次。②鸡肝50克，洗干净放碗内，用5克小茴香籽炒焦、研末、撒放，蒸30分钟后取出食用。3天吃1次，中午当午餐食用。

连续吃1~2个月，彻底治愈顽固性遗尿症。

九、梦先兆杀猪人行凶，察神态失眠杀人犯自首

20世纪80年代中，初冬，天气很凉了。有一天夜里我做了一个梦，梦到我正在坐诊，有好多病人，都在排队看病，突然有一个男子跑到我面前，大声说要让我先给他看病。我让他排队，他不排，坚持要先给他看，说有急事，时间太紧。我也准备先给他看了。可是后边排队的病人不干了。这时，他大声喊道："我是杀猪的！"边喊边从腰间拔出刀子要杀人。我立刻起坐夺刀，一急梦醒了。看时间是夜里十二点三十分，正好是子时。

那是1985年的春天，第一次赵某来，指名要买安眠药。当时给他开了苯巴比妥片，含量100毫克的2片，每晚1次，1次1片。他拿药后走了。

第二天他又来了，说："一次2片吃下，药物无效。"还让我给他开方要安眠药，我又给他开了两种安眠药，还加了一味安定片，也是两次的量。

第三天他又紧紧张张地跑来了，向我大喊："你卖的是假药，吃你的药一点效果都没有，两天量一次吃完，屁用不管，真想打你，都想把你科室牌子砸了。"当时我也大吃一惊，两天量的药物一次吃了都没反应。看到他这么凶，从眼睛里可以看出他是一个粗莽硬汉。我一下子想到三个月前子时的梦里那个杀猪人拿刀要杀人的情景。再细看，这人与梦里的拿刀人长相太像了。我悟到这人可能杀过人。

但表面我只对他微笑，客客气气地说："每次都是你要药吃，我没有给你详细诊断过。我有责任，没有搞明白你的失眠原因就开药。现在我给你好好查查原因。

失眠原因很多，搞明白后再用药，肯定有效果。”

我给他倒了一杯水，让他先休息一会儿，告诉他心静了，诊脉才准确。他坐了二十分钟，又催我先给他看。我又看了几个病人，不让他着急。然后我静静为他诊脉。三部脉充实有力，数急有间歇。同时我诊脉察色，从他眼神里觉察到他像惊弓之鸟，另外目光放出凶相。

他问我什么病。我笑笑，点点头，把他拉到另一间无人的房间，直接就对他说：“你杀人了吗?”他手一指，开始骂我：“你开什么玩笑，我没有杀人!”我说：“你没杀人为什么生这么大的气呢？如果你真的杀人了，我可以帮你解决问题。”当时他一下子改变了态度，低声说：“你真的能帮助我吗?”我说：“你只要实话实说，我会帮你的。”他把杀人的经过一五一十地说了一遍。

我对他表示关心，给他讲法律知识，让他明白法网难逃，只有自首，才是生路，给他指出了正确方向，该如何如何做，我会如何如何帮助他等。他当天就去公安部门自首了。因为他杀的是一个非常有民愤的贼头，他应该是一个见义勇为的正人君子。他自首后，我为他做宣传，让很多受害农民写信，为他呼吁，说他杀的是贼头，杀得好，是为民除害。后来他被判十二年，坐牢期间，表现积极，减了三年，九年后被释放回家。回家后又来找我，向我表示感谢。

十、治愈梦交医案

1978 年 3 月 28 日，有一位女病人，其丈夫用小板车拉着前来找我看病。女病人面色㿠白，唇淡无光，睡在板车上不能下地走路。我看病人不能下车就主动到车边拉手诊脉。脉急，一派虚象。问她病情她不说，声音低怯无力。丈夫代诉：“我老婆生病两年多了，经常头晕失眠，心烦意乱，老是睡在床上起不来，睡床上就舒服，起来干点活或做个饭都受不了。饭量还可以。到医院检查查不出病，医生无法开方用药。这半年来病情加重，心烦打人，不想让任何人到她房间。两个孩子也不敢靠近她。每天晚上让我离开房间，说她自己睡得很好，很舒服。”我问他：“你老婆让你离开房间自己睡有多长时间了?”他回答：“从两年前生病就不想让我与她同房，每次在一起都吵架，赶我出去。最近半年来拒绝我到她房间。”我问：“她白天情绪如何?”他说：“白天情绪好点。总的来讲最怕人吵闹，最想自己安静。”我又问：“你有没有听到她睡时口里发出声音没有?”他回答：“听到过，好像身上痛吧，有时有呻吟声，床也微动。”

问了这些后我再次查脉象，复诊心肺，全身体检一次，确诊为梦交病，很严重。但是，还不能对病人与家属直说此病实情，只有慢慢地追问病人，让其说出实情，才好治疗。时间也不能拖延，因为病人的梦交病已经入内，入内的意思是内脏已空虚，如并发哪怕是一个小小的感冒，都有可能要了她的命。

我跟她丈夫单独谈了患者的情况，又问了一些细节问题。他明白了老婆的病因病机，又回忆起了很多症状，他说：“杨医生，你诊断得太对了。两年来找很多医生都没有您诊断得清楚。那些大医院也没有查清病症。现在我求您赶快给她治疗吧，治好治坏都不让你负责任。”我笑了，说：“只有治好，哪能治坏呢？现在把她拉回家，三天后再拉来。”他说：“为什么现在不给用药治疗呢?”我说：“她这个不是药能治的病。拉回家这三天你治标，三天后拉回来我治本，就是治病根。拉回家后，你和两个孩子加上她，你们四口人晚上住在一个房间。她如果骂你，让你们都出去，你就下点狠心，照她脸上打几巴掌。不过掌心要向里凹，这样打得响，但打不重。不能重打，因为她现在身体虚弱，别打出人命，只是吓唬吓唬她就行了。”他说：“我们结婚多年了，我从不敢打她，每次生气都是她打我，我不敢还手打她。”我笑了：“这次让你打她是为了治病，让她好，明白吗?”他走时还回头说：“回去试试吧。”

三天后他们来了，我问患者：“看你病情好多了。”她笑着说：“是感觉好多了。”我说：“你这次来一定把你的隐私病全部说出来。如果再隐瞒下去，要出人命的。如果你不想死就把实情告诉我。”我让她丈夫避开，她还是有些不好意思，但最终把实情一五一十地说出来了。她的婚姻是二换亲，即哥哥妹妹两家交换。婚姻从不幸福，因为丈夫长相丑，她心里不喜欢他，可是没办法，只有忍气吞声过日子。她本人是高中未毕业，丈夫没文化，讲话又说不到一块去。有时想能找到一个喜欢的男人，在一起聊聊天也好呀。有一天夜里做了一个梦，梦到一个小伙子很帅气，向她求婚，正梦得高兴，丈夫把她推醒了。入睡后很想再见到那位帅哥，很神奇，她真的又梦见了那位帅哥，跟之前的梦连上了。从此以后天天晚上都梦到他，真好，太美了，真不想让任何人打扰她的睡眠和美梦。一年后梦变成现实了，不管是白天或夜晚，入睡还是没入睡，只要闭上眼想他，他就从西南方向快速跑来，快得像飞来的一样。

她说："我有时在想，他不是人，可能是飞仙。当我问他时，他不让我问太多，只说他是天上的神仙，以后把我带到天堂过神仙的日子。他还不要我说出去。三个月前，我的身体越来越虚，躺在床上都起不来了。可是他一点也不放松，每天都要性交数次。我有点受不了了。可他不管，我只能按照他的要求做。当我最难受时，感觉自己可能活不长了。但我突然想到我的孩子，他们还小，丈夫是个老实的农民，我如果死了，他们怎么办？所以我让丈夫拉我去医院，赶快给我治病。半年前我从不想去医院治病，也不想走娘家，更不想出门。三天前从你这回到家后，他打了我几巴掌，我感到脑子一下清醒了许多，身上也轻松了。"

说到这里，我问她："你想不想好，想不想重新开始好好过日子，把孩子养育成人？"她笑了："我现在求您了，杨医生，赶快把我的病治好吧！以后孩子们都会感谢您的。"

我开始给她治病，取十三鬼穴中的五个穴，掌握子午流注的时辰，运用补泻法，泻之不通，补之虚阳，留针三个小时，埋针神门穴一个星期。一周后来复诊，换埋针法。

三个星期后，病人完全恢复健康。又过一周，她送来贺信与贺礼。

十一、治愈梦遗医案

1995 年 11 月 27 日下午 5 点左右，利辛县工商所江某带来一个病号，三十多岁。江某到了科室门口打招呼说："杨医生好，这是我侄子，他有病了，想找你给看看。"我还未来得及问病人什么情况，江某就先讲起来："这孩子以前不爱多讲话，就是天天埋头干活。这两个月来，就是离不开床，老睡觉，不起来去干活。家人都认为他懒，去医院看病，医生都说他没病。昨天我带他去县医院，也未查着病。今天我带他来找你，杨医生你给好好看看吧。看好了，今晚我请客。"

我开始给病人诊病。先让三个中医弟子诊。他们三人诊完脉，看完舌，都说他没有病。有一个学生说："病人尺脉（根脉主肾）有点反常，空虚无力，轻按乃得，重按难取。"我说："此病人精神恍惚，虽闭目，但眼球在动。从气色气质气力看，全是一派虚象。舌淡无苔，无胃气也。胃为肾之关，肾为封藏之本，封藏不固为滑精症。病人精神萎靡，睡眠不宁，此为失眠多梦。"我对病人说："小伙子，快对我说实话，每晚做几个梦？做什么梦？都要如实告诉我。"这种梦遗滑精，时间一久，内脏空虚，死定了。

小伙子只回答了一句话："我的病都让你说完了，我还说啥呢？"我对他讲了发病原因、发病机制与病症，让他即刻开始提高心理素质，提高正气。睡、站、立、坐都要保持身体中正，睡觉时不能有手淫的毛病。他听明白了。我临时给他用针灸针扎三针"埋针式"，用内功点了几个穴位，让他回去了。临走时告诉他第二天上午再来起针。

第二天上午八点钟，我刚上班，他与姑妈江某已在排队复诊。我看到这小伙子很高兴，精神多了，也有笑脸了。我让他坐正，又点了穴位，疏通几条经络后又埋了一针，告诉他一周后再来起针。一周后他又来复诊，高兴地对我说："杨医生，我什么事都没有了，一切正常，干活也轻松了，吃饭也香了，睡眠也好了。"我告诉他："以后睡觉一定要守规矩，体位要正，千万手不要摸下身，再不要手淫了。"临走时江某安排请客吃饭，我告诉她："不必了，我不抽烟，不喝酒，不吃肉，不吃茶，不好色，所以你就省了吧。"大家都笑了。我一生最高兴的时刻就是看到治愈病人的笑脸的时候。

十二、梦兆奇验急救同道人

那是2010年11月8日夜晚，我乘阜阳回北京的火车，车次是1622次，11车厢，软卧，5号间。开车时间是23点30分。上车后因车轮噪声很难入睡，只有静坐。大概两个小时后，才静心安卧休息，慢慢地进入梦乡。突然听到有人大喊救命。我急忙寻声而去，看到一名男子在追杀一个老太婆。老太婆体胖，跑得很慢，边跑边喊救命。眼看着歹徒就要追上老太婆了，我一急，飞跑向前营救，并大声喊着："大胆狂徒，放下凶器，饶你不死。"一瞬间，歹徒把刀插进了老太婆左侧后背的心脏部位。当时我一惊吓，梦醒了。醒后回忆梦境，很难再入睡。看了一下时间，是凌晨3点18分。我起床去洗手间。刚走到车厢尽头，迎面走来一位餐车值班工作人员。他可能也是上洗手间。我们同时向洗手间看去。洗手间门没有关，里边有一个老太婆半蹲卧在地上，不能动了。她面色苍白，口唇青紫，两目直视。我们使劲喊她，问她怎么了，她也没反应。

餐车师傅抢先一步想把她抱出来。他用力抱，但没有抱起来，因为老太婆体胖、身重，而且半休克的人是无力支撑身体运动的。瞬间，我断定她是心脑血管病，上洗手间时下蹲时间过久，排便时又可能用力过猛，心脏负荷加重，下腔动静脉血流过缓而致缺氧，才休克的。当务之急，要把她抬出洗手间。我们合力快速把她拖抬出洗手间，放在半坐式垃圾箱边上。餐车师傅配合我，抱扶着老太婆，我开始施救。首先快速点按她的内关、间使、少府、神门、阴郄、通里等穴位，这些穴位的功效主要是调解心率与心律，防治心脏衰竭。随后让餐车师傅帮助扩展双臂，展臂扩胸可加大肺活量，以增强肺泡功能，增加灌氧量。紧接着，我又向她的天门（百合、四神聪）与人门（劳宫）点穴，用真气引导法，直接向心脑细胞灌氧。

此急救方法的原理是：以内功点穴先打开主要穴位通经络，再以内气外放法，可使热能量的正气，通过经络与神经细胞传导，调和气血（细胞充氧），提高心脑血管灌氧量，达到血氧饱和、恢复心脑功能的目的。

五分钟后，病人面色好转，手可以按扶身下的垃圾箱，脚也可以挪动支撑一下身体了。我又点按她的气海（膻中）、十宣、少冲、中冲等穴位，开始调解微循环，畅通微循环通道，使大小循环血流量均衡，减少心脏负荷。

随后，我让她晃晃腿。腿也可以自然运动了。这时她的气色（脸色）大有好转，也可以低声说话了。她连连说“谢谢”。我看她平安无事了。

我让餐车师傅扶送她回去休息（2 号包间），并告诉她别害怕，没事了，注意休息。如再去洗手间时，一定喊陪同人员一块去，以防不测。

早上八点多，我起床后去洗手间时，老太婆早早坐在 2 号包间门口，面向外，看到我就打招呼，并喊她儿子，对她儿子说：“昨晚救我的人就是这位先生。”母子俩都对我说客气话。她又自我介绍说，她今年 72 岁，是离退休干部，原在阜阳市颍东区卫生局工作。又介绍他儿子的情况，他儿子说：“妈妈年前心脏病发，在北京阜外医院做了支架，现在并发糖尿病。近期身体特别差，所以去北京再次复查诊治。昨晚看我睡得很沉，自己去了洗手间才出问题。我都不知道。多亏遇到您，救了我妈。这也是一种缘分。”

列车快到北京站之前，母子一再让我留下名字与地址，日后联系，并一再重谢。我笑着对他们说：“本是有缘同道人，不要客气，更不必留姓名与联系方式了。有缘我们还会相见的。希望你多感谢餐车那位师傅，我就满足了。”

再见吧，奇缘同道人！

十三、梦病兆，患癌症；梦祥兆，身康寿

以下是一位患者病愈后所写的一封信：

我叫郭连启，今年76岁，退休干部。现住址：阜阳市老县委家属院内。我一辈子身体很健康，从未得过大病，更没有吃过药。在一般情况下，我不大做梦。但是，偶尔做一次梦，醒后记得特别清楚，而且后来很快会验证梦境之事。

我73岁那年春天，3月16日的夜里，我梦到一个蒙面人把我捆住后，用刀子在我身上乱割乱划，我特别害怕，一紧张，梦醒了。当时身上出冷汗。第二天与第三天夜里又做大致同样的梦。此梦连做三次，我白天心中非常烦恼。出门买菜或办事都提心吊胆，东张西望，生怕梦中的事情真的发生在我身上。

我74岁时（2015年6月），我身体发生感冒症状，但是不发热，时常咳嗽。开始我没有注意，因为不喜欢吃药。天长日久，咳嗽加重，气喘，自汗，乏力，感觉难受，体重也下降。老伴与儿子们都劝我去大医院检查身体。我坚持不去，想先吃药打针看看再说。半个月过去了，病症不减，反而加重。我只好同意家人去大医院检查。做完CT检查，显示“肺癌中晚期”，要抓紧手术治疗与化疗。家人给我精选了有名的大医院（上海肿瘤医院）治病。我接受治疗后，在化疗期间，突然想起我一年前做的梦，回忆起蒙面人用刀割我的梦境。唉，原来如此。

几个月后，我身体未有好转，感觉一天不如一天。我感到绝望，这次可能要去见阎王了。因为身体疼痛，吃饭不香，纳呆，睡眠更差，天天胡思乱想，绝望之极。2015年12月10日晚上12点左右，刚刚睡着，就梦到过世20多年的老父亲跟我说：“你要有信心，好好地活着，你不会死。有缘的医生在等着救你。”我开心地笑了，很激动，大笑，笑醒了。从那天开始，我连续做同样的梦七次。

一个偶然的机会听人介绍说杨峰医生治病是中医、西医、气功三结合，能治疗奇难病。最幸运的是，杨峰医生是阜阳人，他的医院——杨氏堂医院，离我家很近，在阜阳市浙江商贸城六区。我催儿子赶快去找这家医院，把我的病历带去，先挂号，再来接我去看病。

一小时后，儿子回来告诉我说，杨峰医生出国还未回来，可能半个月后才能回来，平时常驻北京。正常情况下，只有星期天在阜阳坐诊，给阜阳人服务一天，从不收费。平时坐诊医生是他的第二个儿子，叫杨士东，现在去看病只能找杨士东看。

我无奈只好再等一周。真是度日如年，天天让老伴前去看杨峰回来没有。实在等不及了，只好先找杨士东诊治。杨士东大夫诊病精准，实施理法方药合理。我接受了他的治疗方法，但是心里总是不踏实。又无奈等了九天。那是一个星期天的上午，9 点 13 分，我终于见到了杨峰医生。在第一时间，我用尽气力喊道："杨大夫，我见到您非常高兴，我相信您能治好我的病。"杨峰医生笑着说："我们互相信任，提高你的心理素质，有家人的陪伴，积极配合治疗，会有效果的。"当时病人很多，都在排队。杨医生让我坐在他旁边的椅子上，先给我诊病，又精心设计治疗方案。治疗大法是：以清、调、补为原则，中西医结合用药。他安排儿子杨士东做药，特殊药物要用特殊炮制方法，配方特别谨慎，精研细做，按病情、体质、体重实施用量。又安排他的一名学生栗凤梅给我讲医学养生知识，带教练习"新医学养生功"有氧运动，还有修心、练身，提高细胞灌氧量，增强免疫功能，学习把癌细胞化敌为友的办法。

十天后，效果特别神奇。我感觉身体恢复了 70% 以上。一个月后，自我感觉全身都没有不适的地方了。八个月后，身体健康，感觉有使不完的劲。杨医生让我带病历去原治疗医院，即上海肿瘤医院复查。复查结果出来，显示各项指标都正常。上海的医生都感到这是个奇迹。因为我 75 岁高龄，肺癌晚期，又手术、化疗过，身体虚弱，这种情况下能痊愈，真是奇迹。我和家人都万分欣喜。他们说："你的梦想变现实了，一定要衷心感谢杨峰医生，感谢他的治病救命之恩。"

我从上海回来后第一件事就是向杨峰医生报喜，并表达我的感恩之心。第二件事是把我的病历与治愈的报告单，加上我的照片、通信地址等，全部交给栗凤梅老师，让她把我的医案写好，鼓励她总结经验，多跟杨医生学习，在不久的将来能更好地为人民治病。

我心中最想说的是，杨峰医师就是"华佗再世"的神医，他的医德高尚，诊病贵在精准，治病重在效果。我最大的梦想与愿望就是，愿杨医师多培养中医药与新医学养生功学生，让他们从医学技术升华到道医艺术，传承中医药文化，发扬光大，造福于民！

郭连启

2017 年 3 月 15 日

十四、梦变现实

我在 1997 年 3 月 15 日子时做了一个非常有意义的梦，梦见在治疗一个癌症病人时，发现他体内有一些黑色的东西，像毛毛球，这些东西大致有三种形状，它们包围在癌细胞四周，像打仗一样，围攻癌细胞，致残癌细胞，甚至杀死了一部分癌细胞。还看到有益菌在一点点杀死有害菌。梦醒后，梦中情景记忆清晰，我立即提笔记录下来。当时看了时间是凌晨三点。

我怀疑这些毛毛球状物是有益的病毒。之后我查阅了大量资料，但没找到相关材料能证实它们确实是有益病毒。从 20 世纪 70 年代末我开始治疗癌症，已经治愈了多例。所以，这个梦让我非常兴奋，并且信心大增。我一直在想，癌不可怕，有朝一日肯定能把它消灭掉。

果然如我所料，一个偶然的机会，我在 2002 年 4 月 28 日《健康文摘报》第 553 期上看到了一篇文章，标题是“有种病毒能杀死癌细胞”，转载自 2002 年 4 月 10 日《参考消息》。内容大致为：美国医学专家在癌细胞已向肝部扩散的 35 名结肠癌患者体内发现了一种被称作“ONYX－015”的病毒，能杀死癌细胞而不损害健康细胞，从而安全地抑制了肿瘤的生长。

我看完报纸后，找到几年前我的梦的记录，查找到当时记下的三种病毒杀死瘤细胞。我想到，医学专家给这个病毒命名为 ONYX－015，其他两个病毒应叫 ONYX－016、ONYX－017。这真是一则振奋人心的喜讯，让我对治愈癌症和艾滋病信心倍增。

近十多年来，我一直潜心研究癌症和艾滋病的治疗，精选药物，有针对性地研究它们的治疗作用。从病气、病症的根源去实施方药，对症用药。

在临床观察中发现，艾滋病的帮凶是细菌变异。第一是真菌与念珠菌；第二是寄生虫，包括肠道十二种寄生虫与血吸虫和血丝虫；第三是其他恶性病毒。这三大帮凶严重破坏了人体的免疫系统。

治疗方法主要有：消灭寄生虫；杀伤变异的细菌；抗其他病毒（肝病毒、肺病毒、性病毒）。

关于艾滋病病毒，首先要分溶和消溶艾滋病病毒成分，防控艾滋病病毒不复制，这才是根治艾滋病的大法。

我们的特色治疗还包括防控方法，首先是疫苗，疫苗的主要作用就是唤醒免疫系统的总指挥，给各系统的组织细胞充氧，调动各部位的免疫细胞抗敌、杀敌。其原理就是所有的坏细胞、恶病毒与坏细菌，都怕氧气（纯氧）。好的细胞，好的细菌，好的病毒，都喜纯氧，吸氧越多，杀敌力量越大，杀敌能力越强大。这就验证了中医所言，“正气存内，邪不可干”。

癌细胞病毒不仅最怕氧，而且还最怕饿。癌症病人如能科学食疗，按血型饮食，不吃肉食品与油腻、腌制品，体内没有污浊败腐的东西，那么癌细胞病毒则无复制能力。所以说，它最怕饿。正如“一正压百邪”，正气（纯氧）让厌氧菌与厌氧病毒去死吧！

这里面也包括了把癌细胞化敌为友。有部分癌细胞在群体里并不是癌细胞，而是被癌细胞所包围（围困），所以要解救、扶贫、增氧。这个道理就是开发垃圾变宝贝，和谐癌细胞化敌为友（防控癌细胞不造反）。另外，有一部分癌细胞并不想变坏，它们站在中间，可是立场不稳，所以要教育它们，支持它们，挽救这类细胞。但是，只有扶贫，不能扶富。因为它们得富后会享受、变异（就像穷人一样，暴富后做事变质）。

综上所述，我们的防控方法有：①武魂式有氧运动。练习的功法因人因病，真气运行（内丹功）主要是扶正气、排病气，其次是加氧气。②按血型不同科学食疗，饮食有节，饮食有洁。③选用中草药解毒、增氧，相当于免疫空调剂，防控 20 多种相关蛋白突变，亦有杀虫、消毒之功效。④根据中医“未病先防”的防治原则，所有的遗传基因病及传染病治疗与防控工程都要前移。

首先，婚前体检（清杂症），疫苗 + 有氧运动功法。其次，胎教、胎养功法三套。第三，婴儿按科学喂养。

从 1796 年人类历史上第一次用“牛痘苗”来对抗天花病毒开始，慢慢延续 150 年左右，全球消灭了“天花病”，牛痘疫苗开创了造福人民的健康之路。随后开创防治（防控）消灭多种传染病的疫苗，目前还在沿用，我感觉到十年后，乙肝与丙肝等五种肝炎病毒会完全消灭。二十年后，灭结核菌的卡介苗也要休息了。五十年后，癌症与艾滋病将被全部消灭。到那时，人们懂得了如何顺应大自然规律，懂得科学食疗，科学养生，人们的平均寿命将达到 120 岁。让我们期待那一天，并为之共同努力。

第九章

梦兆未病亚健康调理方法

易医解奇梦

——透过梦境看健康

总纲领

破解梦兆审病因，未病先兆病根深。
气血阴阳病机分，肉体污浊察血分。
窥视心灵合四诊，洞察五脏整体观。
治疗方法新创编，文调武打齐双管。
自然疗法为指南，有氧运动阳气展。
音乐舞魂说又笑，灵魂邪气全跑掉。
拍手谈笑又风声，癌症病气无影踪。
正气运行元阳升，风寒湿毒一扫清。
静养阴精动养阳，正气存内寿命长。

第一节　三大治疗大法治愈梦兆病很理想

梦先兆病症实属现代医学所称的疲劳症（亚健康）范畴。

中医学认为，亚健康的发生是“多思则神殆，多念则志散，多虑则意乱，多欲则志昏，多事则形劳”，过度耗气耗氧所致。古有五劳七伤，今有过劳亚健康。五劳七伤的“五劳”指五脏受劳累过度，“七伤”为五脏伤，加上气血伤，总共“七伤”。例如，喜过度伤心，悲过度伤肺，忧思过度伤脾，恐惊过度伤肾，大怒则伤肝，久视伤肝血，久卧伤气，久坐伤肾，久立伤骨，久行伤筋。

导致亚健康（疲劳症）的因素主要是一个“毒”字。毒的来源包括生活上的毒素、先天基因遗传带来的毒根、后天生理上的毒素、心理上的毒素、环境毒素、药物毒素等。人体从亚健康到最后发病，实际上是受各种患“亚健康”症的因素的影响，比如自然亚健康、星球（地球）亚健康、爱情与婚姻亚健康、知识与文化亚健康、道德素质与文明亚健康等。这些因素影响人体健康，所以在生病之前人体发梦、报警，而且梦兆形形色色，千变万化。

一、中医药调理梦病兆，防治疑难病症

在临床实践中，我本着西医药治标、中医药治本、中西医结合标本同治的原则，对躯体病变的治疗，遵循中医学“整体观念，辨证论治”的治疗大法。方法不外乎以下几种：

1. 宁心安神法

梦是睡眠中的心神活动，梦证也是由“神不安”所引起，因此，治疗以宁心安神为第一要法。

2. 养血安神法

心主血脉，心藏神，心血不足，则神不守舍而睡中发梦，所以如多梦，治疗当养血安神。

3. 益气养神法

心气不足，神失所养，则梦寐不宁，阳气虚不能养神，则梦寐弗宁。因此，治当用益气养神法。

4. 交通心肾法

水火既济，心肾相交，若禀赋不足，房劳过度，心肾不交而精神散越。所以，治疗宜用交通心肾法。

5. 疏肝解郁法

肝主疏泄，喜条达，藏魂。若肝气郁结，失其条达，甚或化火上炎，则肝魂不宁，魂魄飞扬，故治宜疏肝解郁法。

6. 清热泻火法

火热之邪为发梦的常见原因，因热而梦。又有热在肌表、热在脏腑之分；虚火、实火之异；在肝、在心有别。因此，清热泻火也是治梦的常用方法。

7. 特殊的方法

如民间绝招，单方、验方、奇方，利用冷药治怪病，炮制怪药治绝症的奇效方法。

总之，中医药治本，绝病根较稳妥。但是，一定要合理合法地施用中草药。相体裁衣的方式，才是明医治病的真谛。

二、西医疗法及新医学的发展

当前医学的发展趋势主要向两极拓展。一方面向宏观和多学科综合的方向发展，并已形成了整体医学、社会医学、宇宙医学。另一方面，向微观和精细分支发展，出现了包括分子医学（例如基因诊断、微量元素分析等）、量子医学在内的新医学。新医学主要是在动态中研究人体的微型构造、特性、功能及其各种微观指标对防治疾病的作用，特别是重在研究疾病最初的发病机制和对策。主要包括以下几个方面：

1. 细胞膜变异与疾病。近20年来，有关生物膜的研究不断深入发展，并已广泛渗入到医学领域。

2. 血液成分变化与疾病。

3. 能量代谢与疾病。

4. 细胞电荷与疾病。

5. 自由基与疾病。

6. 循环、血液流变性与疾病。

7. 血氧不饱和与疾病。

总之，掌握新医学发展知识，深研精修微医学、环境医学、宇宙医学、社会医学等学科，学习了解它们之间的关系，对临床治疗起着至关重要的作用。很多人都认为西医治标，我认为西医是可以标本同治的。

三、自然疗法为尚策

自然疗法是利用自然资源，倡导自然疗法，它的内容丰富，理论知识深奥，以中医学与人体解剖学、自然科学与社会大学等学科为基础理论。运动方法虽多，但是动作简单，易学易练易用。自然疗法包括针灸、推拿、砭石刮痧、经络导引、穴位拍打等传统疗法，也有水疗、歌疗、话疗、诗疗、画疗、舞疗、情疗、笑疗等创新疗法及有氧运动。这些疗法要因人、因体质、因病情、因地点、因时间、因天气、因环境而实施，灵活运用。

上面这几种治疗梦兆亚健康的方法，以中医药、西医药与自然疗法三结合为原则，治疗效果显著。

第二节　女性隐私病及其治疗

一、何为隐私病

日常生活中，家家都有一本难念的经，人人都有自己的苦衷，每一个人的灵魂深处都有一个悲惨的世界。50% 以上的女性都有隐私病。隐私病，顾名思义，即难言之隐，主要指失恋、失眠、失财、恶梦幻、内心冷伤等精神方面的失意情绪，以及阴吹症、会阴体下陷、子宫脱垂、痔疮等躯体方面的病痛，还有感情方面的不如意，如拥有一个“五不的丈夫”、一个“五无的情人”等。

1. 情人五个无：无知识，无生活计划，无聊，无赖，无孝道。

2. 丈夫五个不：不学习，不上进，不改变恶习，不感恩，不要健康（有病不治，生活不检点）。

3. 会阴体下陷：主要是中气不足，肾阳虚所致。症状有：形寒肢冷，四末不温，小腹发凉，性冷淡，或体有痔疮，地门（会阴穴）漏气与散气。

4. 阴吹症：此病是妇女最大的隐私病，症状是每当走路或运动时，阴道内浊气外放，发出好似放屁一样的响声。总病机是七情受刺激而发生紊乱，气乱久则成阴毒，阴毒内窜，上攻为阳毒，下注湿热之邪为“阴毒症”。施用代表方猪膏发煎加减变通。扶助治疗：由医学养生师教新医学有氧运动功法。

二、隐私病的治疗

诱导病人说出自己的隐私是最好的治疗办法。难办的是病人不肯说。如果病人能说出“心累”二字，说明她有失败的情绪。凡是说自己“心里痛苦”的人，都是因为手里拽着永远不属于自己的东西。其次是因为她们条件太好，不知如何选择了。我总结过一句话，凡是睡不着觉的人，都是因为：①记性好；②定的人生目标太大。无目标的人睡不醒，有目标的人睡不着。

虽然病人有难言之隐，但对于有经验的医生来讲还是可以明确诊断的，因为通过中医四诊合参的望诊，医生可以看出她们心灵深处的隐私。心灵，也就是说灵魂，是人类生命的影子，生命的起落兴衰，心灵都会如影随形地表现出来。灵魂也是人生的导师，人生的成败得失，心灵都会潮起潮落地显示出来，并反映在表情上。人的正常表情有十几种，非正常表情有上百种。

如果心灵脆弱，性格内向，加上自然界六淫之邪的冲击，会影响心灵的元神紊乱，所以会发生梦幻、幻视、幻听、幻觉、幻思维。内环境紊乱多病，做事情就谈不上有效率。对于这类人的调理，首先要帮助病人成为自己灵魂的神医，再次点亮心灯。医生要大胆改革调理方式，提高自然疗法的质量，扶持正能量，帮助病人清除灵魂邪气，呵护心灵，提高抗邪能力。让病人找到新感觉，看到新希望，创造快乐的新起点。有了快乐的心灵，才能有阳光般的人生。

三、治隐私病要养护心灵

总纲领

消除心灵的毒素，抚慰受伤的心灵。

养心先点亮心灯，感悟随缘而安心。

纯净清静而舒心，艺术自然可静心。

开发心灵之力量，心灵神医以调形。

积德惜福可畅心，平安幸福就是春。

以静制动生智慧，静心神藏可养心。

大国心态有功德，长寿源于平静心。

人的表情、感情、热情、激情、爱情、情绪与成败得失息息相关。人的情趣取决于人的特性与体质，而特性与体质取决于自然界规律、天体能量、地球磁场与时空运转。与先天父母给的元气及血型密切相关，尤其与出生时的地气、水质、空气等后天因素关系最为密切。

所以，人人都要认识自己的身体、体质、血型，做到自知者明，知人者智，知事者不怨人，知天者不怨天，知地者不怪地。人和物都有生、长、壮、老、已。知识可以改变命运，明白天年，方可度享百岁。

学习养护心灵，要顺应自然规律，懂得以下几点：

1. 太阳年："繁启于春，蕃长于夏，蓄积于秋，收藏于冬。"圣人春夏养阳，秋冬养阴，智者从已，愚者佩之。

东方甲乙木，春养肝排胆毒。

南方丙丁火，夏养心排小肠毒。

中央戊己土，长夏养脾排胃毒。

西方庚辛金，秋养肺排大肠毒。

北方任癸水，冬养肾排膀胱毒。

2. 三焦者，决渎之官，水道出焉。它的作用是统领元气，开鬼门，排三尸（屁、尿、屎），洁净腑。俗话说："要想长生，肠气要通。要想不死，肠中无屎。"人要保持"元气胜谷气，人瘦而长寿"，如若"谷气胜元气，人肥而不寿"。

3. 天之邪气，感则害人五脏；地之湿气，感则害人皮肉筋骨；水谷寒热，感则害人六腑。春伤于风，夏必飧泄；夏伤于暑，秋必痎疟；秋伤于湿，冬必咳嗽；冬伤于寒，春必病温。

4. 灵魂清净无邪病，血氧饱和循环通。脏腑和谐可排毒，正气存内阴阳衡。

人生如梦：要让梦变现实。人生如歌：应放歌自然，激励人生。人生如诗：要留下诗韵无穷，流芳千古。人生如画：要绘画蓝图，展现给宇宙。人生如戏：我们要演到善终。人生如白纸：要绘彩虹，别画乌云。

学习养护心灵，要明理、顿悟、开慧。人生之路很长也很短，要看准方向，认准路标，千万别失去理智。守好岗，保好家，卫好国。有时间外出多走走，学会放松，千万别拿鞭子抽自己，别把自己当驴使。养好心灵，让心灵自由飞翔。健康、富有、自由，才是真正的幸福。

第三节　明男题，解难因

一、明确男题原因

2010 年中国体育总局抽样检测，10 个省市男女平均 42 岁后肺活量下降 30%

以上，主要原因是运动量小与很少运动。

2000年世界卫生组织在10个国家抽样调查，发现45岁的男性生理功能减退，性功能下降50%以上。精液量比20世纪80年代前下降46%以上。精子成活率的数字比20世纪80年代前期下降37%以上。21世纪以来，最新数字显示，男人与女人的发病比例为6∶2，女性平均寿命75岁，男性平均寿命67岁。

1. 男人死于无知

（1）男人皮癌：暴晒。

（2）男人心脏病：过劳与疲劳症。

（3）男人肝脏病：不会宣泄、交谈与哭泣。

（4）男人直肠病：暴饮、暴食与暴排。

（5）血液症（癌）：不关心自己，任体内毒素积攒成毒垢，再变为毒瘤。

（6）前列腺病：生活无规律与感染病原体。

男人早逝的原因还包括：性格急躁易怒，多想多疑，不改恶习，饮食不节与不洁，不按时吃饭，狼吞虎咽等。也与坐姿、卧姿不正确有关。

2. 男人不育因素多

（1）常洗桑拿：由于温度超过35℃，损害精子。

（2）烛光晚餐：在享受浪漫情趣外，也受到铅尘与汞蒸气的危害，经肺内毛细血管吸收后沉积到生殖系统，妨碍睾丸合成雄激素及精子的生成。

（3）久坐软沙发：①压迫阴部，阴囊、睾丸等血流受阻。②影响阴囊散热，睾丸热度升高，使精子大量死亡。③前后二阴部整体受压缺氧，导致气滞血瘀，引发生殖系统炎症、前列腺肥大、痔疮等病症高发。

（4）频繁接触电子雾：各种电器与电子雾释放出的不同波长和频率的电磁波对人体辐射是不同的，如长期或频繁接触，对神经细胞与内分泌腺体细胞影响很大，使各组织细胞灌氧受阻，严重者使性细胞损伤或死亡。

（5）手淫病，不吃早餐，夜生活丰富，加上酒后房事，房事无规律等，都可导致不育症的发生。

二、男题不难，女无难言

男性隐私病是一种难言之隐患，也是一种慢性杂病，其病因有：①无知识或缺乏生理知识，主要是不了解自己的体质、气质、能量，精、气、血消耗太大。②因体质功能、先天不足、后天未充养、感染病气所致。此类隐私病，往往久治不愈，心中懊恼。真所谓："隐私怕恶化，内疚怕扩大。明确诊断后，文调加武打。功效又如何，科学再说话。"

1. 男性难题不再难

男人难，凡事烦，隐患心痛口难言。
有心无力心里寒，红杏出墙不怪墙。
叹息仰面问青天，我的美梦何时圆。

辰前申后日当空，九九采阳聚膻中。
火花燃胸暖烘烘，唤发生机回春梦。

铲除坎坷爱性路，阳关大道稳步行。
生理效应由自控，不泄不费新技能。
益肾培元阳刚气，重振男性雄风梦。

2. 女性隐患不沾边

无知女性病魔缠，地门漏气繁病染。
圆月紊乱乳腺病，小腹遂胀隐痛感。
炎症囊肿亦痔联，妇科杂症积瘤现。
四末不温体虚寒，有心无能性冷淡。
开鬼门，洁净腑，消除三尸无毒素。
天门开，地门关，阴阳相交小周天。
郁闷烦热瘀血消，燃烧女人性欲关。
性命双修阴阳功，修真玉女与金童。
无病无忧真善美，沉醉性福好家庭。
夫妻同修百年合，感恩易医新氧功！

诗解：天门，指百会穴，在头顶。地门，指会阴穴与涌泉穴，会阴穴在肛门与阴道之间处，涌泉穴在脚心。人门，指劳宫穴，在手心。病人自己点穴效果最好，医生帮助病人点穴功效最佳。天门要常开，地门要常关，人门要收发自如。功夫界把人体全身穴位与汗孔统称为气门。

总之，风波即大道，尘土有至情。我们大家一定要明白，不管做了什么梦，都要破译梦的象征。只要学会用一个“缘”字，就好解梦了。好梦坏梦都是“缘”，好事坏事都是“该”，这样心理会平衡些。我真诚希望所有的梦都能转化为吉祥的梦、祥和的梦、友善的梦、圣洁的梦，提高正能量，掌握祥和正气，消除驱走邪气恶梦，实现美好中国梦。

第四节　医生治梦病要有手到病除的功夫

总纲领

天门、地门、人门通，关闭死门不漏精。
亲和万物之生灵，火浪抽丝柔和风。
练成抓云撤雾手，仙掌透亮照九宫。
中西医学扎实功，古代脉学多贯通。
中冲麻、热、痛、凉、胀，脏腑病气可辨明。
古有二类难治病，直觉感觉难分明。
直觉有病好定名，治轻治重全任命。
感觉有病已多发，科学检测难定性。
意帅指挥兵卒行，四诊合参高三层。
调动仙掌抓病气，患者瞬间身不痛。
内气外放显威风，凝聚气血经络通。

一、子午流注点穴导引推拿法

子午流注养生导引推拿法适用于一般推拿所宜之病症，尤适于脏腑经络之病患。该方法更适合于未练过养生功法的患者，采用此法治疗能促进经络畅通，气血乃和。阴阳平复后，再指导练功以利治疗疑难杂症，同时用以加速练功的效率。

子午流注推拿是根据人体经脉气血流注的盈亏及一天中阴阳消长变化的规律来调节人体阴阳平衡，以达到治病防病目的的一种方法。

子午流注可分为纳子法和纳支法。子午流注推拿法主要是运用纳支法，以一天的时辰经气流注，分纳脏腑，结合补母泻子方法开穴，采用推拿手法的补泻术以治疗疾病。其方法有纳支法、补母泻子配穴法、主客配穴法、母子经配穴法、开穴通络法和内外经脉相引法。

1. 纳支法

子午流注纳支法，即十二经脉的气血中一天24小时循行，从半夜子时（即23时至次日凌晨1时）开始。气血输注，从胆经起，按顺序相推。时辰是子、丑、寅、卯、辰、巳、午、未、申、酉、戌、亥。经脉为胆、肝、肺、大肠、胃、脾、心、小肠、膀胱、肾、心包和三焦。

2. 补母泻子选穴法

补母泻子选穴是根据脏腑配合时辰，结合各经症状的虚实，通过十二经的井、荥、输、经、合（五输穴）的五行关系，按“虚则补其母，实则泻其子”的原则来选穴，施行推拿补泻手法以治疗疾病。推拿手法之泻法有点、掐、拔、擦；补法有揉、摩、推、拿。

3. 主辅选经取穴法

十二经脉气血流注是以天为循环的，起于肺经寅时（3~5时），终于肝经丑时（1~3时），每2小时为一个时辰。凡某时所注气血的经脉，在推拿治疗时该经即为主经，穴位就为主穴。其他经脉就为客、辅佐经、辅助穴。在流注推拿中，如该经脉或脏腑病变为实证，在主经上可逆推，在主穴上可重泻，其他经脉、经穴上可施以补法；如该经或脏腑病变为虚证，在主经上可顺其经脉推之，在主穴上可缓揉以补之，其他经脉、经穴上可施行推拿泻法。一般主客配穴法，以主为重点施以推拿，其他为客，是辅助治疗。

4. 母子经配法

在五行相生关系中有“生我者母，我生者为子”之说。在气血流注母或子时，进行一定的推拿手法，以调整气血、平衡阴阳、防病治病。经脉之间也有五行母子关系，根据补母泻子法来选择经脉穴位治疗，即为母子经配穴法。临床上有两种：

（1）补母养子：金为土之子，即土生金，当脾土气血流注时，可以补母养子，即健脾润肺。推拿手法可采用补法：点揉中脘、梁门、建里，从腰椎往上推行督脉，揉拨足三里、大都等穴。

（2）调子孝母：土为火之子，即火生土，当脾土气血流注时，可调子孝母，即调脾宽心。推拿手法可采用泻中有补的方法，通泻脾胃之火。点压中脘、天枢，重掐足三里、太白，从天突穴往下推任脉。因子一般弱于母，故泻不可太过，应温补脾胃之虚，掌揉脘腹，按揉大都、太白等穴。

5. 开穴通络法

根据子午流注纳支法按时循经取穴。气血流注经脉的经穴为开穴，而其未流注经脉的经穴为闭穴。临床可以通过推拿手法以开穴通闭穴之法连通经脉。一般子至午为阳，为晨起至午前之时。午至子为阴，为午后至夜晚之时。子午时推拿，可以阳经开穴通连阳经闭穴。午子时推拿，可以阴经开穴通连阴经闭穴。如辰时（7~9 时）为胃经气血流注，可点、按、推拿大肠经开穴曲池、二间、商阳、合谷等穴，调通胃经闭穴足三里、冲阳、厉兑、解溪等穴，调通胆经闭穴侠溪、阳辅、足临泣、丘墟、日月等穴。如酉时（17~19 时）为肾经气血流注，可点、按、推拿肾经开穴复溜、涌泉、阴谷、太溪等穴，通连推拿心包经闭穴中冲、大陵、劳宫等穴，调通心经闭穴少冲、神门、少府等穴。

6. 内外经脉导引法

十二经脉脏腑气血流注程序，也是各脏腑间互为表里转化的关系。其中，肺经、心包经、心经、肾经、脾经、肝经为里传表，气血流注从内行外，疾病的生变也可从里透外。临床上施以推拿，可借助气血流注关系由里传表，活血化瘀，祛邪托毒。具体方法有：①顺水推舟：用手指或掌顺经脉流注推行。②前引后推：在表经穴上揉、捏、擦，在里经穴上点、压、推。

大肠经、小肠经、三焦经、胃经、膀胱经、胆经为表传里，气血流注从外行内，疾病的生变及外邪可随之深化传里。临床上施以推拿，可泻表托里，防治内患，固里束表。具体方法有二：①闭门阻邪：用手指或掌揉、按里经，调经活血，防邪固经。②前阻后切：用手指或掌根缓摩里经穴，重按、点、掐泻表经穴。

主治病症：子午流注推拿可提高推拿的临床疗效，一般推拿所宜之病症，子午流注推拿均适宜，但本疗法主要用于脏腑经络之病患，在此不一一赘述。

【注意事项】

1. 必须掌握纳支法，并要熟悉子午流注之时辰及经脉。对五输穴及经脉之五行相配与流注顺序，在临床上能熟练应用。

2. 要了解母子之多种含义，即经脉之母子、脏腑之母子、五输之母子、五行之母子，在临床上可灵活掌握，不拘泥于常规方法及时辰限制。

3. 在施行点穴、导引、捏筋、弹拨、拍打疗法之前，病人应保持精神宁静，肌肉放松。若为远路赶来者，应休息20~30分钟后再行治疗。

4. 在施行内功点穴、养生导引疗法时，让病人排净大小便，脱去外衣，坐在诊疗椅上或在诊疗床上躺好。

5. 在施用捏筋拍打、内功点穴手法时，应先用轻揉手法，逐渐加重，不可一次用力过猛。对肌肉单薄处，手法宜轻。对肌肉肥厚处，手法可略重些。对身体较强壮、病程较长、运动和知觉功能迟钝或肌肉萎缩的病人，手法要逐渐加重。

6. 促进关节功能活动的手法力量，不能超出该关节的承受力范围。

7. 施治时，一般先用轻捏筋、内功点穴手法，后用拍打手法。施用拍打手法时，其拍打顺序是：先是背和腰，继而肩和臂，再次腿和脚。先左后右，反复3~5遍，拍打穴位重点。

下列情况禁用捏筋拍打法：①妇女妊娠及月经期间。②有出血性疾病患者，如吐血、咯血、衄血、尿血、便血、外伤出血及脑溢血等。③急性传染性疾病及高热患者。④重度心脏病及心力衰竭患者。⑤急性炎症、疖肿和疮疡患者。⑥梅毒、骨结核、类风湿性关节炎及癫痫发作时。⑦各种骨病及内脏肿瘤患者。⑧各种骨折在其整复固定以后，才可在其远离骨折之外进行轻度捏筋、点穴导引，以活气血。

在临床治愈之后，为加强功能锻炼，还可加用此功法，促进患者的活动功能早日恢复。

二、刺激“十三鬼穴”治疗精神病

神经系统的功能就是要及时调节全身各部位的机能，以适应内外界的各种情况。神经系统的调节功能是通过多种反射来完成的，其调节之目的是为了适应各种环境和变化。

中医所说的风痹、痿、厥等症，多数为神经系统疾病。《素问·血气形志》中有“形数惊恐，经络不通，病生于不仁，治之以按摩与醪药”等论述。而施用内功正可以调节神经系统，特别是调整大脑皮层的功能，这是一种较为有效的手段。一般来说，临床上较为常见的运动、感觉异常，主要症状会发生变化的，并会转变为慢性病的各种神经痛、神经麻痹、神经官能症、癔症、精神分裂症、癫狂，以及高热所致的狂躁病及一切精神失常等疾病，均可采用有氧运动疗法。只是须根据不同的病人、不同的病种和不同的体质等具体情况，来加以辨证治疗而已。

治疗癫狂、癔症、精神分裂症和高热所致的狂躁病及一切精神失常等疾病，除了让患者坚持练“新医学养生功”外，还可以用内功点穴和针灸等方法进行治疗。患者在不能接受外气之前，可对其进行内功点穴。所点的穴位是十三鬼穴，这些穴位是针刺与内功点穴的十三个特定穴位。医生治疗精神失常，多选用这些穴位。

据文献记载，南北朝时期的名医徐秋夫，就专用十三鬼穴治疗癫狂症。唐代名医孙思邈的《备急千金要方》、杨继洲的《针灸大成》和高武的《针灸聚英》等医学著作，对十三鬼穴的疗法都有详细的记载。由于此法治疗癫狂症疗效较好，所以至今此法一直在民间沿用。

1. 操作方法

十三鬼穴针刺与内功点穴，以得气为宜。

操作方法：一针鬼宫（人中）刺入 3 分，二针鬼信（少商）刺入 3 分，三针鬼垒（隐白）刺入 2 分，四针鬼心（大陵）刺入 5 分，五针鬼路（申脉）刺入 3 分，六针鬼枕（风府）刺入 2 分，七针鬼床（颊车）刺入 5 分，八针鬼市（承浆）刺入 3 分，九针鬼窟（劳宫）刺入 2 分，十针鬼堂（上星）刺入 2 分，十一针鬼藏（男会阴，女玉门头）刺入 3 分，十二针鬼腿（曲池）刺入 5 分，十三针鬼封（舌下中缝）刺出血。同时，用长针 1 枚，在舌根部横刺 1 针，令舌不能动。如加间使、后溪二穴，效果更佳。

2. 手法

内功点穴：以快速得气为宜。

针灸：以强刺激手法，不留针。

主治病症：癔症、精神分裂症、癫狂、高热所致的狂躁不安和一切精神失常病症。

3. 注意事项

（1）徐秋夫与孙思邈所用的十三鬼穴略有不同，其共同的九穴是：人中、少商、隐白、大陵、风府、颊车、承浆、劳宫、舌下中缝。不同的四穴是：徐秋夫用的是神庭、行间、阳陵泉、乳中；孙思邈用的是申脉、上星、会阴、曲池。后世医家多用孙思邈的针灸十三鬼穴之法。

（2）用内功点穴与针刺穴位治疗时，要因人、因病治疗，一般选3~5个穴位较为适宜，不要将十三个穴位全用上。

"新医学养生功"治疗癫狂、精神分裂症、狂躁与精神失常等疾病，效果显著。对癔症、癫狂、精神分裂症、精神失常、狂躁等病症的治疗，应采用"急则治其标，缓则治其本"之法。治标是以内功点穴、针刺十三鬼穴或结合神经系统其他穴位对症治疗。治本则是以新医学养生功法，因病、因人治疗。标本同治，效果更佳。

第五节　自然疗法之话疗养心

自古至今，养生的最高境界就是修炼。修，是修理、修整、修心灵；炼，是炼身体。"心静者神藏，心躁者神亡。"心神旺盛，人才健康，才有灵感与智慧。所以，养生首先要养心。

总纲领

说话技巧要提升，知识水平在其中。
有人说话表达清，有人说话不中听。
有人说话太费劲，有人说事真轻松。
有人少说事成功，有人费话苦一生。
忠言逆耳让人烦，忠言说法要变通。
话是开心金钥匙，祝君一生事事成。

一、何谓话疗

所谓话疗，是中医医生与西医医生及心理咨询师诊病、调病的重要武器。医生诊病的四诊合参之一的闻诊，就是听病人说话的声音，听声音的质量、高低、粗细；辨别有无喉声、叹息、尖声与沉音；重病人是否有郑声与谵语，有无嘶哑与呻吟声。其次要辨真伪声与生理性、病理性的声音等。听声息可知病所苦，观权衡可知病轻重。询问病情，通过提问与回答病人的问题，互相沟通，才能弄明白病因与发病机制，治病用方才不失误。

现代心理咨询师和心理医生是用说话给病人治病的，这就是“心病还得用心治，解铃还须系铃人”。一般来讲，说话是一种艺术与境界，有知识有文化的人，说话就是不一样，他们可以把已经失败了的事情说成功，也可以把已经成功了的事情说失败。所以，原告与被告都要请一个高级律师做辩护律师。

一名合格的心理咨询师可以把心理障碍并发症的人或天天都想要自杀的人说得回心转意，心灵健康，重新对生活充满希望。反过来说，一个心态不正的心理医生也完全可以只用语言就把病人说得去嫉恨人，去报复人，去伤害人，甚至想去自杀。

医生说话也是一样。很多医生医风医德好，把病人当亲人，到下班时间了，还饿着肚子耐心地解答病人的问题，讲解治疗方案，指导服药方法与服药禁忌，带教有氧运动等，让病人诚心接受治疗方法，有信心配合治疗方案，提高治愈的信心。也有一部分医生不会这样做，他们第一句话会说：“为什么不早来，延误了病情。”他们会这样埋怨病人。第二句会说：“快去检查吧，可能是什么、什么大病。”他们可能会这样吓唬病人。第三句是在看完检查单后说：“去找高级医院治吧。”他们这样往外推病人。所以，医生一句话可治病，一句话也可致命。

二、话聊养心

在社会“大学”里也一样，有人一句话，说出来让人笑；有人一句话，说出来让人跳；也有人说句话，可以让病气跑掉，反过来也可以让一个人死掉。通过说话，我们可以看出一个人的水平、层次与他的心态。当然，有一部分人会写不会说，语言表达能力差；也有的人有知识有文化，层次高，心态正，语言表达能力也强。

笑话是快乐的起点，情话是爱意的表现，闲话是生活的体验，谎话是善意的欺骗。我们讲的话要成为健康的指南。

举例来说，如果有人问：如何能实现我的人生梦想？我们可以这样来说：我们选择的人生之路是对还是错，我们的生活是好还是坏，我们的事业是成功还是失败，这些全是我们自己的意念造成的。

有的人梦想挣大钱，有人追求权，有人梦想生活圆满，有人追求自然，有人追求奉献，各人有各人的理念，所以才把这个世界装扮得五彩缤纷。

要实现你心中的梦想，秘诀很简单。归结于一点：现在就定下来你一生想要什么，你希望未来是什么样的，然后认真去勾勒其中的每一个细节。自始至终都去想象，想象那些你一直想做的事情。让它们在你的想象中都成为现实，感受它们，相信它们。特别是在临睡前，因为这时最容易进入潜意识。不久你就会看到这些梦想果真变成了现实。成功的秘诀就是永远不改变既定的目标。

无论你的年纪多大，富有与否，这都不重要。只要你从现在开始，永远都不晚。

三、话聊与话疗注意事项

话聊与话疗可调理心理障碍性并发症，但是一定要注意说话的技巧，尤其要注意以下几点：

1. 俗话说："忠言逆耳，良药苦口。" 话疗师要对不同层次的人说不同层次的话，有时候"忠言不可逆耳"，良药最好别让口苦。有时说话不能太直白。如医生对待绝症病人，千万不能对病人说实话，说实话可能会出问题。如果说假话，可能病人还有信心治病。这就是"善意的谎言"。

2. 话到嘴边留三分。 自古至今的道家与佛家大师级的人物，层次越高越不随意说话。有诗曰："不泄天机无人知，泄漏天机写作诗；写诗不为图名利，只为今生度津迷。"高层次大师希望世人都能明理开悟，提高生活、工作水平，同时也愿意帮助有缘人健康长寿。

3. 少说为佳。 大师级人物常说的一句话："天机不可泄漏。""祸从口出，病从口入。"话说多了，有时会给自己带来麻烦，言重了甚至能招来杀身之祸。所以有时提示一下，点到一点，让有悟性的去慢悟就好了，悟到就能得到。在社会

"大学"里有一句话："不怕你没做到，就怕你没想到。"意思是说，没有意识到，没有想象力，没有高层次领悟力，是不会成功的。关于"天机不可泄漏"这句话，也被一些无知的人利用。当他们面对难题无法解答时，就用这句话敷衍。

4. 不说空话，不说无事实依据的话。无中生有，制造谣言，或道听途说，夸大其词，会引来许多麻烦事。

5. 掌握说话场合及说话声音轻重的技巧。老百姓常说："话有几讲，棉有几纺。"说话别让听话的人心烦，最好让听话的人感到温馨，感到可信，产生安全感、信任感，变得不急不躁，安静下来。

总之，说话时要注意两个字：变通。变则通，通则顺，顺则达，达则成，即成功唉！

第六节 自然疗法之歌疗

总纲领

大小宇宙正能量，大小周天循环运。
中华民族一家亲，骨肉同胞永不分。
醉美歌声舞同韵，神州大地绿满春。
微笑祥和传文明，星球磁场全温馨。

一、新医学养生功养心怡神

（一）

紫气东来放祥光，
医学神功送吉祥，
吐故纳新春常在，
气和血行经络畅，
真气运行春常在，

天人合一寿命长。

（复唱 3 次）

嗨……嗨……嗨……

禅修吸气清爽，

呼气丹田命门藏。

（二）

新医学神功送健康，

积德行善大慈航，

正道修行培元阳，

血氧饱和开慧囊，

精血化气培元阳，

正气存内永安康。

（复唱 3~5 次）

嗨……嗨……嗨……

禅静吸氧气清爽，

呼气丹田神门藏。

二、净化灵魂法宝——荷花功

荷花是纯净圣洁的仙花。她出生在肥土中，绽放在清水上。她赏心悦目，令人心旷神怡，给人送来清新亮丽的感觉。在练习荷花功和排除体内病气时意想白莲花，可起到净化灵魂的作用，又以“祛病不留邪”与“排毒又扶正”为特点，可提高人体免疫功能，达到防病、抗病、健康、健美之目的。

荷花全身都是宝。如莲藕、莲须、藕节、荷叶、荷梗、莲房、莲子、石莲子、花瓣等入药、食用都可以，有“药食同源与药食同用”的功效，可治疗心理病与躯体病，双调速效。荷花为人类健康做出了巨大贡献。

（一）

宇宙为我送吉祥，

荷花神功心怡爽，

待放含苞胸中藏，

白莲合聚腹中绽放，

玉蕊祥光照神州，

绿叶始发，绿叶始发润百川。

(复唱 3~5 次)

啦……啦……啦……

吸气又嗅到荷花香，

呼气灌氧玉蕊藏。

（二）

宇宙为我送吉祥，

荷花神功心怡爽，

圣洁白莲净化能量，

朵朵荷花放虹光，

白莲花开善宇内，

心灵放飞，心灵放飞太空翔。

(复唱 3~5 次)

啦……啦……啦……

吸气又嗅到荷花香，

呼气聚氧丹田藏。

三、正气运行法，增强正能量

（一）

求仙无须八方游，仙山圣境冥心留。

医易神功最为尚，子午流注脏腑周。

肺寅大卯胃辰宫，脾巳心午小未中。

申膀酉肾心包戌，亥焦子胆丑肝通。

玄府同餐日月精，血氧饱和，血氧饱和仙寿功。

（二）

荷花神功放祥光，脏腑元神全照亮。

肺雪白心赤火，三大循环灌氧多。

肝青青脾黄血，黑水两肾命门躲。

五脏形五脏色，五脏正色成正果。

大小宇宙同一体，真气运行，真气运行延年乐。

（三）

丹田荷花放祥光，照亮五脏照骨骼。

骨头架，灰白色，节节细观胜雕刻。

四肢百骸银光闪，髓海粉红舍利多。

黑色血管赤条条，神经经络亮晶晶。

灵丹仙翁金身童，德高道深法自灵。

四、微笑是免费的补药

（一）大家都会笑，您不会微微地笑。

1. 微笑是春风。

（唱）春风醉芳菲，可吹走你心中的烦恼。

2. 微笑是春意。

（唱）春意盎然，让您正气内存，提高正能量。

3. 微笑是春光。

（唱）温馨光芒可治愈您心灵的冷伤。

4. 微笑是春雨。

（唱）春雨知时节，滋润心田，把你心灯再次点亮。

5. 微笑是春露。

（唱）甘露可增添心灵微量元素，养护心灵创伤。

6. 微笑是月光。

（唱）改善磁场净化能量，让你永远吉祥。

7. 开心的微笑。

（唱）激发免疫功能，可开发你潜在的能量。

8. 说说又笑笑。

（唱）无形的病气全部都跑掉。

9. 谈笑的风声。

（唱）心中的病魔跑得无影无踪。

10. 微笑是免费的补药，笑疗让您心灵永远飞翔。

（复唱 3 次）

（二）成功的秘诀源于微笑。大家都会笑，你不会微笑。

1. 有意味的笑，是轻松自然的笑，醉美的微微一笑。
2. 相见面带笑，有礼貌的笑，一定要谦虚的微笑。
3. 点头面带笑，能传递文明，温馨磁场和谐好。
4. 默契的微笑，是高层次心灵沟通的法宝。
5. 心通气通笑，能携手创大业，未来梦想太美妙。
6. 静心后微笑，大彻大悟玄机悟到得道。
7. 无声的微笑，是不屈的力量心中傲气豪。
8. 大国心态笑，是苦难孕育着聪明的微笑。
9. 成功的微笑是幸福、甜蜜的笑，更是开心的眉开眼笑。
10. 微笑是免费的补药，成功的秘诀源于微笑，成功的密宗来自于微笑。

（复唱 3 次）

笑有五个秘密：①笑得多，赚钱多。②笑得标准，大事业成功率高。③微笑暴露生育能力。④会笑的人分居少，离婚率小。⑤笑的方式和内容不同，体现出不同的社会地位。

笑有五个禁忌，以下几种情况不能笑：①比赛前笑、赛时笑容易输。②看丧事、凶事、事故、意外事故不能笑。③突然目击别人的隐私、正在作案、干坏事不能笑。④看到急救病人不能笑。⑤刑场、执法、看到残景不能笑。

五、中医药华夏国宝

（一）

合唱：一望无际的百草原，灵草妙方源于大自然。

女声唱：是谁留下了远古的呼唤？

男声唱：人类大发展，是历史留下的遗产。

女声唱：是谁先发现，青草治病救人万代传？

男声唱：神农尝百草，是原创医学的根源。

女声唱：是谁开创了，中华上下五千年？

男声唱：医古籍诞生，四部经典最领先。

快板式：医之始，本岐黄，《灵枢》作，《素问》详。

《难经》出，更洋洋，越汉季，有南阳。

《伤寒》著，《金匮》藏，六经辨，圣道彰。

合唱：中华杏林之光橘井泉香，

悬壶济世古今中外美名扬。

（二）

合唱：一望无际的百草原，灵草妙方源于大自然。

女声唱：是谁推动了，健康事业大发展？

男声唱：《黄帝内经》，为健康发展做出了贡献。

女声唱：是谁重医德，大爱无疆，又无言？

男声唱：古今神医们，救死扶伤把生命奉献。

女声唱：医易道为民，为科学养生正气通天。

男声唱：新医学养生唤发生机春意盎然。

快板式：李唐后，《千金方》，温病学，大贡献。

明清代，明医良，取上法，得慈航。

金元时期四大家，同病异治有特点。

合唱：中华杏林之光橘井泉香，

悬壶济世古今中外美名扬。

（复唱后两句两次）

歌词译释：此歌词是我（杨雷）近十三年来学习中医药的感想与体会。每当我们学习古医籍时，就好像回到了远古时代，陪同着神农氏生活，与其品尝青草花木树根树叶。每当我临床治病看到病人的痛苦时，病气就传到了我的身上，这样我就能与病人感同身受。在治疗疑难杂症与罕见的无名病病人时，即想到古今医学家们的特色诊病与特色治病方法、观点及其理、法、方、药，并能灵活变通运用，效若桴鼓。当我看到治愈病人的笑脸时，我深受鼓舞，更加热爱学习中华传统文化及东方三气精神，对易医道学的修炼，对神奇的冷药与怪药的研究、创新和应用信心百倍。每当我治愈一个罕见病病人，我都兴奋不已，心中高呼中医药学万岁！

下面我想依据《医学三字经》简单谈一下原创医药的发展史，让有缘的朋友与医学爱好者明白我所写歌词的意义，希望学习中医药学的朋友为中医的发展多做功德，高歌一曲。

早在原始社会里，人类与其他动物一样，在自然状态下生活着。生病的人们无医无药治疗，只有用自己的身体慢慢抗病、恢复，福大的就存活下来，无福的人只有等死。后来出现神农尝百草，为人们治病。神农是特异体质的人，他尝草千千万，最后没有治好自己的断肠伤，只因尝了断肠草。这种断肠草是一种含剧毒的毒草。神农死后，人民为了敬仰他，给他盖上了药王庙，供奉他为药王。人类是历史留下的最大遗产，神农氏功不可没。他的成书《神农本草经》总结了秦汉以前的本草学成就，收载药物365种，其中上品、中品各120种，下品125种，毒味药物均记载其别名、性味、主治、功效等。

在2700多年前，中国又有两个伟大的神农出现，黄帝与岐伯，他们智慧超凡，为人民生活用具与劳动工具进一步提高做出了卓越贡献，并把民间留传的青草药单验方与治病的方法及民间治病绝招，也就是劳动人民长期与疾病做斗争的丰富经验，总结成了一套理论，称为中医药学。以黄帝问、岐伯答的形式，把中医药学提高升华，形成了文字。总论为《黄帝内经》，分为两部，《灵枢》原书9卷81篇，《素问》原书9卷81篇。

《汉书艺文志·方技略》中记载有“医经七家”，包括《黄帝内经》《黄帝外经》《扁鹊内经》《扁鹊外经》《白氏内经》《白氏外经》《白氏旁经》七种。但今除《黄帝内经》存世外，其余均已佚。

“难经出，更洋洋”：战国时期秦越人扁鹊著《难经》81篇，多阐发《黄帝内经》之旨，以补《黄帝内经》所未言，即间有与《内经》不合者，其时去古未远，别有考据也。“洋洋”是盛大的意思。

“越汉季，有南阳”：“越”指经过，“季”指一个朝代末了，“汉”指东汉。医学家张机，字仲景（150—219 年），东汉人，居南阳，编著《伤寒论》和《金匮要略》。

“六经辨，圣道彰”：六经，指三阳经（太阳、阳明、少阳）与三阴经（太阴、少阴、厥阴）。圣道，指中医学。彰，显著发扬的意思。

“李唐后，有千金”：唐朝的统治者姓李，故称李唐。孙思邈（581—682 年），华原人，隐居太白山，著《备急千金要方》《千金翼方》各三十卷，今本九十三卷。

温病学主要贡献者：叶天士、薛生白、王孟英、吴又可。温病即是现代医学称的传染病。温病发病急骤，传染性强，死亡率高，所以治疗时辨证与辨病分层治疗，为卫、气、营、血方可防控。

金元时期四大家：

“李东垣，重脾胃”：李杲，字明之，宋金时真定人，号东垣老人（1180—1251 年）。治病重脾胃，脾胃派，认为人身以“胃气为本”，“内伤脾胃，百病由生”，著有《脾胃论》。

“若河间，专主火”：刘完素，字守真，河北省河间人，认为六气皆从火化，五志化火。治糖尿病观点，如此三消者，其燥热也。寒凉派创始人。

“丹溪出，罕与俦”：丹溪，朱震亨，字彦修，号丹溪，金华人。其立方视诸家颇高一格，滋阴派，针对不用辛燥之剂的不良风气，提出“阳常有余，阴常不足”的观点，阴宜补，阳易浮，杂病去，四字求，他认为所有的杂症都要追求气、血、痰、郁这四类的病机产物。

“若子和，主攻破”：张从正（1156—1228 年），字子和，号戴人，河南考城人。攻下派，善用中药大黄、芒硝、牵牛、芫花、甘遂、大戟之类，意在祛邪，邪去正安，不可畏攻而养病，著《儒门事亲》。

“中病良，勿太过”：子和之法，实证自不可废，然亦宜中病即止，若有过则伤元气，随邪气而俱散，挽无及矣。观点：邪去而元气自复，否则，补之适足资寇。

“四大家，名声噪”：刘河间、张子和、朱丹溪、李东垣，为金元时期四大家，各树一帜，进一步推动了中医学临床治病的发展，掀起了中医学发展的第三次浪潮，为中医学的发展立下了不朽的功勋。

明代：

张介宾，字会卿，号景岳，山阴人（1563—1640 年），著《类经》《质疑灵》《景岳全书》。

王肯堂，字宇泰，号损庵，江苏金坛人，明代著名医学家，著《证治准绳》医论、医辨及六科准绳。

薛己，号立斋，吴县人，著《薛氏医案》；李中梓，号士林，国朝人也，著《医案必读》《士才三书》；张璐，字路玉，晚号石顽老人，苏州人，著《张氏医通》；赵献可，字养葵，号医巫闾子，浙江宁波人，16~17 世纪初期著《医贯》。

李时珍（1518—1593 年），字东壁，号濒湖，湖北蕲春人，著《本草纲目》（1892 种药物收载）及《濒湖脉学》《奇经八脉考》。

"长沙室，尚彷徨"：数子虽曰私淑长沙，升堂有人而入室者少。这里所言学习医学的人很多，但是真正能有信心、恒心学习成功的人不多。

徐忠可与尤在泾都是清代著名医学家，徐忠可即是徐彬，一生致力于《金匮要略》的研究，举一反三，灵活变通，反对据方觅病、刻舟求剑式的用方模式。

喻昌，字嘉言，号西昌老人，江西南昌人，明末清初医学家，著《尚论篇》《医门法律》《寓意草》。喻昌、张璐、吴谦齐名，为医学三大家。

清代：

"大作者，推钱塘"：张志聪（1610—1683 年），字隐庵，浙江钱塘人。高世栻，字士宗，杭州人。

"取法上，得慈航"：指茫茫大海中，有渡船安稳渡到彼岸之意，此为研究中医学的正确道路。明清时期又增添了大量的医学书籍，如《冯氏锦囊》《医宗必读》《东医宝鉴》《本草纲目》《本草备要》《景岳全书》《薛氏医案》《万病回春》等，为取法上。

古代著名中医学家，如晋代葛洪（葛仙翁）、梁代陶弘景、唐代孙思邈、明代李时珍等，他们既是伟大的医学家，更是精于道家学理知识，对养生养性颇有研究的大学问家。他们对中医药的发展做出了重大的贡献，在融道家养生思想与修炼方法于一体的过程中以中医学为主导，促进了中医药养生、养性、修心、调病、康复、长寿方法的完善，做出了不可磨灭的贡献。正如：

医祖修炼内丹术，分类真人圣贤至。
古有华佗五禽戏，八段易筋太极类。
曲工相同各千秋，养生保健长寿功。

六、中日友好赞歌

我们的心像莲蕊莲房，
心莲心相爱地久天长。
我们的身像富士灵山那样，
屹立在海天贵国的东方。
我们的爱像春天的阳光，
温暖着中日人民的心房。
我们的情像皓洁的月光，
为人民传送微妙的正能量。
我们的梦至高无上，
为人类发展奉献医技妙方。
我希望中日友好同修功德，
让中日人民永远永远心身健康。
复唱：
我希望有缘朋友功德无量，
让中日人民永远永远健美健康。

第七节　自然疗法我新创

一、有氧运动指航向

自古至今的医学家与养生家都提出养生保健，创立了很多的养生方法，归纳为一句话，即“生命在于运动”。

运动是健康之本。很多疾病尤其是心理疾病大多和缺乏运动有密切关系。运动养生自古就是人们求得气血通畅、减缓衰老、保持生命活力的最佳途径。经常参加有益身心健康的运动，自然会心宽体健，心平气和，心安情悦。我认为养生必须养阳气，运动必须是有氧运动，因为万病都是缺氧而生。

1. 坚持有氧运动使人终身受益

有氧运动的全名是有氧代谢运动。有氧运动是通过一定量的全身运动，增加氧的吸入量，全面提高人体的机能，进而改善人的身体素质。它必须具备三个条件：①运动所需的能量主要通过氧化体内的脂肪或糖等物质来提供。②运动时全身大多数的肌肉群（2/3 以上）都参与。③运动强度在低、中等之间。

生物学上有一种规律，叫作“用则进，废则退”。人体的各个组织、器官的发展变化也是如此，运动与生命息息相关，不断地坚持锻炼，参加各种形式的体育活动，不仅有利于人体各器官的活动，更可以促使人健康长寿。有氧运动是维护身心健康与生命长寿的一项必不可少的“投资”，只要善于“投资”是不会亏本的。

有氧运动的常见种类包括步行、跑步、骑车、游泳、跳健身舞、做健身操、扭秧歌及一些中低运动强度且能持续时间较长的运动项目，这对促进身心健康、增强体质、治疗慢性病都具有重要作用。

（1）有氧运动可增强心血管系统的功能

爱好运动的人心肌收缩有力，排血量增加，营养心脏的冠状动脉的口径会增粗，心脏的供血将会得到改善，全身血管的弹性增强，动脉粥样硬化将会得到延缓，心功能增强，血压与心率对各种情况的适应能力也将增强。

（2）有氧运动可改善呼吸功能

人体在运动中需要吸进更多的氧气，排出大量二氧化碳，因而肺活量增大，残气量减少，肺功能即可增强，呼吸功能好，有利于人体维持旺盛的精力，推迟身体的老化过程。

（3）有氧运动可提高消化系统的功能

人在运动时要消耗一定的能量，运动就增强了体内营养物质的消耗，并使整个机体的代谢增强，从而提高了食欲。运动还促进胃肠蠕动，消化液分泌，肝脏、胰腺的功能也会得到改善，使整个消化系统的功能都得到提高。

（4）有氧运动可以改善神经系统功能

运动是在神经系统支配下的协调活动，坚持运动的人常表现为肌体灵活，耳聪目明，精力充沛，这正是神经系统功能健全的表现。

（5）有氧运动可促进脑的血液循环

运动在促进脑的血液循环的同时，可以改善大脑细胞的氧气和营养供应，延缓中枢神经系统的衰老过程，提高其工作效率，这对脑力劳动者来说尤为重要。反复的肌肉活动训练，使神经系统兴奋和抑制的调节能力更趋完善，从而起到调节大脑皮层的功能。特别是轻松的运动，可以缓和肌肉的紧张，收到放松镇静的效果，对神经官能症、情绪抑郁、失眠、高血压等都有良好的治疗作用。

（6）有氧运动使肌肉发达、骨质增强

运动本身就是对骨骼的牵拉，正确的运动可以提高肌肉的收缩与舒张能力，使肌纤维变粗，肌力增强。运动可以改善全身的血液循环，肌肉、骨骼的营养也得以改善，骨骼的物质代谢增强，使骨骼的弹性及韧性增加，从而延缓了老化过程，并可防止骨质疏松、骨关节退行性改变、关节酸痛等症。

（7）有氧运动改善内分泌系统

运动对内分泌系统，特别是对调节新陈代谢起重要作用的脑垂体、肾上腺系统及胰腺等消化腺的功能影响更大。而肌肉的丰硕，骨骼的健壮，韧带的柔韧，血管的弹性，心肌的增厚，毛细血管网的增多等，无一不是在内分泌系统的调节下形成的。运动能改善糖代谢，防治糖尿病；运动能降低血胆固醇，防止动脉硬化；运动能促进多余脂肪的利用，防止发胖；运动能改善性机能，和谐性生活等，这些都与内分泌调节功能的改善有关。

（8）有氧运动能改善人的精神状态

人的器官和肌肉总是越锻炼越发达，越使用越灵活有力。如果不锻炼不使用，就会变得反应迟钝，肌肉萎缩，各种生物机能退化，甚至完全丧失原有的机能。

据专家研究证明，运动能有效地增加大脑的重量和皮质的厚度及表面积，使大脑的活动增加，机能提高。曾有专家指出，测定一个人的脑细胞反应速度，就可以测出他思维的速度和智力的高低。神经活动的基本过程是兴奋和抑制的交替，人在运动时，管理运动的脑细胞经常处于迅速的兴奋和抑制过程。经过千万次这样的过程，人的调节功能、反应速度、灵活性和准确性都会得到提高。

2. 有氧运动须适量适度

有氧运动对人体身心健康有重要的作用，但在运动中我们还要掌握适量适度的原则，才能使有氧运动发挥出有益的健心健身功效。故健身要有度，养心要开悟。

一般测定运动量是否适度，多用脉测法，以脉搏快慢来测知运动量是否适宜。一般的人，运动时以脉搏120次/分钟为宜，或每分钟净增脉搏数（即运动后最快脉搏次数减安静时脉搏数）体弱者不超过20次，体质中等者不超过40次，体质强壮者不超过60次。首先要明确自己不是运动员，因此选择的运动量一定要适量。否则，过度运动所带来的疲劳将扼杀掉你继续运动下去的兴趣。

二、医学灵功正能量

现代人发生亚健康的原因，一是气为百病之始，二是油为千病之源，三是万病都因缺氧。据此而创编的这套增氧运动功法，是送给有缘之士与非常需要健康快乐长寿之人的法宝。

第一节，灵气开宫。左手掌心向上，放置于腹前，距离腹部15厘米左右；右手掌心向下，放置于左手掌上方，右手掌距离左手掌约10厘米。左手掌不动，右手掌劳宫穴绕左手掌劳宫穴逆时针转圈，共转36次。然后，右手在下，左手在上，左手顺时针转圈36次。功效：排除身体的病气，聚集大自然的氧气，为练习者达到小周天、大周天功奠定扎实的根基。

第二节，转动乾坤。双手掌心向下，十指向前，在腹前双手水平放置，顺时针转36次，逆时针转36次。功效：打开微循环通道，改善微循环功能，提高细胞组织灌氧量，有防治心脑血管“三高”症及抗衰老等功效。

第三节，湖心划船。双手掌心向下，十指向前，左手掌置于左小腹前，右手掌置于右小腹前，分别由内向外画圆36次。功效：防治卵巢炎、输卵管不通、卵巢囊肿、子宫肌瘤、子宫炎症等妇科疾病及男科疾病。

第四节，日月同辉。双手掌相对，十指向前，两手掌相距约10厘米，左右手掌分别先后立面画圆36次。功效：开胸气，解郁除烦，同时有聚氧下丹田之功效。

第五节，挥舞彩虹。双手掌向前，十指向上，置于颈前左右，分别由内向外画圆36次。功效：防治颈椎病、肩周炎，有抗风湿、止痛的作用。

以上运动是动功的锻炼，虽是轻度的肢体筋骨运动，却是意念领气的引导方法。

第六节，聚首灌氧。双手掌成一平面，手心对着面部，顺时针方向绕面部画圆36次，逆时针方向绕面部画圆36次。功效：增加脑血流量，提高脑细胞及脑组织的灌氧量，防治远视眼、近视眼、鼻炎、咽喉炎、耳聋、耳鸣、头晕、头痛、失眠、多梦、脑梗及脑萎缩等疾病。练聚首灌氧，不仅能疏通气血，调理阴阳，还可系统地调节各脏腑功能，激发人体内的潜在能量，引聚宇宙的能量相聚于体内，提高脑与脏腑各组织和细胞的灌氧量。

第七节，环抱宇宙。双手掌成一平面，面对腹部，十指相对，绕肚脐顺时针画圆36次，逆时针画圆36次。功效：防治便秘、结肠炎、结肠溃疡、前列腺炎、膀胱炎及妇科疑难杂症。

第八节，宗气归元。左手掌对胸，右手掌对腹，分别绕膻中、神阙顺时针方向画圆36次，逆时针画圆36次。功效：防治乳腺炎、乳腺增生、肾积水、肾结石、胆结石及头晕、失眠、心悸、胸闷、腰酸背重、乏力等症状。以上两节说明了宗气的生理功能，“元气”是人体生命活动的原动力，是维持生命活动的最基本物质。宗气归元，说明宗气结合元气，它们互生、互化、互相推动，来提高宗气的生理功能。

第九节：培补元气。这节是道家内丹功的真气运行法，分成三个级别。初级功法：静站笑眯眯，吸气想白云，咽唾意肚脐，呼气守关元。中级和高级功法必须有三层功底以上的老师带教，否则易出偏差。功效：防治肾虚腰痛、颈腰椎病、多发性骨质增生、阳痿、早泄、女性形寒肢冷、性冷淡、夜尿增多、不孕不育症等。元气即真气，真气是生命的原动力，能激发各脏腑和经络等组织的生理活动，焕发青春活力，练习者可达到健康、快乐、长寿之目的。

收功：擦手，擦面，理头扶身，拍打肩臂，来回拍打3次，擦手、摸腰、拍打腰腿，上下3次，摸腰，两手把带脉拉起，两手重叠于肚脐，静养3分钟。

三、五行八法养五脏

健身五行功有氧运动，即五种特殊的健身方法，按五行分类（金、木、水、火、土），结合五种自然运动模式，分别为医学健身神功、医学健身龙功、医学健身虎功、医学健身雁功、医学健身熊功。相应于五脏，即心、肝、脾、肺、肾。练习五行功法的功效主要是：调和五脏六腑的气血，增强脏腑功能，以达到“扶正祛邪”之目的。习练健身五行功，对神经系统、内分泌系统和心脑血管系统疾病有明显的改善效果。

（一）医学健身五行功的创立

健身五行功的形成：健身五行功是在笔者几十年来练习道家内丹术的基础上，吸取了古代八段锦、易筋经、太极及华佗五禽戏等功法的精华，并运用易、医、道，结合借鉴新医学及人体解剖学方面的知识，借鉴并运用自然科学和现代科学方面的知识研创而成。该功法以中医基础理论为指导，以阴阳为纲领，运用五行的生、克、乘、侮的辨证推理，掌握子午流注运程规律与自然界规律，明确天、地、人一体同春的道理，是一种健身健美术、开发智慧术、防病术、抗病术、抗衰老的长寿术。

（二）功理特点

1. 动作简单，易学易练，不论男女老幼、文化深浅，一学就会，不加意念与境界，不出偏差。每一个功法，只需要 10 分钟就可以练完。

2. 此为一种聚氧运动，不耗氧。初练 1~2 小时就能找到感觉，全身气血畅通，肢体发热、轻松。

3. 练习健身五行功法，不需要特殊的场地，在任何环境和状态下，皆可以随心练，随意练，自然练。

（三）功法及功理效应

五行功的功法分为：健身神功、健身龙功、健身雁功、健身虎功、健身熊功。

1. 健身神功

（1）歌词

十宣劳宫通心经，火浪抽丝如春风。

氧灌百会通涌泉，督任相交周天通。

五脏六腑永和谐，动静相兼阴阳生。

传统文化传天下，科学养生治百病。

（2）功理效应

健身神功的“神”字含义：“心藏神”，神之居心也。心脏的生理功能：主血脉，主神志，心主神明，称“心藏神”。“心藏神”，有广义与狭义之分。广义的神是人体生命活动的外在表现，如人体形象、面色、眼神、语言、应答和肢体运动的姿态等，都是“神”的范围，其形征称“神气”。狭义之神，指心所主的神志，也指人的精神意志和思维活动。《素问》曰：“心者，君主之官，神明出焉。”《灵枢》曰：“心者，五脏六腑之大主也，精神之所舍也。”

练习健身神功的主要作用：打开心脏所属的经络与心包络的各个穴位，与自然界的清气沟通，多聚大自然中的清气及带能量的氧气。利用心包络的最大穴位，即劳宫穴，指挥十宣穴，快速聚收氧气，灌聚于心脏，使心脏各部位的细胞增氧，提高心脏的生理功能。心脏又是君主之宫，君主神清智明，其他脏腑的功能也就随着提高了。所以，气血也，人之神也。气血充盈，精神旺盛。总之，“得神者昌”，心脏无病，寿命长，人体生命能延长。

自古以来，医学专家对各种动物的心脏进行过研究，其心脏跳动都有定数。人的一生，心脏跳动的次数是 80 亿次，每分钟平均 70 次左右，可以推测人的平均寿命，应该是 200 岁左右。如果不让心脏细胞缺氧，经常养护，练习健身神功，明确人体生理功能的知识，打开微循环的三个通道，长期气血通顺，可以调节小循环（肺循环），增强大循环（体循环）的功能，提高细胞的灌氧量。

健身神功，可以诱生人体的干扰素，增强人体的免疫功能，有广普抗病毒的作用。正如中医学所言：“一身诸阳心领之，一身诸阴肾藏之。”心气旺，统领各脏腑功能，气血畅通，一通百通，一顺百顺，阴阳相交，水火相济。“正气内存，邪不可干”，可以长寿 180 年。

反之，心脏气血虚弱，自身又有病变，加上不明身心保健的方法，轻则会感到心悸、头晕、胸闷、乏力、失眠，这些心脏缺氧的症状，严重者会引起心脑血管病变。总之，“失神者亡也”。

健身神功的重点是养心神、开智慧。心脏为五脏六腑之大主，主明则下安静。

如果心脏无病，生理功能强健，人体生命才会延续，所以创立“医学神功”，养心神，防治心脑血管病症与神经系统紊乱，以及内分泌系统紊乱等病症。

（3）分类

此功法分为：“心道诀”总纲领与“养心功”两套式。

1）“心道诀”总纲领

纲领一

心道神明，百脉朝会，心沉无欲，往来意静。

血海于春，气海长夏，蓄积于秋，精蛰于冬。

天地之道，万物纲纪，性修德纯，法天贵悟。

逍遥仙境，飘然天台，光明弦蓄，心道无痕！

纲领二

心似莲蕊，定位左胸，心如血泵，循环通畅。

心主血脉，君主之官，开窍于舌，其华在面。

心气旺盛，喜笑生慧，心气若虚，悲伤惊梦。

心气乃和，经通络畅，心气偏衰，偏瘫斜㖞。

纲领三

心阴滋生，精血不竭，心血充足，肝脾和谐。

心阳兴振，温煦肾阳，脾阳升华，肝体用阳。

心肾相交，宁心梦乡，水火不济，泻南补北。

心肺和谐，四气兴旺，大国心态，永葆青春。

心道无界，美景无限，道法自然，荣永圆远！

心者君主之官，神明出焉，心为五脏六腑之大主也，主明者下安，主不明则十二官危，戒之戒之。

2）“养心功”两套式

主要针对中老年人心脏缺氧、缺血所致的心律失常和亚健康人群。

①静心养神功功法

第一节（起势）：闭目养神重三调。

第二节：风摆荷叶意莲蕊。

第三节：三五浮沉卧太空。

第四节：脚踏风火阴阳轮。

第五节：摄神归位气门关。

②养心藏神健身功功法

第一节（起势）：面东而立重三调。

第二节：手似荷叶身如柳。

第三节：轻摇腰髂动肘腕。

第四节：三圆九元嚼唾吞。

第五节（收势）：引火归原心肾交。

2. 医学龙功

（1）歌词

我是东方一条龙，浩瀚宇宙任我行。
呼来东风唤西雨，翻江倒海起彩虹。
宽衣静站露笑容，抖动筋骨肌放松。
气滞血瘀肾积水，结石囊肿消散平。
四肢百骸气血盈，医学龙功显神明。

（2）五节功法

第一节：巨龙腾飞。

第二节：吞云吐雾。

第三节：呼风唤雨。

第四节：翻江倒海。

第五节：静卧龙宫。

（3）功理效应

“龙”是中华民族文化之象征，保护神，也是整个中华民族精神之图腾。健身龙功，是东方神秘古国的易、道文化，更是弘扬华夏传统文化与弘扬科学养生技能的好功法。

功效：对治疗内分泌系统紊乱与失调的病变有显著效果，如消脂瘦身，利尿消肿，排毒排石，消瘀血和肾囊肿，防治乳腺增生、子宫肌瘤、卵巢囊肿和肾积水等病症。

3. 医学雁功

（1）歌词

天地之间二平面，万里晴空双飞雁。
放松飞翔多自然，好似梦中把翅练。
天门常开地门关，劳宫灌氧连十宣。
无明水肿无名病，烦热病气全排完。
神经细胞常充氧，静卧无梦好睡眠。

（2）五节功法

第一节：雁首龙头。

第二节：轻开天门。

第三节：展翅飞翔。

第四节：人门收聚。

第五节：拥抱自然。

（3）功理效应

功法简单，动作简便，功理不深，一学就会，练 30~60 分钟，就有明显的感觉，全身气感强，上下肢发热，有麻麻酥酥的感觉。入静守神快，去病气效果更快。

对中青年人因生活压力、工作压力和经济压力过大而产生的心理障碍及并发症，生理性的浮肿和顽固性的失眠，以及神经官能症等疾病有显著效果。练习 2~4 个星期后，感觉没有病气，使人快乐、健康、健美。

4. 医学虎功

（1）歌词

思蓝天、意黄土，乾坤空间一尊虎。
静站三提定马步，阴阳之气二爪吐。
五行五脏太极光，气沉丹田八卦图。
精血互化阴宅藏，阳气充盈灌筋骨。
正气存内邪自除，康乐长寿逍遥福。

（2）五节功法

第一节：虎踞龙盘。

第二节：托天观宇。

第三节：仙人望月。

第四节：环抱八卦。

第五节：燃火炼丹。

（3）功理效应

扶正气，补阳气，除风、湿、热、毒之邪气，强筋骨，通络开窍，补精生髓。功效：防治风湿、类风湿性关节炎，关节僵肿，多发性骨质增生，强直性脊柱炎，骨坏死，恶性贫血，红斑狼疮等恶病。

5. 医学熊功

（1）歌词

仰卧观天静空眠，苦海人生似舟船。
吸气均匀舌搅拌，展臂肘腹手划圆。
吸气意想下丹田，意聚命门可培元。
要想收功深吸气，汗孔穴位关闭完。
中风后遗外伤残，伤筋动骨康复全。

（2）默念功法

人生本是苦海舟，
常在鱼龙险处游。
视岸首，肯回头，
莫待风波坏了舟。

（3）五节功法

第一节：仰面观天。

第二节：赤龙搅海。

第三节：吐故纳新。

第四节：意守丹田。

第五节：避风安然。

（4）功理效应

医学熊功卧式功法，总功法有三个级别。上面所述仅是一个初级熊功功法。

熊功卧式功法有三个类型，主要是针对因不同病种而引发的卧床不起或有强迫体位、半强迫体位的伤残、久病病人，是特意为他们而设立的练习功法。

第一级：熊功卧功法，针对轻型心脑血管病人。虽然有高血压、冠心病、脑梗、脑萎缩及半身不遂的麻木等症，但是还可以行走。

第二级：熊功卧功法，是针对久病的卧床病人或中风患者及有中风后遗症的病人。患脑瘫、偏瘫而导致的半身不遂，虽然卧床不起，但是其神志清楚，脑思维能力没有完全退化。

第三级：熊功卧式功法，是针对伤残者，以及有外伤后遗症的病人。如上下肢丧失知觉或无四肢的病人。但是，其神清智聪，思维敏捷。

几十年来，笔者在临床实践中发现，人生中最苦涩、最痛苦之人，莫过于久病卧床不起、中风病人和有中风后遗症的病人，以及有外伤、肢伤、肢残与肢缺之病人。我真诚地祝愿他们，并想让这类伤残病人都能听到新医学养生功法和功理的歌词与音乐，早日学到健身的方法，学会康复的法宝，让他们健康、健美，一生快乐。

四、浅谈太极内涵

中国养生方法繁多，身心并练的太极术可分为太极掌、太极拳、太极腿、太极八卦、太极五行、太极六合等有氧运动。

太极拳集中了我国传统保健体操之精华，架势平稳，动作舒展，没有忽起忽落的激烈腾跃运动。特别适合于人们调适心理、强健身体之用。许多医学工作者也认为它是一种抗衰老、健身、养心的理想运动方法。

太极拳是我国民族传统体育项目之一，在国际上极受推崇，久享盛誉。几个世纪以来，实践证明它对人体的神经系统、心血管系统、呼吸系统、消化系统及骨骼、肌肉、关节、体内物质代谢等都有积极的作用。从医学的观点上看，它可以称得上是一种合乎生理规律的很好的健身运动，也是病人的医疗体操，值得大力提倡。

太极拳有独特的运动特点和风格。练习太极拳的人应注意了解和把握这种风格特点，使每一姿势运动符合要领，充分体现其风格特点，才能更好地收到增强体质的功效。

轻松柔和，连贯均匀，圆活自然，协调完整，这些就是太极拳的基本特点，这些特点决定了太极在锻炼方法上对姿势运动的各种要求和基本法则。为了帮助大家掌握，现将总结的太极拳注意十则简介如下：

1. 立身中正

姿势正确，特别是保持上体自然正直，腰脊中正，重心放稳，以利于肌肉放松，动作灵活，姿态自然，气血通畅。

2. 神舒心定

心静，体松，是太极拳运动特点所决定的最基本的要求，也是对于其他要领掌握的基本保证。练习时，务必要精神安定，心情平稳，排除杂念，思想集中。精神贯注，做到专心打拳，身体各部位保持运动中的自然舒展，肌肉放松。

3. 用意导力

用意识引导运动，意到身随，先在心，后在身，精神饱满，富有生气，全神贯注（包括眼睛运用），以意念引导劲力，势换劲连，劲换意连，使意念、劲力、运动三者统一，更为准确、充分，更富有内容。

4. 气沉丹田

太极拳是一种拳法与养生相结合的健身运行。动作呼吸恰当结合，深长细匀，通顺自然。在此基础上，注意吸气时横膈下降，增加通气量，促进气血循环，增强内脏活力。

5. 运行和缓

运行和缓是太极拳的运动特点之一。要虚实分明，刚柔相济，既轻灵，又沉着，圆活不滞，要避免不分主次、平均用力或过于紧张、呆滞生硬的毛病。

6. 举动轻灵

迈步如猫行，运动如抽丝，这种比喻是很贴切、形象的，练习者要用心体会，意领神会，体现在动作上。

7. 内外结合

在舒心的基础上，使意识、运动与呼吸三者协调配合，意识与形体紧密结合，以意导动，内外统一。

8. 上下相随

要全神贯注，动作协调，太极拳是全身性运动，要求上下相随，全身各部位的运动保持协调一致。如果动作支离破碎，那就违背了周身相随的要求。

9. 连绵不断

动作连贯，前后衔接，连绵不断，无停顿割裂，不容许中途断线，自始至终，一气呵成。

10. 呼吸自然

初学者可采取自然呼吸，逐步使呼吸与动作自然配合，做到深、长、匀、静，通顺自然，不可以力使气，简单生硬，强求统一，违背呼吸的自然规律，以致伤身，事与愿违。

练习太极拳也非一蹴而就，也要有一个过程，要循序渐进，逐步达到完美的程度。大体上可以分成以下三个阶段：第一阶段，首先要在姿势、动作上打好基础，把全套步型、步法、腿法、身法、手型、手法、眼神等基本要求搞清楚，要做到姿势正确，步法稳定，动作舒展、柔和。第二阶段，注意掌握动作的变化规律及其特点，做到连贯协调，圆活自然。第三阶段，着重练习劲力的运用和意念、呼吸与动作的自然结合，做到动作轻灵沉着，周身完整统一，能全面地掌握和体现太极拳独特的运动特点和风格，收到扎扎实实的功效。

太极拳多年来流传很广，已形成各种流派，国家体委公布了简化太极拳，简便易行，已深为广大群众所喜爱。

五、神奇拍打功，祛病又扶正

总纲领

万山磅礴，环卫主峰。龙衮九章，统挈一领。

脏腑发病，必审病因。病症繁杂，紧扣病机。

整体观念，辨证论治。随经诊病，沿络治疗。

子午流注，实施主穴。外生阳气，内生阴精。

血氧饱和，经畅络通。得心应手，效若桴鼓。

求人不如求自己，拍打自己治百病。

未病先兆自知明，自然疗法显神通。

（一）自我拍打功主治

1. 是失眠多梦、抑郁症、焦虑症、自闭狂躁症的自救法。

2. 冠心病，不搭桥，不支架，不吃药，不手术，不打针，完全靠自己康复，圆您健康梦。这绝对不是梦。

3. 顽固性头晕头痛、肩腰腿痛、风湿类痛风症。

4. 顽固性便秘。

5. 无名水肿与囊肿积瘤。

中医诊病与治疗，首先是以四诊合参为主，然后以“整体观念，辨证论治”为特点，在紧扣病机时勿忘八纲辨证、脏腑气血阴阳辨证、卫气营血分层辨证、六经辨证及经络辨证，追随经络诊病与沿经脉治病。

何谓经络？经如大地之山河，络为原群之百川，经者径也，经之旁出为之络。这里所言经络就像地球上的河流、通路一样，主宰着运输之道。人体经脉与络脉的主要功能是运行气血津液、精血等。

如果经络受到病理影响，阻碍交通，它们会出现种种反应，人体内报警器发出很多种不同的信号，这种信号称为病先兆、气象先兆与梦先兆。根据不同的先兆信号反应，人体会预知身体内有不同病症在不同部位发生，如气象先兆，可有胸闷、心悸、头晕的缺氧症状，以及风湿病的先兆，特别是皮肤病、精神病、灵魂病反应最强，如梦先兆生理性梦与病理性梦反应信号有很高的准确率。

经络与神经系统病症的轻重不一，引发疼痛、麻木、凉热感的信号也不一样。细胞缺氧、细胞残疾引发瘀血、梗塞、囊肿、毒瘤等症状，都属于三大类病因所致的经络不通。

（二）拍打功的创立

自古至今，老百姓都知道，拳头出正义，掌正驱鬼邪。全球武术拳击种类繁多，但归纳不过如下几种。

第一是有敌意的出拳，有怒气拳击与怨恨的拳脚打斗。这几种也分为两类，一类是主持正义，为民除害，为国争光；一类是邪恶势力祸国殃民。

第二是善意的拳击掌法拍打。善意的拍打也分为三类，一类是交易性竞争拳脚掌法；二类是爱心的空拳掌法拍打；三类是有意无意无聊的拍打法。

总之，有敌意、有怨恨、有报复心、有贪欲、有邪淫的拳击掌击腿脚打法，打死人要偿命，打伤人要付出代价，打人是违法的。但是善意的，为献爱心或治病而去拍打亲朋好友，或用善意以交易方法去拍打对方，则会得到对方的感谢，或善财报酬。

关于善意拍打，古代医学家、金元时期四大家之一的朱丹溪神医，他创意了掌击相思病。唐代神医孙思邈利用特殊的方法治愈怪病和疑难绝症，其工具主要是用桃木制成的形状、大小、粗细、长短各不相同的棍棒，专治七情紊乱而发的灵魂病及风湿性肩腰腿痛症，效果显著。他的敲打法，至今还在沿用。如广东省第二人民医院附属医院的凌医生用此法专治颈肩腰腿痛与失眠、抑郁症、焦虑症等。

我从1973年至今40多年来对掌击治病深入研究，培训几十名中医学生，用这种方法治愈肉体病几万例，治愈灵魂病上万例。其方法是让病人自己打自己，因为自己打自己病打好了，病人高兴。如打不到位，病没有打好，叫活该。然后再次接受指导，最后都有效果。总之，自己打自己不犯法，无怨言。

病打好了，病人都会感谢我。特殊的灵魂病，必须要说明病因，让家人明白病理，告诉病人家属治疗方法，让病人的家人去打病人。病人治愈后，全家人都会感谢我。最重要的是，家人拍打则轻重适宜，不会打出人命。即使病人不理解，也是内部矛盾。采用这样的方法为病人治病，病人自己拍打自己的穴位，经络畅通了，自己感觉很舒服，不会出偏差（事故）。

近年来，精神不卫生的病（灵魂病）发病率逐年上升，此类病人久治不愈，精神病医院只能治标，或控制临床症状，让病人带上安眠药出院回家。因为不治本，病人每年发作2~3次，发作时再回来住院，还是只能控制临床症状，病人非常痛苦。这类病人的病因主要是中医学所说的“千百疢难，不越三条：内因、外因、不内外因”，其中以内因为主。内因就是内伤七情，“喜怒忧思悲恐惊”，这七情偏盛偏衰，都会影响脏腑功能而造成紊乱，导致气血阴阳不平衡，出现气虚、气陷、气逆、气滞、气散、气乱，或血热、血虚、血瘀及出血斑点，也就是气滞血瘀，痰火夹杂，阻碍血脉，使经络不通。脏腑功能紊乱与失调后直接妨碍各组织细胞的灌氧量。

所以，病人主诉总是说：从头到脚、从里到外没有舒服的地方，也没有舒服的时间。吃什么样的食物都不香，睡在哪里都失眠多梦，看到好事都无兴趣，想到什么事都烦，看到任何人都不高兴，整天是似眠非眠，似食非食，似热非热，似空非空。身上不痛不痒时，心里就开始难受，心悸，头晕，胸又闷，全身乏力。病人总结了一句话，“真是生不如死”。确实是病人受罪，家人受累。我近年来在临床上治疗此类病人中发现，此类病的发病不完全是七情内伤，还有其他原因：①电源辐射；②不科学饮食；③有形的干扰源与无形的干扰源；④有点小毛病自己乱吃西药，出现药物的毒副作用；⑤生活不检点；⑥七情内伤的成因是不适应周围环境，工作有压力，经济压力大，爱情与婚姻亚健康，孩子不听话，爱人不长进等；⑦正气虚弱，外邪留恋不走（正虚邪恋），外感病邪，故称风寒湿热毒素等。

据此，我创编了一套自然疗法（有氧运动），即套餐式的神奇拍打功，送给这类病人。用重拳拍打法治外邪，祛除风寒湿热毒气；用轻空掌拍打法，以和谐脏腑气血，疏导循环，畅通经络神经；用浮轻拍打，太极旋转式方法，来提高正气运作，培补元气，扶正祛邪，提高细胞灌氧量，提升免疫功能。

（三）治愈典型病例

1. 拍打治小儿感冒发烧。1975 年，板集镇杨湾村有个小孩感冒发烧，我教他爸爸拍打功治感冒。主要拍打背部穴位，主穴有尾闾、长强、神道、肺俞、大椎、陶道等穴。20 分钟后，孩子退热了，再给他喝白开水，加点食醋与红糖。儿子病好后，孩子父亲大胆推广此方法。后来，很多村民都请他去拍打，延续至今。

2. 拍打功治愈胆结石。胡集镇的张某患胆结石，家人施用拍打功十次将其治愈。此方法无痛，安全可靠，对治疗泥沙性胆结石症与瘀血性胆结石，效果显著。

3. 拍打功治疗矽肺病人。1979 年，老庙镇仇大庄村孙某，男，45 岁，原在淮北市煤矿工作，是下井踩煤工人，患矽肺病。家人为其实施拍打功，每次拍打后都咳嗽咯痰，痰中带出煤灰粉末，咳嗽痰吐后特别舒服。

4. 1980 年，李某，小学校长，妻子患精神病，住院治疗有效，但不能根治。

发作时哭笑无常，语无伦次，前来就诊。我用针灸治疗，也只能治标。于是，我教给李校长几个主要穴位，告诉他回去后，如再发作，别心痛老婆，用巴掌拍打，但是不要用力过猛，专打穴位，打到恰到好处，见好就收。半年后李校长来感谢我，他说："您教的穴位治病太神奇了，一次就打好了老婆的病。临村也有几个这样的病人，我也教他们这样拍打，全部都打好了。非常感谢，希望您多传授这样的民间治病绝招。"

5. 1976 年春天，王某，男，32 岁，患单相思病。一年前身体虚弱，无力干活。吃药无效，去医院检查，也查不出病，遂来就诊。我从脉象、舌苔、眼神发现病情，确诊是相思病。我询问病情，确认他单相思他嫂子。于是我告诉他妻子，让他妻子教会他嫂子用拍打方式给他治病，还告诉她主要的拍打穴位。他嫂子明白了拍打目的，第二天一次就治愈了王某的单相思。

6. 1985 年夏天，孙某，女，48 岁，患精神分裂症，前来就诊。爱人与儿子代诉：病人发病十年之久，大小医院都去了，所有的民间治邪气的地方都求了，就是治不好她的病。

我详查病情、病因，分析发病机制，审查主症，确诊后给她制订了治疗方案：一是中药调理，二是针灸调和，三是饮食疗法，按食谱科学食疗。实施一个月后，三种治疗方法均无效。一个月后来复诊，决定对其实施拍打掌击疗法，尽管病人体质虚弱。我详细讲解了拍打掌击的原理与施用的经络穴位，教会她丈夫先点穴位，后拍打，并当场试验实施。还问清了病人的出生年月日与时辰，教会他们回家后按子午流注控制时间，实施疗法。

一周后，孙某的丈夫又来找我，他说效果是有，但还是不行。我问他拍打穴位是否正确，力度怎样。他说位置是准确的，就是力度不大。我问他是不是心疼老婆，不敢使劲。他说："这不能怪我，我刚打两下，我的儿子们就反对。我有六个儿子，第四个儿子拉我，不让我打他妈妈，不但说我心狠，还骂医生，说再这样打下去病治不好人也被打死了。"我笑了，我告诉他："只要有点效果，就有希望治好。你回去还按这个时辰点穴治疗，用力再大一点。如果儿子们在场就这样子点穴位，如果儿子们不在场，你就用点力气拍打就行了。"他又问我："如果吃药有效，你就用点好药治疗吧，我不怕花钱。"我笑着对他说："这类病不是用好药的问题。如果用药物可根治，就是除根，还用到我这里来吗？"

他无奈地走了。20 天后孙某与爱人一起来感谢我。我看到孙某有精神了，气色红润了，脸上带着笑容了。

（四）拍打功实施方法与效用功理

神奇拍打功是自然疗法中的有氧运动，分为站式拍打、行走拍打及卧坐拍打。三式套餐式拍打功，是“求人不如求自己”的方法，是给乡村有缘之人的防病、抗病、治病、健美、长寿的法宝。受益者感觉到，它虽然不是佳肴，但却让人回味无穷，所以被称为神奇的拍打功。它的特点是祛病扶正又快乐长寿。

神奇拍打功，动作简单，易学易练，治病效果好，内容丰富，功理较深。如果想当一名明师教练员，弘扬此功法，必须学习中医基础理论、人体解剖知识与新医学功理功法。

功理内容：首先要明确大自然与人体相应生物钟时辰的关系。如子时与午时，称子午，是自然界能量通过人体穴位、汗孔直接作用于经络，从而调节心脏（午时）与胆囊（子时）的兴奋及抑制，使这两个脏器的功能增强，指挥各组织细胞灌氧与排毒，同时还可以调控哪些穴位开泄、哪部分穴位关闭。这就是大自然统领人体小宇宙生理功能的奥秘。最神奇的是，经脉和络脉各自都在负着各自的责任。阳经运转着阳气，用阳气防卫外邪；阴经运转阴气，用阴气指使内环境的功能运转。阴经与阳经的交接吻合，才能平衡脏腑气血阴阳的平衡。一旦紊乱，机体就会出现失衡状态，人体内的报警器就会频频发出报警信号。此信号表现为身体某个部位不适，如寒、热、凉、痛、痒、麻木等症状。轻则是瞬间感觉，重一点的是一时的感觉，严重的是长期难受。这些症状就是“病先兆”，中医称“未病”，现代医学认为是亚健康状态。此功法就是循经络找病（诊病），沿经络治病，随经络扶正气。

功法实施分为三种：重拍、轻打、浮拍。①重拍：要对准穴位大力气拍打，沿经络排除病气与体内毒气。②轻拍：要选择主要的穴位，配以附加穴位，震感经络与神经，让经络与神经和谐互助，以排除病气，抗病邪气。③浮拍：用劳宫穴、中冲穴、十宣穴，调以外气，内存真气，旋转式的太极拍法，其目的是通过经络与神经系统的传导，调和脏腑各大系统，改善三大循环的功能，使各组织细胞提高灌氧量，使免疫系统升华，奋起抗邪抗病。

其次，这些拍打功，在实施时要根据病种的不同与体质的差异实施手法的轻重，以及选穴的标准和时间（子午流注）等。必须由带教老师指导，要注意以“肉体病要武打，灵魂病以文调”为原则，方可达到防病、治病、养生的奇效。

忠告：①生命在于运动，大家都知道。②流水不腐，户枢不蠹，大家要明了。③自然资源要利用，自然疗法一定要倡导。④求人不如求自己，持之以恒见奇效。⑤生命致尚，其他事情不重要。

拍打功注意事项：

（1）最好由带教老师指导学习穴位定位、穴位功效与经络络属关系，明确每一招式的功理功法知识。

（2）身体虚弱、半身不遂的病人，以及神经麻痹的病人，由教师指导帮助用内功点穴后再拍打，或让别人（家人）帮助拍打。

（3）手法由慢到快，由轻到重，由浅入深，穴位由远到近。

（4）教师要先教会功理，并用欢快歌声教唱歌诀，然后再练习功法，这样效果最佳。

（5）吃饱饭不要拍，太饥饿不要拍，三尸（屎、尿、屁）胀不能拍，远离电源与污浊环境。

（五）神奇的拍打功法

起势：静站脑空万事抛，仰望太空面带笑；展肩阔背悬腋窝，肩肘灵动腕转摇；二手相对开合宫，意想太极怀中抱；金津玉液龙尾搅，日月同辉阳光照。

神奇的拍打功法主要有以下五套：

第一套

神奇拍打功，仙掌治病灵。

开通手三阳，阳经顺畅行。

风市对十宣，掌声震太空。

劳宫击环跳，人门接中冲。

拍打吉祥数，定数满收功。

功效：①下肢痿痹的风寒湿毒全部赶走。②防治顽固性坐骨神经痛、肢痛、麻木。③培补肾阳，消除骨质增生。

第二套

轻松拍响手，阳气汇洪流。
人门少冲开，天门氧灌首。
真气守阳关，气户通宇宙。
三关系太极，肩井腰俞留。
督任周天行，元阳命门守。
意想收功，气门全闭，神阙静养，海底转走。

防治：伤风、伤寒、头项强痛、肩臂麻木疼痛。

主治：心痛、冠心病、癫狂、痫证、自闭症、口疮、口臭。

第三套

三百六十五，主线有十五。
肚腹三里留，腰背委中求。
头项寻列缺，面口合谷收。
轻松拍拍手，开心弹腿走。
经通气血流，病气永不留。
心脑元神守，吉数三六九。
先天后天永永远远无忧愁。

功效：①防治感冒、过敏性鼻炎与复感，以及外感风寒热毒残留的后遗症。②防治肝气犯胃型消化不良及脾胃虚弱证。③养心安神，醒脑开慧。

此法对失眠、抑郁、自闭等症引发的头晕、耳鸣、胸闷、心悸、乏力、多梦等，效果显著。

第四套：排毒消脂减肥功法

凡人不知人体秘，带脉空虚穴散气。
结肠内横毒素逆，腰重跟痛膝难提。

谷气旺盛元气虚，如坐水中大肚皮。

拉起带脉神阙聚，下焦如渎污水去。

开启带穴结肠功，消除宿毒三尸离。

要领三提神门对，丹田气带元阳聚。

步骤：①起势：中指点神阙9息。②拉起带脉2个9。③空拉3－9三三连。④拍打穴位5个8。⑤收势：劳宫对穴胎息2个9。

第五套：舒筋活络养肝肾

肝肾功能要熟记，肝血养筋肾精髓。

伸屈受阻察肝肾，疏肝理气练鼓荡。

中冲气户多灌氧，通天彻地气血畅。

真气运行丹田藏，补肾养肝舒筋络。

步骤：①起势。②叉指翻腕。③左右摆动2个9。④前推后拉2个9。⑤上下调控2个6。⑥十宣点气户下丹守。

第八节　自然疗法之诗疗：养心怡神开智慧

我在几十年的学功、练功、教功过程中感悟颇多，利用乘机、乘车的闲暇时间随意写下大量随感式诗篇。这些诗篇语言精练，朗朗上口，便于记忆，浓缩了新医学养生的精华，是学习新医学养生的有效手段。

下面摘录部分感悟诗，以供中医药与养生爱好者理解、练习新医学道丹功夫时参考。

一、感悟诗

（一）旅游感悟

第一首

高天晴空，普陀心灯。

西方宝船，同登彼岸。

普陀缩影，清心仙境。

珠联璧合，桃花映红。

不是仙风道骨，便是侠义心胸！

第二首

乘龙修行到普陀，舟山群岛伴仙荷。

南天门外碧海空，脚踏莲台迎彩虹。

金沙滩前观南海，海天佛国浪漫中。

第三首

众多名山非平常，诸神仙家道磁场。

逍遥飘然登天台，普陀灵光海中央。

峨眉佛光金顶寺，五台仙气顶峰旁。

神农架里藏奥妙，昆仑山中藏吉祥。

收发灵气有繁想，神秘文化是良方。

五行八卦为方向，万物负阴而抱阳。

乾坤精华育纯诚，德高道深法自灵！

（二）教功感悟

1. 忠告练习者

得手功夫切莫疑，疑心若起变途迷。

三断贪欲要牢记，坚修丹道打根基。

美者不求丑不烦，见怪不怪怪自败。

青云直上山头去，超越自我遇神奇！

吾道如此见日新，每天修炼感自奇。

三层功夫在等待，天门已开金莲台。

2. 赞小周天功

奇经八脉知识多，重开督任与冲脉。

意守下丹转海轮，慢上天梯闯三关。
一身之阴肾藏之，一身之阳由心领。
开通三关仙河波，阴阳相会小周天。
诱生三大干扰素，四大功能抗病毒。
免疫蛋白有五种，十大功能身无病。
意气形神相配合，先天八卦封炉鼎。
乾坤神光照泥丸，天人合一精御神。

3. 赞大周天功

古今神医有仙方，永葆青春寿命长。
周天功法根基强，功理知识为方向。
医易理论先领悟，三调内丹放异光。
藏象内容有脏腑，奇恒之腑分两旁。
气血津液经络调，神经支配意念良。
藏象分为十二官，指挥内外本能强。
五行生克调虚实，万法归宗靠阴阳。
天干地支脏腑配，子午流注互联网。
阳干宜纳阳之府，脏配阴干理自当。

4. 易医新养生

宇宙万物通太空，日精月华养生灵。
修炼首先辨五化，五个认识在其中。
古有太极八段锦，华佗五禽易筋经。
传统文化五改革，今有易医新养生。

5. 动静相兼，阴阳合练

道丹养生千古秘，医学养生显神灵。
中医解剖为主导，性命双修为内容。
动静相兼为形式，阴阳合练气血通。
意气形神相配合，神圣永恒智慧聪。

6. 中医整体辨分型

中医整体辨分型，理法方药主次明。
西医治病分专科，急则治标真可行。
医学养生分三层，专治三大系统病。
二军对阵勇者胜，内气外放病气空。

7. 医学养生传天下

医学真谛何为本，相体裁衣奇效功。
中西养生三结合，消除一切病魔虫。
慈航普度似春雨，健康法宝如春风。
医学养生传天下，积德行善保安宁。

8. 特诊定性定位明

中高功法开潜能，特异功能分三层。
预测遥感透视功，特诊定性定位明。
仙掌疗疾显神通，抓排病气甩冷宫。
超空能量任您用，培补元气系寿星。

9. 医学养生有新创

华夏文化源流长，世界和平可弘扬。
四部经典为慈航，《黄帝内经》知识广。
《伤寒》辨证明方向，《温病》《金匮》多良方。
医学养生有新创，内气外放救死伤。
脏腑和谐正气旺，内丹培元寿命长！

（三）修炼感悟

1. 顿悟人生

第一首

人生之路千万条，有明有暗选走好。
人生本是一台戏，有缘无福散与聚。

人生就像一幅画，乌云彩虹任您画。

人生就是一首诗，人生就是一曲歌。

人生本是苦海舟，常在鱼龙险处游。

视岸首、肯回头，莫待风波坏了舟！

第二首

荣华好似三更梦，富贵好比九月霜。

麝为香重身先死，蚕为丝多命早亡。

生前枉费心千万，死后空留手一双。

第三首

哀吾生来之须庚，羡长江流水无穷。

要能心对天地人，把身奉献慈善门。

送君养神平胃散，众生和谐二陈汤。

春日可见杨柳绿，金秋又看菊花黄。

翠香零落红衣老，瑶华零落易惊秋。

人生要想富有与自在，必须为人要纯诚与厚道，方可达到“逍遥入仙境，飘然蹬天台”之目标！真乃是：自在飞花轻似梦，天下潇洒唯有君！万念天地之悠悠，一独泪然而涕下。无奈走完人生，可悲、可泣、可惜！

2. 认识宇宙与自身

第一首

乾有三宝日月星，宇宙运转神秘宫。

仰望银河不流水，北斗君主指挥灵。

月中山石有古松，日精月华显神明。

第二首

地有三宝水火风，十二地脉昆仑定。

云出地气雨天气，天地氤氲万物生。

天地万物化五行，坤气育养万生灵。

第三首

人有三宝气血精，神阙主司十二经。

汗唾津液御阴精，奇经八脉阴阳平。

天饲人以化五气，地饲人以有五味。

五行八卦一气聚，天人灵气康寿宁。

3. 高级功理功法感悟

第一首

宗教法印与密符，各有千秋多和谐。

苦难孕育聪明笑，感谢自然养育恩。

一字多义气氣滊，一元复始元园圓。

一功展功知多识，一法统方法外方。

一变万化便创新，一鸣惊人鸣天下。

万两黄金不卖道，万法归道人自然。

第二首

夜静万事抛，往事如烟空。

天降今夜月，秋澄万景清。

星辰让光彩，风露发美晶。

心静淡如水，腹中荷花生。

气足督任行，神爽智慧增。

红日照我身，打开劳宫门。

日华光浴面，热量意通心。

呼气任脉行，光热聚会阴。

九个深呼吸，三转海底轮。

意气形神和，还我阴阳衡。

第三首

《内经》凡道功，珍藏不授传。
真人与圣人，返朴亦归原。
三断淫色欲，爱欲不沾边。
三焦应丹田，黄庭督任联。
人定返神疑，人性本为天。
尾闾始夹脊，玉枕通天关。
玉炉观火候，丹成心三元。
纯光照泥丸，长寿三百年！

（四）人生感悟

1. 阜阳灵光照神州（赞誉故乡美）

祖国中原数阜阳，人杰地灵生气旺。
悠悠颍州献情怀，千年文化永传承。
销魂故里迷胡子，极目高台忆女郎。
胡子国都是周代，秦汉时期设汝阳。
北魏又置颍州府，唐代改名为信洲。
宋代又誉铭顺昌，文明古都源流长。
大千起灭一尘里，孕育万物灵气旺。
风生水起好磁场，龙脉宝地出栋梁。
西湖美景璀璨光，未觉杭颍谁雌雄。
御辽英雄刘琦祠，文武塔旁魁星楼。
万丈祥云四海聚，九州聚氧峰前合。
中华药都华佗故，老子道德美名扬。
千万琼楼平地起，清河情系淮海江。
水陆通运畅神州，宇宙空间翔慈航。
阜阳干群气势涌，掀起万千新气象。

2. 弘法中医易，造福全人类

龙腾紫气东来，香满神州灵光。
传承真气运行，实施东方三气。
光大神农事业，承志岐黄易术。
挖掘怪药冷药，振兴灵丹妙方。
利用自然资源，倡导自然疗法。
破译人体密码，提升生命价值。
再展国粹宏图，造福人类康寿。

3. 祝中年朋友乐逍遥

第一首

日出东方夕阳天，时光流水宝自然。
人生如戏又如梦，空空而来空空走。
学会没心又无肺，人生活得才不累。
聪明总说自己傻，凡事不晓有福人。
想吃好的别说费，科学食疗最美味。
想穿好衣别说贵，舒适宽松才是美。
早晚抽空多锻炼，心烦事儿转乐观。
繁忙工作别太累，养护心灵开智慧。

第二首

净化空气清飘香，净化灵魂好梦乡。
女性调衡阴阳表，定时圆月最安康。
最美女性是无炎，无痔才是好青年。
和谐气机保胃战，脾胃升降气血源。
注意清理下水道，三尸排毒身体好。
体壮心怡神清爽，随心所欲为富有。
仁者无敌最平安，自由自在为逍遥。

健美富有最幸福，任意逍遥似神仙。

4. 世外神功逍遥行

元神观宇游太空，五维空间九九层。
日月星辰太空转，北斗挥定群星明。
神秘银河不流水，八大星球有生灵。
天汪大气爱生命，地汪坤气育生灵。
星际文明六气和，异常变动刮台风。
太空隧道真恐怖，好进难出黑恶洞。
宇宙磁场轮回海，极乐来自六神聪。
元神能量灵力充，心有灵犀一点通。
天地人和为一体，世外仙人逍遥行。

5. 练习“正气运行法”入门功课

第一首

茫茫天地虚宇空，仙雾祥光笼罩中。
修道纯诚天地宽，抛除烦恼无恩怨。
无吾无为缥缈中，自感灵气千脉通。
仙道正果源冥心，仙掌祛邪必掌控。
得功不为贪私利，只为苦海渡津迷。
心静无欲永是春，万紫千红吐芳菲。

第二首

传统文化源中华，丹道功夫易医道。
学古继承有新创，开拓升华不离宗。
东方三气指航程，清气净化灵魂病。
亲和万物众和谐，真气运行周天通。
火候升符沿子午，阴阳五行八卦明。
大小周天十三经，经络神经循环通。

天梯三丹闯三关，醒脑开窍智慧聪。
四海血气归海底，升阳排毒而扶正。
日月精华聚君主，天地灵光元神统。
明理勤奋静修炼，脱欲超凡是仙童！

6. 明白“情为何物”方可成功

第一首

万众相见皆有情，情字深思有多义。
表情热情加心情，感情亲情有爱情。
有人重情太神圣，感情是灵感撞碰。
情是心中的向往，情是感恩的共鸣。
情是醉人的美酒，情是甜蜜的琼浆。
情是电光的闪耀，情到深处心甜圆。
情是无形营养素，情是潜在正能量。
纯情大爱才是真，圣洁鲜花永不败。

第二首

有人说情很平淡，情字繁多要分辨。
有人为情苦一生，有人为情被欺骗。
人有为情病癌症，有人为情送了命。
爱恨善恶是情缘，热情冷情用心辨。
君子同道为朋情，小人同利为友情。
人情时刻谈条件，爱情从不谈条件。
真情人体营养素，假情假意伤感情。
心存真情为宝物，心藏仇情为废物。

第三首

阴阳相对情统辨，情字当头靠意念。

看破红尘看透情，善恶怨情要分辨。

爱情不代替良心，亲情不代替亲信。

感情不代替正义，多情人最终寡情。

结缘重情无邪念，善情正情放心间。

万物有情善为先，万众有情阴德联。

心善纯诚有真情，请君开悟寻情缘。

真情大道任君行，自由自在长寿仙。

7. 樱花友谊情

东京三月景色新，应邀赏花觅知音。

仙缘诗友抒情怀，作协盛年又逢春。

陆林樱花展笑颜，随风馨香飞扑身。

莫非知我情春意，缕缕春风万言存。

万树樱花似红云，绿染枝头鸟鸣林。

春风吹珠诗情浓，樱花带雨透晶莹。

圣洁樱花永吐芳，真诚友谊永长存。

风清正气送氧吧，和谐友善济惠民。

二、感恩诗

精选的这几首诗歌，写诗人都是我的中医药师承班学生与新医学养生班弟子。感恩诗，其意是赞誉中医药造福于民，中医养生与中医药特色诊病、治病，为人民防病抗病、养生保健做出了巨大贡献。

（一）百草灵光献人民

第一首

传统医学哲理深，关键词语铭记心。

文是基础医是楼，临床应用不发愁。

坚信科学医德根，大医治病造福民。

药食同源草为本，四气五味基础分。

气味酸辣苦甜咸，入经之药五脏联。
温平寒热为四性，四类分别治主症。
中药种类虽繁杂，不外三类可分清。
动物植物水石土，有毒无毒升降沉。
动植二类分头身，矿石毒品就数砷。
植物花草枝味根，动物补脏皮肉筋。
虫类无毒通经络，补充磷铁与钙锌。
十八反歌铭记心，相反相恶可杀人。
相反种类生奇效，孕妇体弱适量份。
处方君臣佐使分，药到病除验证真。

第二首

人类发展自古今，全靠百草造福民。
五谷杂粮全是药，未学中医都不信。
野药野草满地开，竹槐桑菊全是宝。
葱韭芥蒜多瓜果，野菜常菜根茎叶。
水土灵气好氧吧，油盐酱醋烟酒茶。
毒草毒花与毒虫，大病怪病全靠它。
中药种类千万种，特殊功效必记清。
百草之王是人参，百虫之王数虫草。
还魂之王野石斛，百花之王牡丹妹。
百花皆散覆花沉，百籽皆降蔓籽升。
特殊功效上百种，虔诚拜师再说明。
炮制改性原理深，一源多歧功效奇。
道地名药要精选，效若桴鼓是药神。
百草灵光献人民，人类发展大功臣。

杨雷

2008 年 8 月 8 日

（二）随师父云游红罗山

世界自然遗产，仙山巍峨壮观。
麦田彩旗迎欢，山神盛情御宴。
红色岩柱宫殿，三界神仙静禅。
半山云遮雾掩，虹观云舒云卷。
天上人间悠闲，道医正法无边。
五教同光春艳，微妙正气通天。
众仙喜送出山，祥峰屹立天山。
天缘真情无限，美景功态常现。
福生无量自然，慈航选度仙缘。

郭翎霞（西班牙语翻译）

2017 年 4 月 9 日

（三）甲午春光新气象

甲午新春新气象，辞旧迎新马年旺。
春晖荡起我梦想，春风送我正能量。
子午禅静生智慧，心生宝塔霞光亮。
春意盎然谱新章，洪福齐天最吉祥。
中医药学新开创，精研灵丹新妙方。
新医学为民健康，微医学为民安享。
环境医学真善美，宇宙医学放祥光。
春雨滋润吾心田，春露甘润育人间。
大医普救积功德，选度众生新慈航。

李春艳

2014 年 1 月 1 日

（四）科学食疗可长生

科学食疗营养均，生存内核牢记心。

五色五味应五脏，四季五味必调匀。
春月少酸宜食甘，冬月宜苦不宜咸。
夏月增辛要减苦，秋月辛咸少加酸。
大寒日子甘略戒，自然五脏保平安。
五味适量若全减，调和淡味少病缠。
夏伏日饮要调温，伏阴在内忌冰水。
瓜桃生冷宜少餐，防控秋天胃肠炎。
常补阳气脾肾健，少食油腻高粱变。
太饱伤神饥伤胃，太渴伤血多伤气。
饥餐渴饮莫太过，浊气向上伤心肺。
不贪美食保胃战，气血生化不乏源。
进口出口如均匀，七冲门通脏腑安。
药食同源知识明，体壮心怡享天年。

杨东升

2014 年 5 月 5 日

（五）身心养练就是春

自古养生仙法深，至今养生贵在新。
养生之道先修心，清除嫉妒无怨恨。
无欲无求悟我心，心静神藏怡精神。
修炼金身明确度，修身养性重在悟。
自然资源要利用，自然疗法优先行。
有氧运动最科学，自己拍打加歌疗。
舞魂聚氧面微笑，灵魂邪气全跑掉。
情诗谈笑又风声，身心病气无影踪。
意气形神相配合，身心并练为内容。
禅静正气运行法，吐故纳新春常在。
血养饱和气血旺，周天运行养内脏。

科学养生体质健，健美长寿快乐年。

刘军（日语翻译）

2013年5月18日于东京

（六）赞“新医学养生”功德无量、功效奇特

天地氤氲万物生，天地厚德生不息。

道法自然德为先，大医精诚本行善。

仙术妙手系纯诚，德高望重法自灵。

杏林之光春日暖，龙泉橘井济世传。

当代扁鹊送妙方，今朝华佗献灵丹。

新医学养生领先，新健康之路通天。

许玉云（美国驻华大使馆官员）

2010年9月10日于北京

（七）日本鹿儿岛传功纪实（中华龙功赞歌）

中华有龙功，飘然仙岛行。

中園聚精英，博文传仙功。

正气能御邪，气和经络通。

排毒又扶正，最大安全性。

美妙又回春，醒脑慧眼明。

万善种福田，德才育神童。

中園博文（日本）

2013年8月1日

（八）赞美“新医学养生”

天人合一功，元气御心灵。

静心如止水，水惑凡人情。

视而未见物，听而不闻声。
日精月华美，七轮阳气升。
四海化精气，藏象七彩虹。
五星系东方，中华有神功。
志在必得道，纯诚悟德空。
人心所向上，天应五行功。
吾命由自控，逍遥长寿星。

珍妮禹墨（英语翻译/美籍华人）

2012 年 9 月 17 日于美国

（九）中医破梦治病

人们梦幻古至今，梦寐恍惚纷纷魂。
周公解梦谜团深，中医破梦科学真。
四诊译梦先望神，得神失神明辨分。
得神者梦为先兆，吉凶成败早预报。
失神者梦为病兆，梦病频繁审病因。
脏腑病梦分表里，痰火瘀闭病机存。
气血阴阳虚实梦，梦兆为苗匿患隐。
虚衰奇梦多惊恐，六郁实证梦纠纷。
诊梦治病大法多，五行八法牢记心。
自然疗法为文调，草药妙方可回春。

杨士东

2013 年 5 月 9 日

（十）中华青草为民康

青草为民献爱心，中药治病自古今。
野草有意永吐芳，野花有情恋民康。
百花满山永飘香，千草遍地放灵光。

芳草四气与五味，五行酸苦辛甜咸。
辛味宣发肃降肺，酸味入经归胆房。
甜味归土升脾阳，咸味入经水火脏。
苦味寒凉清心肠，平淡轻浮和解祥。
升降浮沉分表里，各有奇功调脏象。
理法方药有原则，三固实施最宜良。
五色蔬果妙药膳，药食同源理应当。

张影

2013 年 6 月

（十一）自然疗法度众生

传统医学真神圣，人类发展大功名。
易医道学又升华，科学规范新养生。
自然医学新内容，各有千秋显威风。
修炼丹功正气通，真气运行周天功。
三圆功法畅循环，血氧饱和阴阳平。
气海升降宗气通，清理毒垢无囊肿。
三丹三关助三焦，血压血糖永不高。
五行八法排内毒，风寒湿毒一扫清。
荷花功法清热气，增氧育阴精血充。
火花功行扶龙火，性命双修元阳升。
善心神功静藏神，醒脑开悟智慧生。
放歌自然唱神韵，舞魂清洗灵魂病。
笑疗病气无影踪，情疗双调永康宁。
血型食疗最科学，防治遗传基因病。
自然疗法为法宝，防病治病又养生。

杨莉

2011 年 10 月 28 日

（十二）感恩药师王

医之始，本岐黄，中药起源神农尝。
人类发展中药功，感恩神农即药王。
油盐酱醋烟酒茶，五毒蔬果百草香。
花草树木石土浆，酸辣苦甜咸味爽。
温平寒热为四性，表里浮沉分升降。
药食相同本根源，有毒炮制无毒良。
神农架里尝野草，不幸中毒断肠伤。
圣诞四月二十八，药王庙里香火旺。
天赐仙草有灵气，地育坤宝补阴阳。
感恩仙师药王神，造福宇宙民寿康。

杨房博

2017 年 4 月 28 日（药王圣诞）

（十三）祥光普照中国梦

昨夜功态梦初醒，梦里飞船游太空。
飞船全由我掌控，后舱天缘九神童。
逍遥自由自在行，上下翻飞乐无穷。
北斗空间五行站，每站静停观宇层。
祥光晶亮照太空，乾坤图像太极明。
天为棋盘星为子，棋步规范文明行。
太阳星系气场静，神秘运转法规程。
神奇银河有大爱，八大星球育生灵。
星际文明有密码，自然规律数码清。
宇宙语言数字领，歌词音乐我听明。
收聚太空正能量，日月精华为吾用。
我愿功德造福民，早日圆满科学梦。

杨宇航

2017 年 7 月 5 日

（十四）梦咏（礼仪歌）

中华礼仪要传承，培养少年练品行。
讲文明，看行动，礼貌用语要分明。
出门行路讲文明，“您好”“谢谢”要说明。
面微笑，点点头，实在匆忙摆手行。
问路前，说“请问”，请人协助说“费心”。
看望人，说“拜访”，求人方便说“借光”。
还物品，说“奉还”，请人谅解说“包涵”。
拜访人，说“求见”，无法满足说“抱歉”。
受感谢，说“不用”，祝福健康说“保重”。
受表扬，别傲意，谦虚谨慎再努力。
有来客，说“请坐”，端茶倒水水果盛。
客人走，说“再见”，挥手目送客行远。
公德规范在言行，文明美化在心灵。
青少年，品德尚，终身受益大业成。
中华美德最文明，走出国门通行证。

杨宇博

2016 年 9 月 23 日

（十五）健康如天堂

第一首

身心健康像天堂，三界清净逍遥王。
肉体恶病如地狱，灵病如同进牢房。
黄泉路上无老少，奈何桥上六分行。
医院如同地狱样，排队挂号秦广王。
肉体病种灵魂邪，分科诊治明细详。

第二首

灵病本是情志伤，烦恼忧思悲恐伤。
生气上火淫欲毒，自闭疯癫与怒狂。
怨恨生毒精神恍，伪笑抑郁内冷伤。
梦病灵邪入牢房，生不如死自杀妄。
文调灵病最为尚，清洗灵污心灯亮。

第三首

医院本是活地狱，手术签到阎罗王。
撬口挫牙清舌咽，通心割肺肝胆囊。
器官移植换心肾，切割胃脾又剪肠。
劝君明白地狱苦，生活检点要早防。
正道修心多练身，康乐自由行天堂。

杨博宇

2017 年 4 月 25 日

（十六）微妙正气通宇天

朔望月，太阳年，地球运转永相牵。
星际文明北斗挥，十二星辰七耀观。
太阳年，十二月，月份朔望天下玄。
人体藏象月宇连，净化能量万物欢。
地球龙脉十二条，地轴枢纽昆仑山。
万物负阴而抱阳，太极分明天外天。
人体宇宙十二经，子午流注顺相传。
真气运行炼药丹，正气通宇法灵验。
大道至简新易医，仙术灵丹度仙缘。

杨明宇

2017 年正月 29 日

（十七）功态梦境观瀑布

禅院钟声定时鸣，子时良辰催静功。
身心并练阴阳衡，无我无为静禅空。
真气运行督任通，洞察内宇藏象明。
周天圆满观外景，不知有身自然中。
连云嶂上起飞流，秀峰环笋静幽灵。
天山瀑布美趣情，千古不绝天河行。
喷雪泄银龙口源，自感心灵银河冲。
天赐氧吧聚能量，内丹暴长功态醒。

栗凤梅　杨金梅

1998 年 11 月 17 日

（十八）桂林游

桂林山水甲天下，旖旎风光分外妍。
漓江皓月象鼻观，洞奇石美走星岩。
峦翠潭幽飞瀑布，绿水悠悠鱼跃渊。
青山隐隐彩云绕，纯真氧吧灌心田。
荡波竹排笑声甜，百里飘游醉似仙。

李景敏　祝英蓝

1999 年秋月

（十九）红罗山纪实

前缘修真易道圆，灵感传递通魂牵。
仙山云海松翠柏，彩虹霞岭玉带连。
仙人欢聚万福宫，心中激流涌泉暖。
功德同步修大道，清姿逸态无尘染。
五教同光弘正法，清扫灵邪人自然。

道医同春立正事，阴阳平衡民泰安。

徐誉展

2017 年 3 月 28 日

（二十）自我防“痔”有妙方

痔瘘病因虽然多，自我防控有妙方。
科学食料要牢记，进口出口要顺当。
十人九痔是无知，明确痔因细分享。
暴饮暴食急水呛，肠澼横解为痔疮。
酗酒偏食必纠正，千万别吃麻辣烫。
久坐沙发久蹲厕，房事纵欲感染疮。
多孕流产气血伤，气滞血瘀伤脱肛。
老年体衰防便秘，肠瘘根源是痔疮。
自然疗法又新创，消痔妙法要推广。
希望全民都无痔，幸福生活万年长。

房宝红

2015 年 5 月 18 日

（二十一）登泰山

泰山真寂寞，孤独十八盘。
圣贤皆寂寞，饮者留其名。
雄踞齐鲁境，独尊五岳山。
脚踏南天门，碧海烟归尽。
灵气通天地，灵功大无边。

高其连

1995 年 5 月 18 日

总之，诗疗可让病人多学知识，知识才能改变命运。我前面说过：“很多人不是死于病，而是死于无知。”发病前病人自己无知，发病后恶习不改。

我带教中医药学生，要求他们都要遵照五化原则，包括知识化、科学化、规范化。其次要以德为本，坚信科学。因为病人要的就是效果，效果就是科学。

我每天上班时，总想多给病人讲防病的知识，很多病人都是因无知而发病。特别是失眠多梦的人，要告诉他们：没有知识的消费，就是浪费；没有知识的爱情，就是障碍；没有知识的婚姻，就是伤害；没有知识的生活，就是无舵的船。

还有一部分人不明白痛苦的原因，脱离不了痛苦的环境，这就是无知。还有的人用生命去换取财富，却忘了财富买不来生命。知识是大自然界万事万物的生灭规律与常人的生活实事，要去了解、分析、研究、明确后再领悟，真正懂得这些实事的根由与因果。

劳动是知识的源泉，知识是生活的指南，知识是智慧的火炬，知识使人增长才干，知识可改变命运，幸福源于知识，无知愚昧的人从来没有给人民带来幸福。

所以，我们要学习方方面面的知识，让病人明确防病抗病的知识与方法。祝他们有乐观精神，开发智慧，早日康复。这就是我与我的学生们的共同心愿。

【小结】

本章所讲的几类功法及自然疗法之话疗、歌疗、诗疗，都是防病、调病、治梦病有特殊效应的方法，能使人体内环境生理、心理平衡，是调和气血阴阳、消除梦病的法宝。

正所谓：

心静无欲无烦恼，
心无杂念灵无邪。
火不上炎神自清，
水不下趋精自固。
气血无虚不作眩，
无痰蒙蔽头不痛。
无私无思无失眠，
经脉畅通无梦病！

后记

缅怀“神医”祖师（爷爷）

我的祖父，杨吏臣（1897—1978），字敬典，安徽省十大名老中医之一，是安徽省皖北的江淮大地上老百姓心中的神医。

祖师杨敬典，大医胸怀，淡泊名利，医德高尚，医技精湛，故称“明医”。他专治罕见病与疑难绝症，老百姓称他为“神医”。

祖父一生全心全意为患者服务，心怀救死扶伤的精神，一心向善，以医德为本，慈祥笑貌，故方圆千里的老百姓称祖父为杨善人，有“神医”声誉。

吾十五岁那年（1967 年）春天，开始随从祖父学习中医基础理论课程。祖父担心我的文化水平太浅，知识也浅薄，他说：“文是基础，医是楼，基础不明则药理难明，医道难成！”此意是：中医药知识内容丰富，理论深奥，是万象知识的精华。如果学习中医的人未能熟记理解再记忆，临床应用时难度很大。祖父又说：“夫医者，活人之事，亦可杀人也。”意思是：医生的责任是治病救人，但如果学艺不精，愚医可把人治死。

当时我的回答是：“爷爷放心，我决心学习中医药学，有信心，有恒心，当一名良医。学习不怕苦，不怕难，读懂书，熟记，理解，再记。将来运用于临床治疗，专治疑难病症。我还要总结经验，书写资料，在不久的将来，我要写几本医案专著。”爷爷听后，高兴地说：“君子不朽有三，立言、立志、立德。”又说：“成功的秘诀在于你永远不能改变既定的目标！”爷爷又说：“满招损，谦受益。《易经》谦卦六爻皆吉。”意思是：做人要谦虚，不傲气，心存恭敬，多积谦德。要明白学习知识是为自己而学。天天都感到时间不足，时时都感到缺乏知识，认识到自己太空虚了，这样才能拜一切人为师，“万众皆为师”，方可学到方方面面的知识，丰富自己的头脑，弥补不足之处，这样，离成功就不远了，才能明白“忠、孝、悌、信、节”这五个字。

三年后的一天上午（1970 年重阳节），祖父带教实习考试，让我给十名病人诊病（脉诊）。十名病人全部诊断完后，有七名病人说诊断精准，另外三人说大部分、主要病症诊对了。通过验证后，爷爷说：“从今天起，你可以反复实践，用心审察病因，分析病机，四诊合参，缺一不可，对特殊的病症（病症有真伪）关键要‘整体观念，辨证论治’，‘舍症从脉，舍脉从症’。如能把人体异象生理、真伪病症全掌握，不久的将来，你可以‘举三指而行天下矣’！”

在我实习诊断与临床治疗时期，自感学习的知识太少。虽然明确了治疗大法的八法（汗、吐、下、和、温、清、补、消），正治与反治，标本同治，同病异治、异病同治的常规治法，以及“未病先防，既病防变，既变防逆”“以方守法，以法统方”等原则规范，但是对于疑难病与疑难绝症，往往出现特殊的病情转化及病情恶化，在这种情况下，施用常规治疗根本无效。在病情危急的情况下，只有“创法外之法，立方外之方”，灵活运用理、法、方、药。异常的反治法，也时常用到。总之，“相体裁衣”才是明医治病的真谛。

祖父教育我，当一名医生要当明医，不当名医。要当良医，心要善良，有大国心态，大医风范，重医德，讲科学。要“积德无人见，存心有天知”。“积德”，指做好事，做善事，发自内心。以德提高医术，以医术多养德，故医、德同修，同步提升。“存心有天知”，指不管你做好事还是做坏事，只有天知道。“天”，就是老百姓。每个人行为的好与坏，都由众人评论。

祖父还教育我：“寿世良方，预防为主。灵丹妙方，医德为先。”“灵丹妙方，医德为先”，指一个良医得到妙方、灵丹，主要是医德高尚，“仙术神奇系纯诚，德高道深法自灵”。“寿世良方，预防为主”，指一名良医运用良方，主要是要多讲防病抗病、养生保健的知识，以预防为主，防患于未然。如果病人已发病，治疗时预防疾病变化，要告诉病人药疗、食疗同半。再增加养生方法及保健康复方法，可有效提升疑难病症的治愈率。

祖父总教育我，“见死不救，一律同受”。这句话的意思是，如果医生心态不正，贪财贪色，对贫穷的病人危病不治，是最大的犯罪，良心何在？所以要换位思考。

通过多年来的验证，祖父教导的字字句句都是真理。凡是有恶习的医生都得到报应，凡是善良的明医都得到回报。

虽然祖父离开我们三十多年了，但他的高尚医德永远留在百姓们的心中，他治愈的病人遍布江淮大地。很多人慕名来到我们杨氏堂医院看病，他的大医精神永远活在人民心中！

我时时刻刻都感应到祖父的在天之灵给我加持的正能量，看着我如何给疑难病人治病。最神奇的是，每当我遇到疑难绝症的病人，治疗时无效或无计可施、无方可用的紧急时刻，祖父总能出现在我的梦里，给我指导病理分析，调方制药入伍。醒后，按方药试用，效若桴鼓，出现奇迹，至今已有上百例了。奇特的医方治病，有时连自己都觉得不可思议。

例如，有一位肺扩张病人，咳血不止。孙某，男性，利辛县板华乡孙弯村人。因为久病不愈，家庭经济困难，转大医院无钱治疗。所以，我推都推不走他。一般常规治疗方法全用尽，病情一天天加重。阵发性咳血不止，正处在最危急的时刻。我又到我父亲单位，请教我的父亲杨月琴，他是中医主任医师。他建议我三个治疗方案，我回来实施后有效果。十天后，病人感冒发热，咳嗽加重，咳痰带鲜血。我变换用药方案，虽然控制了并发症，但本病加剧。当天夜里，我翻阅古今医书有关血证治疗的资料。到丑时，实在太疲劳了，刚刚伏案迷迷糊糊睡一会儿，就梦见爷爷手提铁棒向我头部打来，对我说："病人咳血快死了，你还睡觉，快去用'百合固金汤重加生白术'！"我被惊醒后，立即用此方备药。真是太神奇了，病人服后，一剂咳血即止，三剂而愈，可以出院调养了。

如今的我，临床最得心应手的是治疗两类病，一是未病，二是末病。我总结成功的经验，写了大量资料与论文，深挖精研中草药，开拓了冷药治怪病、怪药治绝症的方法。特别对"当代瘟疫，世纪绝症"攻克有了新的进展。总结验方上百个，成功申请国家级中药专利6项，著书9部。我自感最满意的书有《人体奥秘与保健养生》《中药趣记速认有捷径》《中医特色诊断与治疗》《易医解奇梦》《新医学气功》。新医学气功功理功法完善，分十层功夫，有36套套餐式功法，可因人、因地、因病实施。新医学气功为人类防病、抗病、诊病、治病、康复、健美、开慧、长寿等做出了巨大贡献。它的特色治病是以中医、西医、气功三结合为原则，可有效提高疑难病症的治愈率。

我缅怀祖师神医，爷爷生前老而不休，余热生辉，救死扶伤，大医胸怀，笔耕不辍传医道，善良慈悲，慈祥笑貌……这一切都永远留在我的心中。

我时刻感应到，祖师在天上，站在云端上，看着我在为人民服务，也看到我写的书。祖父仿佛捻须微笑着在说："噫！进乎医艺矣！"

杨峰

2016 年重阳节

附录

中医特色诊断与治疗——杨氏堂后继有人

杨氏堂第十代传人杨士东已经成长起来。杨士东，男，1976 年生人，执业医师，中西医全科医生，自幼与祖父杨月琴生活在一起，祖父是安徽省主任中医师，祖父对他以传统家教培养，同时辅导他通读经典，熟背中药、方歌等经典诗赋。

杨士东青年时期就读于安徽中医学院，毕业后在利辛县第二人民医院中西医内科工作，两年后其父杨峰把他调到杨氏堂阜阳市惠泉医院，言传身教，精心培养，把家传方与自己创新的技术传授于他，指导其以中医、西医、有氧功法相结合，运用于临床实践。十多年来，杨士东在祖父与父亲的指导下，治疗了几千例疑难病与顽固性疾病，受到病人的尊重，收到感谢信 60 多封，锦旗与赠匾 40 多面。病人的敬意，是他坚守在医疗岗位上努力拼搏的动力。

下面是杨士东医生以“继承不泥古，创新不离宗”为原则，结合十多年的临床工作经验总结出来的杨氏堂诊治疾病的特色。

（一）杨氏堂诊治疾病的五个特色

1. 治未病——未病先知，有病早治

中医学认为，治未病是未病先防，既病防变，既变防逆，逆则亡也。告诫病人不治已病治未病，不要临渴而掘井，斗而铸锥，不亦晚乎？

《黄帝内经》云：“虚邪贼风，疾如风雨，善治者，治皮毛，其次治肌肉，其次治筋骨，其次治六腑，其次治五脏，治五脏者半生半死也。”说明病轻者易治，

新病易治，旧病、重病难治。未病先防，有病早治，早恢复健康。

人体是一个有机的整体。人体好似一座房子，或像一台机器，又像一台计算机，人体内本来就有着严密的“收发器”与“报警器”。“收发器”，既收到好的信息也收到坏的信息。如果收到好信息，人自感高兴、喜悦，生活与工作都是积极向上的态度。如果经常收到不好的信息，心情会消极、低沉、沉迷或失望等，日久内环境系统紊乱，引发某脏器功能下降或失职。疾病未发生之前“报警器”频频发出信号，这个信号就称“病先兆”，即未病先知。然而，人体免疫系统有着强大的抗病能力，因此往往掩盖了疾病的潜在信号，就好像十字路口已经亮起了红灯，有人还是掉以轻心地往前走。因此，一旦发现疾病，已经步入晚期，以致失去最佳的治疗时机。例如：自汗多要补钾、补铬；头发稀疏发黄要补铁；走路膝盖无力要补钙；上臂皮肤起鸡皮疙瘩，提示缺乏脂肪酸；视物昏花，提示脑细胞缺氧；近视眼、斜视眼，提示视神经细胞缺氧……

癌症先兆：早上起床后，咽喉发干、发黏，第一口咯痰带血等，警惕鼻咽癌；原有乳腺肿瘤，突然皮肤改变，像橘子皮样，警惕乳腺癌；妇女白带异常，性交时有痛感，性交后阴道有血丝，警惕子宫颈癌；突然大便形体变化，大便色呈酱色，警惕直肠癌；有时呛咳、低热，胸背有时隐痛，警惕肺癌；厌食、乏力、腹胀、右胁肋常闷，警惕肝癌；食欲减退，上腹时常隐痛，不明原因腰背痛，警惕胰腺癌；咽干燥，胸前后时常隐痛，后发吞咽滞留感，警惕食道癌；面色萎黄，时有皮肤瘀点，半年后鼻出血，夜晚低热，下肢肌肉疼痛，警惕血癌……

大病与疑难病的先兆，一般可在病前1~3年出现不完全的信号。另外，同源器官、一源二歧或多歧的器官，病先兆症状（信号）基本相似，诊断时注意分辨。如神经系统与经络系统同源；汗腺、乳腺与甲状腺同源；肾上腺与性腺同源；肝、胆、胃同源。好似五脏与六腑一样，它们之间是一脏一腑的络属关系，如同一阴一阳、一表一里的关系。例如，肠癌发生前两年左右易感冒，时常打喷嚏，皮肤易过敏，一年后大便出现异常等，因为肺与大肠是阴阳表里关系。临床治疗肺病时，要注意清大肠，可提高疗效。

有关各系统疾病的先兆很多，还有全息先兆、梦先兆、气象先兆等。我们的宗旨是：盛世良方，预防为主。杨氏堂对养生保健很重视，著有《养生益寿》《传统养生的科学性》《人体生命奥秘》等书，让更多的人明白人与自然界的关系，未病先防，有病早治，可享天年而度百岁。

2. 中医特色诊断

中医特色诊断，主要是综合中医、西医的诊断方法，以及特殊的诊断方法或方式，弥补现代仪器诊断的不足（不能定性、定位、定名的一类病症）。古人云："无名的病难治，有名的疮难治。"所谓"无名的病"，指病人感觉有病，发作时非常难受，痛苦万分，可是到很多大医院检查却一切正常。通过望诊与脉诊相结合进行中医特色诊断，可以推测出无名之病。

望诊与脉诊主要是针对亚健康人群的症状，四诊合参，辨证论治。例如，分析抑郁症、顽固性失眠、眩晕等的病因和病机转变，对疾病进行辨证分型，明确诊断后再施药。望诊可根据神态与望舌，推测体质的阴阳属性，气血的偏盛偏衰状况。脉诊可测知心脏的盛衰，推测疾病的预后和转归。尤其是注意分辨真寒假热证与真热假寒证，以及格阳与格阴的诊断和定性。此外，对于罕见怪病的诊断，也有自己的特色。古人云："要知患者生死，须详脉之有灵。"

脉诊可测知人体生、长、壮、老、已的情况。生机脉象察四季：脉搏的脉律，春脉玄、夏脉洪、秋脉毛、冬脉石。败象脉，根据心脏的搏动力与动止，推测发生疾病的时间及因心跳停止而死亡的时间。"善诊者察色按脉，先别阴阳，谨察阴阳所在而调之，以平为期。"主要察脉律的动止："五十动不止身无病，数内有止皆可病，四十一止即三年，三十一止二年应，二十一止即一年，数内有止看暴病。"

以上望诊与脉诊是古今传统医学独特的诊病方法。现代的中医学生，需有明师带教和多年临床的反复实践，方可知矣！

3. 中医特色治疗

中医特色治疗，以中医、西医、有氧功法相结合治疗疑难杂症，收到良好的疗效。特点是：运用西医对症治疗以治标，中医辨证治疗以治本，有氧功法调和正气，标本同治，同病异治。

（1）治疗肝病

治疗肝病，采用西医对症治疗及支持疗法，即抗毒消炎、保肝护肝等治疗；中医治疗以疏肝利胆、清热解毒、健脾扶正为大法，兼以清心补肾，以防变化，提高免疫功能，预防感染。标本同治，以有氧功法善后调理，推动三焦功能，增强气化功能，排出毒气，培补元气，防止复发。

（2）治疗肾病

治疗肾病，采用西医对症治疗，以及利水消炎、补充微量元素等支持疗法，肾病严重者则进行透析；中医治疗以整体观念、辨证论治为原则。

首先要明确五脏六腑的生理功能，“五脏藏精气而不泄，六腑传化物而不藏”，它们在生理功能上相互支持。所以，治疗肾病，首先要调和脏腑。通过辨证后，明确表、里、虚、实，在施方用药时，以主药治主症。其次，还要配以臣药与佐药，按五行辨证施治。例如：根据“肾属水，肺属金，心属火，脾属土，肝属木”，可以运用泻南补北法（清心补肾）、金水两调法（肃肺补肾）、抑水滋水法（养肝柔肝补肾）、先天不足以后天滋补法（健脾和胃通肠而补肾）。

如果脾、肾两脏虚弱，水肿未消，主要是脾、肺、肾三脏亏虚，属于肺虚则肺不化气而化水，脾虚则土不制水而反克，肾虚则水无所主而妄行。

在施方用药时，一定要侧重调补之脏，观察临床症状。腰以上肿，当宣肺发汗；腰以下肿，当温阳补肾利小便，升阳健脾乃愈。最终达到脏腑功能和谐，肾血流量增加，免疫功能上升，升清降浊，化湿排毒，扶正不留邪，邪去元气生的目的。

（3）治疗时因人而异

利用有氧功法与食疗方法，扶助正气，提高细胞灌氧量，延缓细胞衰老。由于体质不同、血型不同，治疗时要因人而异。比如：人体就像一台车，外观上看都是车，可是用的油不一样，有的车用燃气，有的车用汽油、柴油、煤油，还有的车用电池等。

人体有胖、瘦、高、矮之分，体质有特异、差异、变异等。血型就更不一样了，有A型血、B型血、O型血、AB型血等。所以，用药要注意分类，吃东西要定食谱。

中医特色治疗，要注意整体观察。治疗前明确病因，掌握病机，把握疾病性质、深浅度。治疗时要分型、分化、分步、分层治疗。治虚不忘实，治实不忘虚（大实有羸状，治虚有盛候）。双管齐下，标本同治。特殊情况下，运用“同气相求”的方法，方可完美也！

4. 中药选材与炮制

当前，国家重视中医药的发展。可是，学习中医理论易，进入临床运用难。古语说："中药不明，医道不成。"这里有一首学习中草药的歌诀："诸药之性，各有奇功。温平寒热，补泻宣通。君臣佐使，运用于中。相反畏恶，立见吉凶。"歌诀明确指出中药的性味、功效、配伍、相反等，按此法学习，方便快捷。

关于中药的选材，一定要明白中药的产地，称道地药材。它们生长的地方、土质不一样，中药性味的质量不同，功效就更不一样了。例如，四川的黄连称川黄连，山西、甘肃的黄连称水黄连。两者看上去样子差不多，实际上所含的黄连素相差5~10倍。产于江南和产于江北的夏枯草，其含钾量差别很大。

再如，同样产地的当归，入药时选用的部位不同，效果也大不一样。当归性温，是补血药。当归头生血，用于心肌缺血；当归身养血，用于肝血不足；当归尾破血，用于瘀血肿瘤；全当归活血，用于活血化瘀、通便活络、抗风湿等。

另外，中药有多种炮制方法，也有不同的入药方法。例如，中药有生用、炒用、食用、入药浸泡、醋泡、酒泡等。又如，生姜与大葱都常用于食疗，作为中药，它们都属于辛温解表的药物。俗话说："常吃萝卜姜，不要医生开药方。"实际上要注意，阴虚燥热体质者不可吃生姜。"生姜性温，通畅神明，痰嗽呕吐，开胃极灵"，生姜是呕家圣药，但必须运用于风寒束肺的咳嗽。如果是肺炎咳嗽、胃炎、胆囊炎、脑炎等热性病引发的呕吐，万万不可用之，因为其性温味辛，助火上火也。此外，干姜入附子回阳汤，姜皮入五皮饮治水肿，对风水、皮水、生理性水肿等有效；姜汁入半夏汤可化痰饮；大青龙汤与小青龙汤都离不开姜。姜炭又称炮姜，可入生化汤，是产后第一方；入少腹逐瘀汤与血府逐瘀汤，可温经活血、化瘀消肿等。

中药的制法繁多，有水制、水火同制、酒制、醋制、土制等。特别是有毒类中药，如植物类、动物类、矿石类等，炮制可把小毒升为大毒，也可把剧毒减为大毒，把大毒改为微毒。入药时没有达到中毒量却能达到治病的目的。

总之，合格的中医师不仅要深研中药炮制和入药的方法，还要掌握不常用的冷药、怪药的性味及所含的微量元素，总结经验，知故而更新，才能迎接新的挑战，治疗疑难杂症甚至癌症。

5. **家传方的升华**

古人云："经方治病，效如桴鼓。"对于顽固性头痛、失眠、抑郁症、妇科病、儿童怪病等疑难杂症，运用经方治疗，收到了良好的疗效。杨氏堂申报国家知识产权局中药发明专利，目前已经成功五个。其中包括治疗艾滋病的发明专利，此方化裁（变通）也可用于癌症的治疗。

古人云："老方子不治少病。"老方法真的不治新病吗？这句话只说对了一半。对的是：老方子是基础，是平台，如果没有基础与平台，发展是很困难的。不对的是：现代人生活水平提高了，工作压力大了，同时人体一代一个演变，是一个演化过程，基因在演变，体质在变异，大自然界也在变异。由于空气、水源的污染，化学剂与激素类的催化，人的体质在下降，发病率增高，治愈率降低。由于化学药品的残留、毒素的伤害，慢性病的发病率逐渐上升。所以施方用药时，要根据人的体重、体质、性别、年龄、血型来配方，不能用原方、老方、固定方来治病。正如量体裁衣，才是明医治病的真谛。

近年来，我治疗妇科杂病颇有心得，主要是做好了对症用药。妇科杂病分为经、带、胎、产四大类。产前病（孕妇病症）治疗起来较为复杂。治疗孕妇病症勿忘保胎，养胎勿忘治病，必须双管齐下，可化裁为多个方法。

孕妇感冒的治疗是一个大难题。孕妇感冒了不敢吃药，实在严重得受不了时，才能吃药、打针。病愈了，又特别担心西药的副作用会影响胎儿，怕胎儿畸形或智力低下，最后只好忍痛堕胎。所以，我们下决心解决这一难题，把家传方组合、升华，命名为"孕妇感冒冲剂"，已上报国家知识产权局，专利号：200710089970.3。

孕妇感冒属于中医"妊娠病"中的"子嗽""伤寒"等范畴。妊娠病不但影响孕妇健全，还妨碍胎儿的发育，甚至导致流产，故必须注意平时的预防和发病后的调理。妊娠病多因阴血不足，脏腑气血偏盛，孕后复感外邪，伤及脏腑、气血，导致阴阳不足，冲任失调，胎儿失养。

治疗原则："安胎"与"治病"并举。安胎要以补肾培脾为主。补肾为固胎之本，培脾乃益血之源，本固血充则胎可安稳。若母体有病，则当先祛病或适当辅以补肾培脾，病去则胎安。若胎气不正，胎堕难留或胎死腹中者，则安之无益，宜从速下胎，以保母体健康。

用药禁忌：凡峻下、滑利祛痰、破血、耗气、散气，以及一切有毒药品，都应慎用、禁用。但在病情需要的情况下，可适当选用。所谓“有故无殒亦无殒”，唯须严格掌握剂量，“变其大半而止”，以免伤胎，损其体质。

孕妇感冒冲剂的研究是以妊娠病的理论为指导，通过临床症状的治疗、实践经验而发明的。此方以养血、清热生津、解毒散风为主，从上百种中药中精选出十二味中药，分两组，以君、臣、佐、使的原则配伍精研而成。

防治孕妇感冒，还要学会区分“伤风”与“伤寒”。“伤风有汗寒无汗”，“伤风恶风，伤寒恶寒”，即明确是表虚证还是表实证。此外，还要参考伤寒六经病证，重视三阴证的变化规律及症状的区分。勿忘“治风先治血，血行风自灭”，“无痰不咳嗽”，“见痰不治痰，必治痰根源”。以“治痰先理气，气行痰自无”为大法，达到补肾、健脾、清肺、护肝、安胎之目的。

我的医德和医术除得益于国家的培养外，还得益于祖父辈的言传身教。祖父杨月琴今年已九十高龄，仍每天坚持看书学习，练习有氧功法，每周还要两次到我科室坐诊，看几个病号，老人家面带微笑，热情、诚心地为患者服务。更重要的是：老人家观察我坐诊的形象、医德医风，要求我按照孙思邈《大医精诚》的精神，处方用药要准确，指导我经方的使用，注意配伍的规范性。他常说的话是：“积德无人见，存心有天知。”老人家用心良苦，鼓励我努力学习，更好地为患者服务。

“苍龙日暮还行雨，老树春深更着花。”最后，我以一句顺口溜，赠予热爱中医的同仁们：“中医古老又新颖，精选升华繁课程；诚拜明师抓纲领，临床治病有秘宗；天人合一知识广，阴阳五行哲理通；明师丹道开仙掌，信息诊断遥视功；仙术神奇六根通，一目了然诊病明；破译人体大奥秘，宇宙密码掌握中；以法统方方守法，理法方药如用兵；古方冷药治怪病，弘扬国粹度众生。”

（二）患者写给杨士东医生的感谢信

1. 一位乙肝患者的感谢信

我叫邢永燕，女，现年 26 岁，家住阜阳市西关大街 14 号。在此我对您的妙手回春的医术深表感谢。您的德艺双馨的医术让我获得第二次生命。

在我 19 岁那年，我怀揣着大学录取通知书准备奔赴知识的殿堂。可就在入学前的体检中，我发现自己身患乙肝且是“大三阳”，这种病有高度的传染性，严重的后果就是肝癌，我被这一结果打入深渊。我的家人为我四处求医，包括省市大医院的专家均表示乙型肝炎只能控制病情，减轻症状，不可能彻底治愈。多家专家的诊治结果让我万念俱灰，但我也心存侥幸，茫茫大千世界，中华五千年的文化积淀，难道连乙肝病也不能治疗吗？就在我绝望之际，妈妈从一位名叫张丽的朋友口中得知，阜阳市惠泉社区服务站（杨氏堂）的杨士东医生，医术高超，又是祖传名医的后人，曾采用中西医结合的方法治愈一大批疑难病患者。我和妈妈抱着试试看的心态到杨医生那里就诊。我一进入惠泉社会服务站，便被站内古朴的装修吸引，看到温和慈祥的杨医生，便让人心定气爽、倍受鼓舞。杨医生您亲自为我望闻问切，四诊合参，果然不同凡响，您对我的病因、症状及疾病的转归做了深刻的阐述，并为我制订了周密的治疗方案。苍天不负有心人，在坚持服用了三个月的中药后，我又到阜阳市人民医院检查，检验的结果让我大喜过望，我的肝功能不仅正常了，“大三阳”也已全部转阴。

现在我已结婚，并怀上了心爱的宝宝。在此，我再次感谢杨士东医生，是您让我拥有了健康的身体，是您让我有了幸福美满的婚姻，是您让我享受了天伦之乐！特写此信致杨医生，以深表我对您衷心的谢意。

感谢人：邢永燕
2010 年 7 月 25 日

2. 一位妇科病患者的感谢信

我是陶萱萱，26 岁，家住阜阳市太和县，手机号 13615671371。2014 年，我患了妇科病，月经不调，不规则出血，腹痛难忍，特别是月经来潮时疼痛加剧，真是生不如死。去医院检查确诊为卵巢囊肿、子宫内膜异位症。经治疗两个月无效。阜阳医院的医生建议去上级大医院治疗。我只有去蚌埠医院治疗。医生检查后说子宫手术可根治。我听到后精神崩溃了，这意味着没有子宫了，以后不可能生孩子了，我非常失望。但是如果不根治，出血量大，体质差，贫血严重……在这绝望的时刻，有一位朋友介绍说阜阳市的杨氏堂医院专治妇科疑难杂症，治愈率很高。我就去了杨氏堂医院，找到了院长杨士东全科医师。他看后对我说：“中草药结合新医学养生功法可以治好你的病。”我接受了他的治疗方案。他开了中药方，又安排了新医学养生师栗凤梅老师免费带教我新医学养生功法。半个月后，肚子不痛了，出血量少了，体质也好了。三个月后，全身病症无，精神状况好，气色如常。去蚌埠医院复查，子宫病好了，卵巢囊肿也没有了。半年后，我怀孕了。2016 年，我生了一个男孩，儿子身体健康，全家人都很高兴，我们生活得很幸福。

在此，我和全家衷心感谢杨士东院长医技高明，也感谢栗凤梅老师功德无量，更感谢杨氏堂全体医护人员！

感谢人：陶萱萱

2017 年 11 月 13 日

3. 一位副肿瘤性天疱疮患者的感谢信

我叫樊诗保，男，住颍上县杨湖镇樊台村，电话 15855585472。

本人 2016 年 7 月因喉咙痛住进阜阳市人民医院治疗。住院半个月后未见好转，后转院到北京 301 医院治疗，后诊断为副肿瘤性天疱疮。经过几个月的治疗后出院，但没有完全康复。2017 年 5 月病情又有变化，出现水疱及口腔溃疡，进食困难。后经朋友介绍到杨氏堂医院找杨氏堂第十代传人杨士东全科医生治疗。经杨医生近三个月的治疗，现已基本痊愈。本人及家人十分感谢，感谢杨医生医术高明，为我解决了病痛之苦，解决了大医院没有完全解决的问题。本人再次表示感谢。

感谢人：樊诗保

2017 年 12 月 15 日

4. 一位舌根囊肿患者的感谢信

今天，我怀着感激的心情，衷心感谢杨氏堂医院医术精湛的杨士东医生。

我叫陈岐山，今年 75 岁，手机号 18705588215，家住和谐佳苑 22 号楼一单元。去年 6 月份，经阜阳市肿瘤医院确诊为左舌根囊肿，黄豆粒大小。因为年龄大，不便采取手术治疗，便一直采取保守治疗。但病情不但没有好转，反而出现食欲不振、吞咽困难的症状。家人焦急之中，带我去浙江商贸城杨氏堂医院找杨士东医生看病。

事实证明，家人的选择是正确的。服用几个月的中药，辅以杨医生嘱托的食疗方，现已大致痊愈。另外，困扰我的其他问题（如便秘）也得到了解决。我的体重也增加了十几斤，我和家人对疗效都十分满意。

古话说："医者仁心。"在治病期间，我真心地感受到了杨医生高尚的医德和精湛的医术。最后，再次感谢杨医生的治疗。

感谢人：陈岐山

2018 年 1 月 20 日